教育部高等学校地矿学科教学指导委员会
矿物加工工程专业规划教材

矿物加工实验技术

主　编　刘新星
副主编　蒋　昊

中南大学出版社
www.csupress.com.cn

图书在版编目（Ｃ Ｉ Ｐ）数据

矿物加工实验技术／刘新星主编. －－长沙：中南大学出版社，
2017. 11

ISBN 978 － 7 － 5487 － 0715 － 8

Ⅰ. ①矿… Ⅱ. ①刘… Ⅲ. ①选矿—实验 Ⅳ. ①TD9 － 33

中国版本图书馆 CIP 数据核字（2017）第 259478 号

矿物加工实验技术

KUANGWU JIAGONG SHIYAN JISHU

主 编 刘新星

副主编 蒋 昊

□责任编辑　胡业民　李宗柏

□责任印制　易红卫

□出版发行　中南大学出版社

　　　　　　社址：长沙市麓山南路　　　　邮编：410083

　　　　　　发行科电话：0731 － 88876770　　传真：0731 － 88710482

□印　　装　长沙市宏发印刷有限公司

□开　　本　787 × 1092　1/16　□印张 20.25　□字数 517 千字

□版　　次　2017 年 11 月第 1 版　□2017 年 11 月第 1 次印刷

□书　　号　ISBN 978 － 7 － 5487 － 0715 － 8

□定　　价　55.00 元

内 容 简 介

......

　　本书系统地介绍了矿物加工实验的主要方法以及常用大型仪器设备的应用。全书共 10 章，以如何测定加工物料的基本特性为起点，逐一详细介绍矿物加工各个分支的主要实验技术和实验手段，包括粉碎与分级、物理分选、浮选、化学分离与生物浸出、铁矿造块、综合设计与研究性实验、现代大型仪器检测方法等。

　　本书是为矿物加工专业教学改革需要新编写的实验教材，以适应新的教学规划中所确定的人才培养目标。在教学思路、教材的编排形式等方面作了一些探索与创新，教材内容力求体现本学科实验技术的现状和新的发展方向。

　　本书可用作高等学校矿物加工专业学生的实验教材，也可作为冶金、化工等专业的实验教学参考书，对相关研究院所的科研人员和厂矿工程技术人员也有参考价值。

教育部高等学校地矿学科教学指导委员会
矿物加工工程专业规划教材

编 审 委 员 会

矿物加工实验技术

编　委　会

主　　　编　刘新星

副　主　编　蒋　昊　罗仙平　印万忠

参　　　编　（按姓氏笔画排序）

卢清华　申　丽　印万忠　朱忠平

李　骞　肖庆飞　何东升　邹爱兰

武海艳　罗仙平　袁礼顺　聂珍媛

程海娜　焦　芬　童捷矢

主编单位　中南大学

参编单位　东北大学

江西理工大学

昆明理工大学

武汉工程大学

总序

      "人口、发展与环境"是21世纪人类社会发展过程中的重要问题。矿物资源是人类社会发展和国民经济建设的重要物质基础。从石器时代到青铜器、铁器时代，到煤、石油、天然气，到电能和原子能的利用，人类社会生产的每一次巨大进步，都与矿物资源利用水平的飞跃发展密切相关。

      人类利用矿物资源已有数千年历史，但直到19世纪末至20世纪20年代，世界工业生产才快速发展，使生产过程机械化和自动化成为现实，对矿物原料的需求也同步增大，造成了"矿物加工"技术从古代的手工作业向工业技术的真正转变，在处理天然矿物原料方面获得了大规模工业应用。

      特别是20世纪90年代以来，我国正进入快速工业化阶段，矿产资源的人均消费量及消费总量高速增长，未来发展的资源压力随之加大。我国金属矿产资源总量不少，但禀赋差、品位低、颗粒细、多金属共生复杂难处理，矿产资源和二次资源综合利用率都比较低。

      矿物加工科学与技术的发展，需要解决以下问题。

      （1）复杂贫细矿物资源的综合回收：随着富矿和易选矿物资源不断开采利用而日趋减少，复杂、贫细、难处理矿产资源的开发利用成为当前的迫切需要。

      （2）废石及尾矿的加工利用：在选矿过程中，全部矿石经过碎磨，消耗了大量原材料和能源，通常只回收占总矿石质量10%~30%的有用矿物，大量的伴生非金属矿不仅未能有效利用，并且当作"废石"和"尾矿"堆存，成为环境和灾害的隐患。

      （3）二次资源：矿山、冶炼厂、化工厂等排出的废水、废渣、废气中的稀有、稀散和贵金属，废旧汽车、电缆、机器及废旧金属制品等都是可以利用的宝贵的二次资源。由于一次资源逐步减少，二次资源的再生利用技术的开发无疑成了矿物加工领域的重要课题。

（4）海洋资源：海洋锰结核、钴结壳是赋存于深海底的巨大矿产资源，除富含锰外，铜、钴、镍等金属的储量也十分丰富，此外，海水中含有的金属在未来陆地资源贫化、枯竭时，也将成为人类的宝贵资源。

（5）非矿物资源：城市垃圾、废纸、废塑料、城市污泥、油污土壤、石油开采油污水、内陆湖泊中的金属盐、重金属污泥等，也都是数量可观的能源资源，需要研发新的加工利用技术加以回收利用。

面对上述问题，矿物加工科技领域及相关学科的科技工作者不断进行新的探索和研究，矿物加工工程学与相邻学科的相互交叉、渗透、融合，如物理学、化学与化学工程学、生物工程学、数学、计算机科学、采矿工程学、矿物学、材料科学与工程已大大促进了矿物加工学科的拓展，形成各种高效益、低能耗、无污染矿物资源加工新知识、新技术及新的研究领域。

矿物加工的主要学科方向有：

（1）浮选化学：浮选电化学；浮选溶液化学；浮选表面及胶体化学。

（2）复合物理场矿物分离加工：根据流变学、紊流力学、电磁学等研究重力场、电磁力场或复合物理场（重力 + 磁力 + 表面力）中，颗粒运动行为，确定细粒矿物的分级、分选条件等。

（3）高效低毒药剂分子设计：根据量子化学、有机化学、表面化学研究药剂的结构与性能关系，针对特定的用途，设计新型高效矿物加工用药剂。

（4）矿物资源的生化提取：用生物浸出、化学浸出、溶剂萃取、离子交换等处理复杂贫细矿物资源，如低品位铜矿、铀矿、金矿的提取、煤脱硫等。

（5）直接还原与矿物原料造块：主要从事矿物原料造块与精加工方面的科学研究。

（6）复杂贫细矿物资源综合利用：研究选－冶联合、选矿、多种选矿工艺（重、磁、浮）联合等处理一些大型复杂贫细多金属矿的工艺技术和基础理论，研究资源综合利用效益。

（7）矿物精加工与矿物材料：通过提纯、超细粉碎、纳米材料制备、表面改性和材料复合制备等方法和技术，将矿物加工成可用的高科技材料。

现今的矿物加工工程科学技术与20世纪90年代以前相比，已有更新更广的大发展。为了适应矿业快速发展的形势，国家需要大批掌握现代相关前沿学科知识和广泛技术领域的矿物加工专业人才，因此，搞好教材建设，适度更新和拓宽教材内容对优秀专业人才的培养就显得至关重要。

矿物加工工程专业目前使用的教材，许多是在20世纪90年代前出版的教材基础上编写的，教材内容的进一步更新和提高已迫在眉睫。随着教育部专业教育规范及专业论证等有关文件的出台，编写系统的、符合矿物加工专业教育规范的全国统编教材，已成为各高校矿物加工专业教学改革的重要任务。2006年10月在中南大学召开的 2006—2010 年地矿学科教学指导委员会（以下简称地矿学科教指委）成立大会指出教材建设是教学指导委员会的重要任务之一。会上，矿物加工工程专业与会代表酝酿了矿物加工工程专业系列教材的编写拟题，之后，中南大学出版社主动承担该系列教材的出版工作，并积极协助地矿学科教指委于 2007 年 6 月在中南大学召开了"全国矿物加工工程专业学科发展与教材建设研讨会"，来自全国 17 所院校的矿物加工工程专业的领导及骨干教师代表参加了会议，拟定了矿物加工专业系列教材的选题和主编单位。此后分别在昆明和长沙又召开了两次矿物加工专业系列教材编写大纲的审定工作会议。系列教材参编高校开始了认真的编写工作，在大部分教材初稿完成的基础上，2009 年 10 月在贵州大学召开了教材审稿会议，并最终定稿，交由中南大学出版社陆续出版。

本次矿物加工专业系列教材在总结以注教学和教材编撰经验的基础上，以推动新世纪矿物加工工程专业教学改革和教材建设为宗旨，提出了矿物加工工程专业系列教材的编写原则和要求：①教材的体系、知识层次和结构要合理；②教材内容要体现科学性、系统性、新颖性和实用性；③重视矿物加工工程专业的基础知识，强调实践性和针对性；④体现时代特性和创新精神，反映矿物加工工程学科的新原理、新技术、新方法等。矿物加工科学技术在不断发展，矿物加工工程专业的教材需要不断完善和更新。本系列教材的出版对我国矿物加工工程专业高级人才的培养和矿物加工工程专业教育事业的发展将起到十分积极的推进作用。

形成一整套符合上述要求的教材，是一项有重要价值的艰巨的学术工程，决非一人一单位之力可以成就的，也并非一日之功即可造就的。许多科技教育发达的国家，将撰写出版水平很高的、广泛应用的并产生了重要影响的教材，视为与高水平科学论文、高水平技术研发成果同等重要，具有同等学术价值的工作成果，并对获得此成果的人员给予高度的评价，一些国家还把这类成果，作为评定科技人员水平和业绩和判据之一。我们认为这一做法在我国也应当接纳及给予足够的重视。

感谢所有参加矿物加工专业系列教材编写的老师，感谢中南大学出版社热情周到的出版服务。

王淀佐

2010 年 10 月

前　言

《矿物加工实验技术》是教育部地矿类学科教学指导委员会的规划教材。该书是为适应矿物加工专业实验教学改革的需要重新编写的，可作为全国地矿类高等院校矿物加工工程专业的教学统一用书，亦可供研究院所、厂矿企业工程技术人员参考。其创新特色主要体现在以下几个方面：

（1）全新的实验教学理念

本教材贯穿的教学理念是：实验教学以学生为主体，强调学生的积极参与，注重学生的知识、能力、素质 协调发展，培养具有实践创新能力和高素质的矿物加工人才。专业实验教学改革应完成五个转变，即培养目标由"专才"向"全面发展"转变；教学过程由"知识导向"向"能力为重"转变；教学方法由"单一封闭"向"多维开放"转变；教学管理由"刚性统一"向"柔性服务"转变；学业评价由"注重记忆"向"注重创新"转变。

（2）多层次实验教学内容

本教材的实验教学内容分三个层次：一是基础实验，注重培养学生矿物加工实验基本操作与基本技能；二是综合设计型实验，注重培养学生的矿物加工工程科研能力；三是研究创新型实验，注重培养学生的创新能力，并将多项国家级科技奖的内容融入实验教材，转化成实验项目。三个层次实验由浅入深、循序渐进，形成了完整的有机整体，是实践认知层面的拓展。

（3）系统的专业实验技能

建立系统的专业实验技能体系对于学生全面了解矿物加工专业知识、提高科学研究动手能力有着重要的作用。本教材着重让学生掌握的专业实验技能主要包括：基本实验操作技能、实验材料获取技能、实验仪器设备综合应用技能、实验设计技能、科学技术创新技能、实验结果处理技能等几个方面。

（4）实用的实验操作手册

本教材结合理论课程简单介绍了实验原理或仪器设备原理，重点介绍的是各类实验或各类仪器设备的操作程序和步骤，希望学生通过学习本教材内容后，能独立完成每一个实验，并掌握仪器设备的使用方法，学会通过实验数据分析实验结果。因此，本教材也可作为研究院所、厂矿企业工程技术人员的实验操作手册。

本教材由中南大学担任主编单位，参编的院校有东北大学、江西理工大学和昆明理工大学。本教材由刘新星任主编、蒋昊任副主编，负责拟定教材大纲、方向内容和编写框架。中南大学、东北大学、江西理工大学以及昆明理工大学等单位众多同志参加了编写工作。具体分工为：中南大学的刘新星（1.1 节 ~1.3 节，实验 2－1 ~实验 2－4，实验 2－10，实验 3－1 ~实验 3－3，实验 4－1 ~实验 4－6，实验 4－11），蒋昊（1.4 节，实验 2－6 ~实验 2－8，实验 4－8，实 5－1 ~实验 5－9，实验 8－1 ~实验 8－5，实验 9－8 ~实验 9－10，实验 9－14），焦芬（实验 2－5、实验 3－4，实验 4－3），申丽（实验 6－1，实验 6－2），程海娜（实验 6－3 ~

实验 6 – 6），袁礼顺（实验 7 – 1 ~ 实验 7 – 4，实验 8 – 6，实验 8 – 8），朱忠平（实验 7 – 5 ~ 实验 7 – 6，实验 8 – 7，实验 9 – 1，实验 9 – 3），邹爱兰（实验 9 – 2），聂珍媛（实验 9 – 4，实验 9 – 6，实验 9 – 7），卢清华（实验 9 – 5，实验 9 – 11），武海艳（实验 9 – 12），李骞（实验 9 – 13），童捷失（实验 9 – 15），东北大学印万忠（实验 2 – 9，实验 2 – 11 ~ 实验 2 – 14，实验 3 – 5，实验 3 – 6，实验 4 – 9），江西理工大学罗仙平（实验 4 – 7，实验 4 – 10，实验 5 – 10，实验 5 – 11，实验 6 – 7，实验 8 – 9），昆明理工大学肖庆飞（实验 3 – 7）。全书内容由刘新星、蒋昊审定和修改，刘新星、蒋昊和焦芬、何名飞负责各类字符的规范、插图清绘和统稿。

限于篇幅，本书参考文献主要列出了图书专著，大量的学术期刊文章和企业网页资料等未能全部罗列，在此向文献作者一并致谢！由于时间和水平有限，书中难免存在不当之处，敬请读者批评指正。

刘新星

2015 年 12 月

目　录

第1章 绪 论

科学技术是第一生产力,当今世界是一个科学技术迅速发展和广泛普及的时代。因此,要使矿物加工领域的大学生将来能适应这种形势,就必须重视和加强矿物加工实验教学。众所周知,实践是创新的源泉,没有实践不可能有创新。实验教学是全面推进素质教育的一个重要组成部分。

1.1 矿物加工实验的目的与要求

矿物加工实验是一门专业实验课程,通过对实验现象的观察和分析,深入了解矿物分离现象的本质,揭示矿物加工过程的规律。实验是矿物加工学研究的基本手段,在实验的基础上发展理论,又在理论的指导下进行新的实验,这种实验和理论的辩证关系,不断推动矿物加工学的发展。

1.1.1 矿物加工实验的目的

矿物加工学是由传统的浮选、重选、磁选等发展演变形成的新的学科体系。它是根据物理化学原理,通过分离、富集、纯化、提取、改性等技术对矿物资源、二次资源及非矿物资源进行加工,获得其中有用物质的科学技术。

矿物加工实验教学的主要目的是使学生初步了解矿物加工的研究方法,掌握矿物加工学的基本实验技术和技能,学会重要的物料性质测定,熟悉矿物加工学实验现象的观察和记录,实验条件的判断和选择,实验数据的测量与处理,实验结果的分析和归纳等一整套严谨的实验方法,从而加深对矿物加工学基本理论的理解,增强解决矿物加工学问题的能力。

矿物加工学实验课的教学按照三层次一体化设计,基础实验强调规范化,专题实验强调启发式,综合实验强调科研创新能力的培养,三层次实验形成一个有机的整体,即:以矿物综合处理与利用为主线,以矿物加工学实验的基本操作、研究方法、现代分析手段为基本内容,实施"认识—探索—实践"层次递进的实验教学模式。

1.1.2 矿物加工实验的要求

矿物加工学实验在培养学生实事求是的科学态度、严密细致的实验作风、熟练正确的实验技能、分析问题和解决问题的能力等方面,应该有严格的要求。教师应根据学生的不同情况,有针对性地加强良好实验素质的训练,培养学生研究与开发综合利用矿产资源的能力,提高学生矿物加工实验研究的能力和水平。

实验中要求的"实事求是",就是说要把实验中所观测到的现象、数据、规律如实地记录下来,把它们当作第一手材料来对待。科学的推理要以实验观测为依据,科学的理论要用实验观测来检验。实验中直接观测到的现象和数字,也可能不够准确,也可能有错误,但是某次实验是不是可靠,只能用反复多次的实验来核对,对待实验结果必须严肃认真,决不能随便更改某个数据。只有具备了这种基本态度,实验工作才能提供有意义的材料,才能理解为什么要对实验工作提出那么多要求,才能积极主动地根据这些要求来工作,并使自己受到严格、正确的训练,不断提高科学实验能力。

1. 实验前的准备

(1)阅读实验教材,弄清实验的目的与要求。

(2)根据实验的具体任务要求,研究实验的做法及其理论依据,分析应该取哪些数据并弄清实验数据的变化规律。

(3)到现场观看实验设备,熟悉主要设备的结构、仪表种类、安装位置,了解它们的启动和使用方法。

(4)根据实验任务及现场设备情况或实验室可提供的其他条件,最后确定应该测取的数据。

(5)拟定实验方案,确定先做什么,后做什么,需要哪些设备,设备的启动程序和操作条件以及调整方式和方法等。

2. 实验中应测哪些数据

(1)凡是影响实验结果或是数据整理过程中所需的数据都必须测取。它包括环境条件、设备的有关尺寸、物料性质及操作条件等。

(2)并不是所有数据都要直接测取。凡可以根据某一数据导出或从手册中查出的其他数据,就不必直接测定。

3. 读取数据、做好记录

(1)事先必须拟好记录表格,以保证数据的完整及条理清楚。每个学生都应有一个实验记录本。

(2)实验时一定要在现象正常后再开始读取数据,条件改变后,需要稳定一段时间才能读取数据,因为仪表通常具有滞后现象。

(3)同一条件下至少要读取两组数据,而且只有当两组读数接近时才能继续改变条件。

(4)记录必须真实地反映仪表的精度,一般要记录至仪表上最小分度以下一位数据,且每个数据都应写明单位。

(5)记录数据要以当时的实际读取数据为准。如果数据稳定不变,也应该照常记录,不得空下不记。如果漏记了数据,应该留出相应的空格。

(6)实验中如果发现不正常情况以及数据有明显误差时,应该在备注栏中加以说明。

4. 实验中的注意事项

实验过程中除了读取数据外,还应该注意以下事项。

(1)从事操作的人员必须密切注意仪表指示值的变动,随时调节,务必使整个实验过程都在规定条件下进行,尽量减小实际操作条件和规定条件之间的差距,操作人员不要擅离岗位。

(2)读取数据后,应立即和前次数据相比较,也要和其他有关数据相对照,分析相互关系是否合理。如果发现不合理的情况,应该立即与小组人员共同研究、分析,找出数据不合理的原因,以便及时发现问题、解决问题。

(3)在实验过程中,还应该注意观察实验现象,特别是发现某些不正常现象时更应抓住时机,研究产生不正常现象的原因。

5.数据整理

(1)在同一条件下,如有几次比较稳定但稍有波动的数据,应先取其平均值,然后加以整理,不必逐个整理后取平均值。这样可以节省时间。

(2)数据整理时应根据有效数字的运算规则,舍弃一些没有意义的数字。一个数据的精确度是由测量仪表本身的精确度所决定的,它绝不因为计算时位数增加而提高,但是任意减少位数却是不允许的,因为它降低了应有的精确度。

(3)数据整理时,如果过程比较复杂,实验数据又多,一般以列表整理为宜,同时应将同一项目放在一起整理。这种整理方法不仅过程明确,而且节省时间。

6.实验报告

实验后学生必须将原始记录交教师认可,然后正确处理数据,写出实验报告。实验报告应包括:实验目的和要求,简明原理,实验仪器和实验条件,具体操作方法,数据处理,结果讨论及参考资料等。其中结果讨论是实验报告的重要部分,主要是指实验现象的分析解释、做好实验的关键、实验结果的可靠程度等,并对该实验提出进一步的改进意见。

总之,矿物加工学实验教学应向学生进行理论和实验辩证关系的教育,使他们养成既重视理论又重视实验的科学作风,充分认识实验教学对工科学生培养的重要性。

1.2 矿物加工实验的安全防护

随着高校办学规模和招生数量的不断扩大,对高校实验室资源的开放性、共享性要求也越来越高。进入实验室的人员多、流动性大,实验室安全工作面临的问题也越来越多,实验室安全事故时有发生,如火灾事故、中毒事故、伤人事故和环境污染事故等。因此,加强矿物加工实验室的安全防护教育显得尤为重要。

1.2.1 实验室安全工作的重要性

随着社会的进步,人们逐步认识到人的生命是无价的,是人的不同需求中最为基本而又最为重要的一个需求。高校实验室中各种潜在的不安全因素变异大、危害种类繁多。因此,实验室安全工作的目的就是要建立一个安全的教学和研究的实验环境,减少实验过程中发生灾害的风险,确保师生员工的健康和安全,从而满足人性安全感的基本需要。

无论从实验室的使用功能,还是从实验室的自身发展来看,都应该强调把实验室的安全防范作为实验室管理的基础。"隐患险于明火,防范胜于救灾,责任重于泰山",因此做好高校实验室安全工作的重要意义主要在于:一是贯彻以人为本的理念,培养创新人才的需要;二是满足高等教育事业不断进步,健康、持续发展的需要;三是维护国家和人民利益,维护好自身健康与安全的需要;四是创建平安校园、构建和谐社会的需要。

1.2.2 实验室安全事故的成因

在实验室安全事故的发生和预防中,人为因素占据了主要地位。安全意识淡薄是导致实验室安全事故发生的主要原因,通常个人不安全行为和失误导致的事故占了很大的比例。有关资料表明,实验室安全事故中由火灾引起的事故比例仅为2%,而人为因素引起的事故比例却达98%。因此，人在事故的发生和预防中起着决定性的作用。一般而言，高校实验室安全事故发生的主要原因有：人员操作不慎，使用不当和粗心大意；仪器设备或各种管线年久失修、老化损坏；不可抗力的自然灾害；恶意侵害行为(如计算机被病毒感染、计算机遭黑客攻击等)；监控管理不力(设备被窃、泄密等)。

1.2.3 实验室安全事故的表现形式

实验室安全事故的表现形式有：火灾、爆炸、毒害、机电伤人及设备损坏等。

1. 火灾性事故

火灾性事故的发生具有普遍性，几乎所有的实验室都可能发生。酿成这类事故的直接原因是：

(1)忘记关电源，或在实验过程中，人离开实验室的时间较长，致使设备或电器通电时间过长，温度过高，引起着火；

(2)操作不慎或使用不当，使火源接触易燃物质，引起着火；

(3)供电线路老化、超负荷运行，导致线路发热，引起着火；

(4)乱扔烟头，接触易燃物质，引起着火。

2. 爆炸性事故

爆炸性事故多发生在具有易燃易爆物品和压力容器的实验室。酿成这类事故的直接原因是：

(1)违反操作规程，引燃易燃物品，进而导致爆炸；

(2)设备老化，存在故障或缺陷，造成易燃易爆物品泄漏，遇火花而引起爆炸。

3. 毒害性事故

毒害性事故多发生在具有化学药品和剧毒物质的化学化工实验室和具有毒气排放的实验室。酿成这类事故的直接原因是：

(1)违反操作规程，将食物带进有毒物品的实验室，造成误食中毒；

(2)设备、设施老化，存在故障或缺陷，造成有毒物质泄漏或有毒气体排放不出，酿成中毒；

(3)管理不善，造成有毒物品散落流失，引起环境污染；

(4)废水排放管路受阻或失修，造成有毒废水未经处理而流出，引起环境污染。

4. 机电伤人性事故

机电伤人性事故多发生在有高速旋转或冲击运动的机械实验室，或要带电作业的电器实验室和一些有高温产生的实验室。酿成这类事故的直接原因是：

(1)操作不当或缺少防护，造成挤压、甩脱和碰撞伤人；

(2)违反操作规程或因设备、设施老化而存在故障或缺陷，造成漏电、触电或电弧花伤人；

(3)使用不当，造成高温气体、液体伤人。

5. 设备损坏性事故

设备损坏性事故多发生在用电加热的实验室。酿成这类事故的直接原因是：由于线路故障或雷击造成突然停电，致使被加热的介质不能按照要求恢复原来状态而造成设备损坏。

1.2.4 实验室安全事故危害的类型

1. 机械危害

机械所发生的伤(灾)害,如卷入、扎伤、压伤,焊接强光、噪声、震动造成的伤害,操作错误所造成的射出、弹出锐件伤害,以及接地不良所造成的触电事件等。

2. 化学品危害

许多化学品具有易燃、易爆、毒性和腐蚀性特点,容易造成火灾、爆炸及对人体的危害。

3. 电气危害

电气危害不仅包括触电事故,还包括雷电、静电、电磁场危害,各种电气火灾与爆炸以及一些危及人身安全的电气线路和设备故障等。

4. 辐射危害

辐射包括电磁波辐射和放射性辐射,因其具有高密度的能量,在实验室研究工作上具有很多用途,但其高能量的射线易造成对人体的伤害。

5. 生物危害

人们在对动物、植物、微生物等生物体的研究中,由于病原体或者毒素的丢失、泛用、转移而引发的对人类健康和赖以生存的自然环境所造成的不安全事故。比如:外来物种迁入导致对当地生态系统的不良改变或破坏;人为造成的环境的剧烈变化危及生物的多样性;在科学研究开发、生产和应用中,经遗传修饰的生物体和危险的病原体等可能对人体健康、生存环境造成的危害等。

6. 其他危害

一般工厂所发生的伤(灾)害,如跌倒、摔跤、坠落、碰撞、火灾、粉尘、噪音等,在实验室也同样会发生,一般小伤害均以此类居多。

1.2.5 实验室人身安全防护要点

(1)实验者到实验室进行实验前,应首先熟悉仪器设备和各项急救设备的使用方法,了解实验楼的楼梯和出口,实验室内的电气总开关、灭火器具和急救药品在什么地方,以便一旦发生事故能及时采取相应的防护措施。

(2)大多数化学药品都有不同程度的毒性,原则上应防止任何化学药品以任何方式进入人体。必须注意,有许多化学药品的毒性,是在相隔很长时间以后才会显示出来的;不要将使用小量、常量化学药品的经验,任意移植到用于大量化学药品的情况;更不应将常温、常压下实验的经验,在进行高温、高压、低温、低压的实验时套用;当进行有危险性或在严酷条件下的反应时,应使用防护装置,戴防护面罩和眼镜。

(3)实验时应尽量减少与有致癌作用的化学物质接触,实在需要使用时应戴好防护手套,并尽可能在通风橱中操作。这些物质中特别要注意的是苯、四氯化碳、氯仿等常见溶剂,所以实验时通常用甲苯代替苯,用二氯甲烷代替四氯化碳和氯仿。

(4)许多气体和空气的混合物有爆炸组分界限,混合物的组分介于爆炸高限与爆炸低限之间时,只要有一适当的灼热源(如一个火花,一根高热金属丝)诱发,全部气体混合物便会瞬间爆炸。某些气体与空气混合的爆炸高限与爆炸低限,以其体积分数表示,列表如下:

表 1 – 2 – 1　与空气混合的某些气体的爆炸极限（20℃，101.3 kPa）

气体	爆炸高限 $V/\%$	爆炸低限 $V/\%$	气体	爆炸高限 $V/\%$	爆炸低限 $V/\%$
氢	74.2	4.0	乙醇	19.0	3.2
一氧化碳	74.2	12.5	丙酮	12.8	2.6
氨	27.0	15.5	乙醚	36.5	1.9
硫化氢	45.5	4.3	乙炔	80.0	2.5
甲醇	36.5	6.7	苯	6.8	1.4

实验时应尽量避免能与空气形成爆鸣的混合气体散失到室内空气中，同时在实验室工作时应保持室内通风良好，不要使某些气体在室内积聚而形成爆鸣混合气体。

（5）在矿物加工学实验中，实验者要接触和使用各类电器设备，因此必须了解使用电气设备的安全防护知识：

①实验室所用的市电为频率 50 Hz 的交流电。人体感觉到触电效应时电流强度约为 1 mA，此时会有发麻和针刺的感觉。通过人体的电流强度到了 6～9 mA，一触就会缩手。更高电流会使肌肉强烈收缩以致手张不开。当电流强度达到 50 mA 时，人就有生命危险，因此使用电气设备安全防护的原则，是不要使电流通过人体。

②通过人体的电流强度大小，取定于人体电阻和所加的电压。通常人体的电阻包括内部组织电阻和皮肤电阻。人体内部组织电阻约 1 kΩ，皮肤电阻约 1 kΩ（潮湿流汗的皮肤）到数万欧姆（干燥的皮肤）。因此我国规定 36 V（50 Hz）的交流电为安全电压，超过 45 V 都是危险电压。

③电击伤人的程度与通过人体的电流大小、通电时间长短、通电的途径有关。电流若通过人体心脏或大脑，最易引起电击死亡。所以实验时不要用潮湿有汗的手去操作电器，不要用手紧握可能荷电的电器，不应用两手同时触及电器，电器设备外壳均应接地。万一不慎发生触电事故，应立即切断电源开关，对触电者采取急救措施。

1.3　矿物加工实验数据处理及实验设计

矿物加工实验研究的目的是期望通过实验数据获得可靠的、有价值的实验结果。而实验结果是否可靠、是否准确、是否真实地反映了实验项目的本质，不能只凭经验和主观臆断，必须应用科学的、有理论依据的数学方法加以分析和归纳。因此，掌握和应用误差理论、统计理论和科学的数据处理方法是十分必要的。

1.3.1　实验数据误差分析

1. 误差的分类

实验误差根据其性质和来源不同可分为三类：系统误差、随机误差和过失误差。

系统误差是由仪器误差、方法误差和环境误差构成的，即仪器性能欠佳、使用不当、操作不规范以及环境条件的变化引起的误差。系统误差是实验中潜在的弊端，若已知其来源，应设法消除。若无法在实验中消除，则应事先测出其数值的大小和规律，以便在数据处理时加以修正。

随机误差是实验中普遍存在的误差，这种误差从统计学的角度看，它具有有界性、对称性和抵偿性，即误差仅在一定范围内波动，不会发散，当实验次数足够大时，正负误差将相互抵消，数据的算术均值将趋于真值。因此，不易也不必去刻意地消除它。

过失误差是由于实验者的主观失误造成的显著误差。这种误差通常造成实验结果的扭曲。在原因清楚的情况下，应及时消除。若原因不明，应根据统计学的准则进行判别和取舍。

2. 误差的表达

（1）数据的真值。

实验测量值的误差是相对于数据的真值而言的。严格地讲，真值应是某量的客观实际值。然而，在通常情况下，绝对的真值是未知的，只能用相对的真值来近似。常采用的三种相对真值为标准真值、统计真值和引用真值。

标准真值，就是用高精度仪表的测量值作为低精度仪表测量值的真值。要求高精度仪表的测量精度必须是低精度仪表的 5 倍以上。

统计真值，就是用多次重复实验测量值的平均值作为真值。重复实验次数越多，统计真值越趋近实际真值，由于趋近速度是先快后慢，故重复实验的次数取 3~5 次即可。

引用真值，就是引用文献或手册上那些已被前人的实验证实、并得到公认的数据作为真值。

（2）绝对误差与相对误差。

绝对误差与相对误差在数据处理中被用来表示物理量的某次测定值与其真值之间的误差。绝对误差的表达式为

$$d_i = |x_i - X| \tag{1-3-1}$$

相对误差的表达式为

$$r_i = \frac{|d_i|}{X} \times 100\% = \frac{|x_i - X|}{X} \times 100\% \tag{1-3-2}$$

式中：x_i 为第 i 次测定值；X 为真值；d_i 为绝对误差；r_i 为相对误差。

（3）算术均差和标准误差。

算术均差和标准误差在数据处理中被用来表示一组测量值的平均误差。

其中，算术均差的表达式为

$$\delta = \frac{\sum_{i=1}^{n} |x_i - \bar{x}|}{n} = \frac{\sum_{i=1}^{n} |d_i|}{n} \tag{1-3-3}$$

式中：n 为测量次数；x_i 为第 i 次测得值；$\bar{x}$ 为 n 次测得值的算术均值。

$$\bar{x} = \frac{\sum_{i=1}^{n} x_i}{n} \tag{1-3-4}$$

标准误差 σ（又称均方根误差）的表达式为
（在有限次数 n 的实验中）

$$\sigma = \sqrt{\frac{\sum (x_i - \bar{x})^2}{n - 1}} \qquad\qquad (1 - 3 - 5)$$

算术均差和标准误差是实验研究中常用的精度表示方法。二者相比,标准误差能够更好地反映实验数据的离散程度,因为它对一组数据中的较大误差或较小误差比较敏感,因而,在矿物加工实验中被广泛采用。

3. 仪器仪表的精度与测量误差

仪器仪表的测量精度常采用精确度等级来表示,如0.1、0.2、0.5、1.0、1.5、2.5、5.0级电流表、电压表等。而所谓的仪表等级实际上是仪表测量值的最大相对误差(百分数)的一种实用表示方法,称之为引用误差。引用误差的定义为

$$引用误差 = \frac{仪表指示值的最大相对误差}{仪表满量程} \qquad\qquad (1 - 3 - 6)$$

若以1%表示某仪表的引用误差,则该仪表的精度等级为1.0级。精度等级的数值愈大,说明引用误差愈大,测量的精度等级愈低。这种关系在选用仪表时应注意。从引用误差的表达式可见,它实际上是仪表测量值为满刻度值时相对误差的特定表示方法。

在仪表的实际使用中,由于被测值的大小不同,在仪表上的示值不一样,这时应如何来估算不同测量值的相对误差呢?

假设仪表的精度等级为 P 级,表明引用误差为 $P\%$,若满量程值为 M,测量点的指示值为 x,则测量值的相对误差 E_r 的计算式为:

$$E_r = \frac{M \cdot P\%}{x} \qquad\qquad (1 - 3 - 7)$$

可见,仪表测量值的相对误差不仅与仪表的精度等级 P 有关,而且与仪表量程 M 和测量值 x 的比值 M/x 有关。因此,在选用仪表时应注意如下两点:

①当待测值一定,选用仪表时,不能盲目追求仪表的精度等级,应兼顾精度等级和仪表量程进行合理选择。量程选择的一般原则是:尽可能使测量值落在仪表满刻度值的2/3处,即 $M/x = 3/2$ 为宜。

②选择仪表的一般步骤是:首先根据待测值的大小,依 $M/x = 3/2$ 的原则确定仪表的量程 M,然后,根据实验允许的测量值相对误差 $r\%$,确定仪表的最低精度等级 P,即

$$P\% = \frac{x \cdot r\%}{M} = \frac{2}{3} \times E_r \qquad\qquad (1 - 3 - 8)$$

最后,根据上面确定的 M 和 $P\%$,从可供选择的仪表中,选配精度合适的仪表。

1.3.2 实验数据处理

实验数据处理是实验研究工作中的一个重要环节。由实验获得的大量数据必须经过正确分析、处理和关联,才能清楚地看出各变量间的定量关系,从中获得有价值的信息与规律。实验数据处理是一项技巧性很强的工作,处理方法得当,会使实验结果清晰而准确,否则,将得出模糊不清甚至错误的结论。实验数据处理常用的方法有三种:列表法、图示法和回归公式法。

1. 实验结果的列表法

列表法是将实验的原始数据、运算数据和最终结果直接列举在各类数据表中以展示实验

成果的一种数据处理方法。根据记录内容的不同，数据表主要分为两种：原始数据记录表和实验结果表。其中原始数据记录表是在实验前预先制定的，记录的内容是未经任何运算处理的原始数据。实验结果表记录了经过运算和整理得出的主要实验结果，该表的制定应简明扼要，直接反映主要实验指标与操作参数之间的关系。

2. 实验数据的图示法

图示法是以曲线的形式简单明了地表达实验结果的常用方法。由于图示法能直观地显示变量间存在的极值点、转折点、周期性及变化趋势，尤其是在数学模型不明确或解析计算有困难的情况下，图示求解是数据处理的有效手段。

图示法的关键是坐标的合理选择，包括坐标类型与坐标刻度的确定。坐标选择不当，往往会扭曲和掩盖曲线的本来面目，导致得出错误的结论。

坐标类型选择的一般原则是尽可能使函数的图形线性化。如线性函数：$y = a + bx$，选用直角坐标。指数函数：$y = a^{bx}$，选用半对数坐标。幂函数：$y = x^b$，选用对数坐标。若变量的数值在实验范围内发生了数量级的变化，则该变量应选用对数坐标来描绘。

确定坐标分度标值可参照如下原则：

（1）坐标的分度应与实验数据的精度相匹配。即坐标读数的有效数字应与实验数据的有效数字的位数相同。换言之，就是坐标的最小分度值的确定应以实验数据中最小的一位可靠数字为依据。

（2）坐标比例的确定应尽可能使曲线主要部分切线与 x 轴和 y 轴的夹角为 $45°$。

（3）坐标分度值的起点不必从零开始，一般取数据最小值的整数为坐标起点，以稍大于数据最大值的某一整数为坐标终点，使所绘的图线位置居中。

3. 实验结果的模型化

实验结果的模型化就是采用数学手段，将离散的实验数据回归成某一特定的函数形式，用以表达变量之间的相互关系，这种数据处理方法又称为回归分析法。

在矿物加工实验中，涉及的变量较多，这些变量处于同一系统中，既相互联系又相互制约，但是，由于受到各种无法控制的实验因素（如随机误差）的影响，它们之间的关系不能像物理定律那样用确切的数学关系式来表达，只能从统计学的角度来寻求其规律。变量间的这种关系称为相关关系。

回归分析是研究变量间相关关系的一种数学方法，是数理统计学的一个重要分支。用回归分析法处理实验数据的步骤是：第一，选择和确定回归方程的形式（即数学模型）；第二，用实验数据确定回归方程中的模型参数；第三，检验回归方程的等效性。

4. 实验结果的统计检验

无论是采用离散数据的列表法，还是采用模型化的回归法表达实验结果，都必须对结果进行科学的统计检验，以考察和评价实验结果的可靠程度，从中获得有价值的实验信息。

统计检验的目的是评价实验指标 y 与变量 x 之间，或模型计算值与实验值 y 之间是否存在相关性以及相关的密切程度如何。检验的步骤是：

（1）首先建立一个能够表征实验指标 y 与变量 x 间相关程度的数量指标，称为统计量。

（2）假设 y 与 x 不相关的概率为 α，根据假设的 α 从专门的统计检验表中查出统计量的临界值。

（3）将查出的临界统计量与实验数据算出的统计量进行比较，便可判别 y 与 x 相关的显著性。判别标准如表 1 - 3 - 1 所示。通常称 α 为置信度或显著性水平。

表 1 - 3 - 1　显著性水平的判别标准

显著性水平	检 验 判 据	相关性
$\alpha = 0.01$	计算统计量大于临界统计量	高度显著
$\alpha = 0.05$	计算统计量大于临界统计量	显著

常用的统计检验方法有方差分析法和相关系数法。

(1)方差分析法。

方差分析法不仅可用于检验回归方程的线性相关性,而且可用于对离散的实验数据进行统计检验,判别各因子对实验结果的影响程度,分清因子的主次,优选工艺条件。

方差分析构筑的检验统计量为 F 因子,用于模型检验时,其计算式为

$$F = \frac{\sum (\hat{y}_i - \bar{y})^2 / fU}{\sum (y_i - \bar{y})^2 / fQ} = \frac{u/fU}{Q/fQ} \tag{1 - 3 - 9}$$

式中: fU 为回归平方和自由度, $fU = N$; fQ 为残差平方和的自由度, $fQ = n - N - 1$; n 为实验点数; N 为自变量个数; u 为回归平方和,表示变量水平变化引起的偏差; Q 为残差平方和,表示实验误差引起的偏差。

检验时,首先依式(1 - 3 - 9)算出统计量 F ,然后,由指定的显著性水平 α 和自由度 fU 和 fQ 从有关手册中查得临界统计量 F_α ,依表 1 - 3 - 1 进行相关显著性检验。

(2)相关系数法。

在实验结果的模型化表达方法中,通常利用线性回归将实验结果表示成线性函数。为了检验回归直线与离散的实验数据点之间的符合程度,或者说考察实验指标 y 与自变量 x 之间线性相关的密切程度,提出了相关系数 r 这个检验统计量。相关系数的表达式为

$$r = \frac{\sum (x_i - \bar{x})(y_i - \bar{y})}{\sqrt{\sum (x_i - \bar{x})^2 \sum (y_i - \bar{y})^2}} \tag{1 - 3 - 10}$$

当 $r = 1$ 时, y 与 x 完全正相关,实验点均落在回归直线 $y = a + bx$ 上。当 $r = -1$ 时, y 与 x 完全负相关,实验点均落在回归直线 $y = a - bx$ 上。当 $r = 0$ 时,则表示 y 与 x 无线性关系。一般情况下, $0 < |r| < 1$ 。这时要判断 x 与 y 之间线性相关程度,就必须进行显著性检验。检验时,一般取 α 为 0.01 或 0.05,由 α 和 fQ 查得 r_α 后,将计算得到的 $|r|$ 值与 r_α 进行比较,判别 x 与 y 线性相关的显著性。

1.3.3　实验结果评价

矿物加工实验结果的评价通常用选别过程(以及筛分、分级等其他分离过程)效率来评价,这个效率有回收率、品位、产率、金属量、富集比和选矿比等指标。这些指标都不能同时从数量和质量两个方面反映选矿过程的效率。例如,回收率和金属量是数量质量指标,品位和富集比是质量指标,产率和选矿比若不同其他指标联用则根本不能说明问题。因而在实际工作中通常是成对地联用其中两个指标,即一个数量指标和一个质量指标。

为了比较不同的选矿方案(方法、流程、条件),只要选矿品位相近,一般都是用品位和回收率这一对指标作判据;若原矿品位相差很远,就要考虑用富集比代替精矿品位作质量指标;选煤工业上还常用产率作数量指标,其前提是各种原煤"含煤量"均相差不大,对精煤质量要求也大体相同,因而产率高就意味着损失少。至于其他判据,如金属量主要用于现场生产核算,矿物加工实验时有时用来代替回收率作为数量指标;选矿比则是辅助指标,矿物加工实验中不常使用。

用一对指标作判据,常会出现不易分辨的情况。例如,两个实验,一个品位较高而回收率较低,另一个品位较低而回收率较高,就不易判断究竟是哪一个实验的结果好。因而长期以来,有不少人致力于寻找一个综合指标来代替用一对指标作判据的方法,为此提出了效率公式。但在选矿工艺上碰到的各种具体情况,对分离效率数量方面和质量方面的要求侧重程度往往不同,实际上无法找到一个公式能"灵活地"反映这种不同要求。因此尽管不少作者在推荐自己提出的公式时,可以利用一些看来似乎有理的数据证明该公式的合理性和通用性,其他作者却可提出另一些数据证明该公式的缺陷,说明实际上无法找到一个通用的综合指标,来完全代替现有的用一对指标作判据的方法,而只能是在不同情况下选择不同的判据,并在利用综合指标作为主要判据的时候,同时利用各个单独的质量指标和数量指标作辅助判据。

我们用分离效率这个名词,是为了把筛分效率、分级效率、选矿效率等分离过程的效率统一在一起进行讨论。

筛分和分级,是按矿粒粒度进行分离的过程;选矿则是按矿物进行分离的过程。分离效率,应反映分离的完全程度。

最常见的指标为回收率和品位(对筛分和分级过程,则为某指定粒级的含量)。这一对指标的优点是,物理意义清晰,直接回答了生产上最关心的两个问题,即资源的利用程度和产品质量。缺点是不易进行综合比较,特点是不适用于比较不同性质原矿的选矿效率。例如,两个厂矿,若一个原矿品位很高,而另一个原矿品位很低,即使它们的金属回收率和精矿品位完全相同,也不能认为这两个厂矿的选矿效率是相等的。因而回收率和品位这两个指标即使作为单纯的数量指标和质量指标,也必须要给以某种修正,才能作为比较通用的相对判据。

1. 质效率

最基本的质效率指标是 β。对筛分、分级过程而言,β 一般是指细粒级产品中小于分级粒度的细粒级含量。显然,对于筛分过程,若筛网完好无缺,筛下产品中原则上不应含有粗粒级,因而一般可认为 β 总能等于100%。换句话说,对于筛分过程,质效率一般是不必考虑的。而对于分级过程,溢流中不可能不混入粗粒,β 也就不会等于100%,因而在评价分级过程的效率时,不仅要从数量上考虑,而且必须同时从质量上考虑。在实践中筛分和分级同属分粒过程,所用的效率公式却不同,其原因就在这里。

对矿物加工过程,习惯上 β 是指精矿中有用元素(如铜、铅、铁、锡等)或化合物(如 CaF_2 等)的含量。但矿物加工按本身的定义(按矿物分离),应该是指精矿中有用矿物的含量。若从习惯看,仍用 β 表示精矿中有用元素或化合物的含量,则应该根据对效率指标的第一条基本要求进行一些修正。例如,一个黄铜矿石,理论上可达到的最高精矿品位是纯黄铜矿中铜的含量,即 $\beta_{max} = 34.5\%$,实际精矿铜含量达到25%,已比较满意,而辉铜矿矿石,理论最高品位应是辉铜矿纯矿物的含铜量，即 $\beta_{\max} = 79.8\%$ ，若实际精矿含铜量也只有 25% ，选矿效率就太低，表明在此情况下 β 作为度量分离过程质效率的判据是不理想的，因而有人建议用实际精矿品位同理论最高品位的比值 $\dfrac{\beta}{\beta_{\max}} \times 100\%$ 作为质效率指标。显然，这个比值就是精矿中有用矿物的含量。

再考虑对效率指标的第二项基本要求。若原矿品位为 α ，则即使是一个简单的分样过程，毫无分选作用，精矿品位 α 也不会等于 0 ，而是等于 α ，但这显然不能看作是选矿的效率，因而有人建议以 $\beta - \alpha$ 代替 β 度量分离过程的质效率。这样，对于分样过程，$\beta = \alpha$ ，$\beta - \alpha = 0$ 。就是说若以 $\beta - \alpha$ 作质效率指标，就能达到使分样过程的效率指标值为 0 ，从而满足前述第二项基本要求。

若兼顾第一和第二项基本要求，则效率公式应写成

$$\frac{\beta - \alpha}{\beta_{\max} - \alpha} \times 100\% \qquad (1-3-11)$$

2. 量效率

最常用的量效率指标就是回收率，其计算公式如下：

$$\varepsilon = \frac{\beta(\alpha - \theta)}{\alpha(\beta - \theta)} \times 100\% \qquad (1-3-12)$$

式中：对于矿物加工过程，α、β、θ 分别代表原矿、精矿、尾矿的品位。

3. 综合效率

几十年来，不断地有人提出不同的分级效率公式，也不断地有人对已提出的众多公式进行分类和评述，此处仅介绍几个最常用的公式，即以汉考克公式作为代表的第一类综合效率公式，及弗莱敏或斯蒂芬斯公式和道格拉斯公式作为代表的第二类综合效率公式。

A. 第一类综合效率公式

推导此类效率公式的基本指导思想是综合考虑不同成分在不同产品中的分布率，例如，不仅应考虑有用成分在精矿中的回收率，而且应考虑无用成分在精矿中的混杂率，设法从"有效回收率"中扣除"无效回收率"的影响，即可使所得综合算式反映过程的量效率，又反映过程的质效率：

$$E = \varepsilon - \gamma \qquad (1-3-13)$$

这是我国锡矿工业中曾经采用过的一个选矿效率公式。其基本思想是，在用回收率指标评价选矿效率时，应从中扣除分样过程带来的那部分回收率，因为即使是毫无分选作用的缩分过程，其回收率也不会等于 0 ，而是等于 γ ，显然不能将这部分回收率视为选矿的效果。

汉考克－卢伊肯公式用 $\varepsilon - \gamma$ 代替 ε ，仅仅是满足了对分离效率指标的第二项基本要求，若再考虑第一项要求，则应该写成下列形式：

$$E_{汉} = \frac{\varepsilon - \gamma}{\varepsilon_{\max} - \gamma_{\mathrm{opt}}} \qquad (1-3-14)$$

式中：$\varepsilon_{\max}$ 为理论最高回收率；$\varepsilon_{\max} = 100\%$ ；γ_{opt} 为理论最佳精矿产率。

因而 $E_{汉}$ 可看作是实际分离效果与理论最好分离效果的比值，是一个可用于比较不同性质原矿分离效果的相对指标。

B. 第二类综合效率公式

第二类综合效率计算公式，是将质效率与量效率的乘积作为综合效率，常见的有：

弗莱敏 – 斯蒂芬斯公式

$$E = \varepsilon \cdot \frac{\beta - \alpha}{\beta_{\max} - \alpha} \times 100\%$$ (1 – 3 – 15)

或写成

$$E = \frac{100\beta(\alpha - \theta)(\beta - \alpha)}{\alpha(\beta - \theta)(\beta_{\max} - \alpha)} \times 100\%$$ (1 – 3 – 16)

道格拉斯公式

$$E = \frac{\varepsilon - \gamma}{100 - \gamma} \cdot \frac{\beta - \alpha}{\beta_{\max} - \alpha} \times 100\%$$ (1 – 3 – 17)

或写成

$$E = \frac{(\alpha - \theta)(\beta - \alpha)}{\alpha(\beta - \theta)(1 - \frac{\alpha}{\beta_{\max}})} \cdot \frac{\beta - \alpha}{\beta_{\max} - \alpha} \times 100\%$$ (1 – 3 – 18)

对于单一有用矿物的矿石，$\beta_{\max} = \beta_m$，此处 $\beta_{\max}$ 为理论最高精矿品位，β_m 为纯矿物品位。

4. 选择性指数

分离 1、2 两种成分时，希望精矿中成分 1 的回收率尽可能高，成分 2 的回收率尽可能低，故可用相对回收率 $\varepsilon_{精相} = \frac{\varepsilon_{1精}}{\varepsilon_{2精}}$ 作判据。同样，对尾矿亦可得出类似之指标 $\varepsilon_{尾相} = \frac{\varepsilon_{2尾}}{\varepsilon_{1尾}}$。

高登 (A. M. Gaudin) 就用这个相对回收率的集合平均值作为分离判据，并习惯上称为选择性指数，通常用字母 SI 代表：

$$SI = \sqrt{\varepsilon_{精相}\varepsilon_{尾相}} = \sqrt{\frac{\varepsilon_{1精}\varepsilon_{2尾}}{\varepsilon_{2精}\varepsilon_{1尾}}}$$ (1 – 3 – 19)

此式在两种金属分离 (铜铅分离、铅锌分离、钨锡分离) 时应用较广。由此还派生了一系列其他效率公式，思路都是用多个组分或产品指标 (回收率、浮选速率、浮选概率等) 的几何平均值作综合效率判据。

1.3.4 实验方案设计

实验方案设计就是对实验进行科学合理的安排，以达到最好的实验效果。实验方案设计是实验过程的依据，是实验数据处理的前提，也是提高科学研究成果的一个重要保证。一个好的实验设计方案，能够合理地安排各种实验因数，严格地控制实验误差，并能够有效地分析实验数据，从而以较少的人力、物力和时间，最大限度地获得丰富可靠的实验数据。一个科学完善的实验设计方案应该符合三个要素与四条原则。

1. 实验设计的三个要素

实验设计的三个要素是实验因素、实验单元和实验效应。其中实验因素简称为因素或因子，是实验的设计者希望考察的实验条件，因素的具体取值称为水平；按照因素的给定水平对实验对象所做的操作称为处理，接收处理的实验对象称为实验单元；而反映实验处理效果的标志就是实验效应。

(1) 实验因素。实验设计的一项重要工作就是确定可能影响实验指标的实验因素，并根据专业知识初步确定因素水平的范围。若在整个实验过程中影响指标的因素很多，就必须结合专业知识，对众多的因素做全面分析，区分哪些是重要的实验因素，哪些是非重要的实验因素，以便选用合适的实验设计方法妥善安排这些因素。因素水平选得过于密集，实验次数就会增多，许多相邻的因素水平对结果的影响十分接近，将会浪费人力、物力和时间，降低实验的效率；反之，因素水平选得过于稀少，因素的不同水平对实验指标的影响规律就不能真实地反映出来，就不能得到有用的结论。在缺乏经验的前提下，可以先做筛选实验，选取较为合适的因素和水平数目。

实验因素应该尽量选择为数量因素，少用或不用品质因素。数量因素就是对其水平值能够用数值精确的因素，例如温度、容积等；品质因素水平的取值是定性的，如药物的种类、设备的型号等。数量因素有利于对实验结果作深入的统计分析，例如回归分析等。

在确定实验因素和因素水平时要注意实验的安全性，某些因素可能会损坏实验设备（例如高温、高压）、产生有害物质，甚至发生爆炸。这需要参加实验设计的专业人员能够事先预见，排除这种危险性，处理或者做好预防工作。

（2）实验单元。接受实验处理的对象或产品就是实验单元。在工程实验中，实验对象是材料和产品，只需要根据专业知识和统计学原理选用实验对象。

（3）实验效应。实验效应是反映实验处理效果的标志，它通过具体的实验指标来体现。与对实验因素的要求一样，要尽量选用数量的实验指标，不用定性的实验指标。

2. 实验设计的四条原则

实验设计的四条基本原则是随机化原则、重复原则、对照原则和区组原则。目前，这四大实验设计原则已被人们广泛认为是保证实验结果正确性的必要条件。同时，随着科学技术的发展，这四大原则也在不断地发展完善。

（1）随机化原则。随机化是指每个处理以概率均等的原则，随机地选择实验单元。实验设计随机化原则的另外一个作用是有利于应用各种统计分析方法，因为统计学中的很多方法都是建立在独立样本的基础上的，用随机化原则设计和实施的实验就可以保证实验数据的独立性。

（2）重复原则。由于实验的个体差异、操作差异以及其他影响因素的存在，同时处理不同的实验单元所产生的效果也有差异。通过一定数量的重复实验，该处理的真实效应就会比较确切地显现出来，可以从统计学上对处理的效应给以肯定或予以否定。从统计学的观点看，重复例数越多（样本量越大）实验结果的可信度就越高，但这需花费更多的人力和物力。实验设计的核心内容就是用最少的样本例数保证实验结果具有一定的可信度，以节约人力、经费和时间。

在实验设计中，"重复"一词有两种不同的含义：即分别为独立重复实验和重复测量。独立重复实验是在相同的处理条件下对不同的实验单元做多次实验，这是人们通常意义下所指的重复实验，其目的是为了降低由样品差异而产生的实验误差，并正确估计这个实验误差；重复测量是在相同的处理条件下对同一个样品做多次重复实验，以排除操作方法产生的误差。如果实验的样品是流体（包括气体、液体、粉末），可以把一份样品分成多份，对每份样品分别做实验，以排除操作方法产生的误差。

（3）对照原则。对照是比较的基础，对照原则是实验的一个主要原则。除了因素的不同处理外，实验组与对照组中的其他条件应尽量相同。只有高度的可比性，才能对实验观察的项目做出科学结论。对照的种类有很多，可根据研究目的和内容加以选择。

（4）区组原则。人为划分时间、空间、设备等实验条件成为区组。区组因素也是影响实验指标的因素。但这并不是实验者所要考察的因素，也称为非处理因素。任何实验都是在一定的时间、空间范围内并使用一定的设备进行的，把这些实验条件都保持一致是最理想的，但在很多情况下是办不到的。解决办法就是把这些区组因素也纳入实验中，在对实验做设计和数据分析中也都作为实验因素。

3. 实验设计的类型

根据实验设计内容的不同，可分为专业设计与统计设计。实验的统计设计使得实验数据具有良好的统计性质(例如随机性、正交性、均匀性等)，由此可以对实验数据做需要的统计分析。实验设计和实验结果的统计分析是密切相关的，只有按照科学的统计设计方法得到的实验数据才能进行科学的统计分析，得到客观有效的分析结论。

根据不同的实验目的，实验设计可以划分为五种类型。

(1)演示实验。演示实验的实验目的是演示一种科学现象，只要按照正确的实验条件和实验程序操作，实验结果就必然是事先预定的结果。对演示实验的设计主要是专业设计，其目的是为了使实验操作更简便易行，实验结果更直观清晰。

(2)验证实验。验证实验的实验目的是验证一种科学推断的正确性，可以作为其他实验方法的补充实验。通过对实验数据做统计分析，推断出最优实验条件，然后对这些推断出来的最优实验条件做补充的验证实验给予验证。验证实验也可以是对已提出的科学现象的重复验证，检验已有实验结果的正确性。

(3)比较实验。比较实验的实验目的是检验一种或几种处理的效果，例如对生产工艺改进效果的检验，对一种新药剂效果的检验，其实验设计需要结合专业设计和统计设计两方面的知识，对实验结果的数据分析属于统计学中的假设检验问题。

(4)优化实验。优化实验的实验目的是高效率地找出实验项目的最优实验条件，这种优化实验是一项尝试性的工作，有可能获得成功，也有可能不成功。优化实验应用很广，在科研开发和生产实践中，能达到提高质量、增加产量、降低成本以及保护环境的目的。随着科学技术的迅猛发展，市场竞争日益激烈，优化实验将会越发显示其巨大的威力。

优化实验的内容十分丰富，可以划分为以下几种类型：

a)按实验因素数目的不同可以划分为单因素优化实验和多因素优化实验。

b)按实验目的的不同可以划分为指标水平优化实验和稳健性优化实验。指标水平优化实验的目的是优化实验的平均水平，例如增加产品的回收率、延长产品的使用寿命、降低产品的能耗。稳健性优化实验是减小产品指标的波动(标准差)，使产品的性能更稳定。

c)按实验的形式不同可以分为实物实验和计算实验。实物实验包括现场实验和实验室实验两种，都是主要的实验方式。计算实验是根据数学模型计算出实验指标，在物理学中有大量的应用。

d)按实验过程的不同可以分为序贯实验设计和整体实验设计。序贯实验是从一个起点出发，根据前面实验的结果决定后面实验的位置，使实验指标不断优化，形象地称为"爬山法"。分数法、因素轮换法都属于爬山法。整体实验是在实验前就把所要做的实验的位置确定好，要求设计这些实验点能够均匀地分布在全部可能的实验点之中，然后根据实验结果选择最优的实验条件。正交设计和均匀设计都属于整体实验设计。

1.3.5 实验报告编写

实验报告是将实验目的、方法、过程、结果等记录下来，经过整理，写成的书面汇报。实验报告的种类因科学实验的对象而异，随着科学事业的日益发展，实验的种类、项目等日见繁多，但其格式大同小异，比较固定。实验报告必须在科学实验的基础上进行，它主要的用途在于帮助实验者不断地积累研究资料，总结研究成果。

实验报告的书写是一项重要的基本技能训练。它不仅是对每次实验的总结，更重要的是它可以初步培养和训练学生的逻辑归纳能力、综合分析能力和文字表达能力，是科学论文写作的基础。因此，参加实验的每位学生，均应及时认真地书写实验报告。要求内容实事求是，分析全面具体，文字简练通顺，抄写清楚整洁。

1. 实验报告内容与格式

（1）实验名称

用最简练的语言反映实验的内容，让阅读报告的人一目了然。

（2）所属课程名称

（3）学生姓名、学号及合作者

（4）实验日期(年、月、日)和地点

（5）实验目的

实验目的需明确，应阐述该实验在科研或生产中的意义与作用。在理论上，验证定理、公式、算法，使实验者获得深刻和系统的理解；在实践上，使实验者掌握使用实验设备的技能技巧和程序的调试方法。一般应说明是验证型实验还是设计型实验，是创新型实验还是综合型实验。

（6）实验原理

实验原理是实验方法的理论依据或实验设计的指导思想。实验原理包括两个部分：一是实验中涉及的反应，这是能进行实验的基础，如果没有反应，实验就无法进行，也没有实验的必要；二是仪器对该反应的接受与指示的原理，这是实验的保证，仪器不能接受和指示出反应的信号，实验也无法进行，就得更换仪器的类型或型号。

（7）实验环境和器材

实验用的软硬件环境(包括实验所需的主要仪器、设备、试剂、试样等)，这是实验的基本条件。

（8）实验步骤

只写主要操作步骤，不要照抄实验指导书，要简明扼要。还应该画出实验流程图(实验装置的结构示意图)，再配以相应的文字说明，这样既可以节省许多文字说明，又能使实验报告简明扼要，清楚明白。

（9）实验结果

主要是对实验现象的描述(包括测试环境有无变化，仪器运转是否正常，试样在处理或测试中有无改变等等)和实验数据的处理等。原始资料应附在该次实验主要操作者的实验报告上，同组的合作者要复制原始资料。

对于实验结果的表述，一般有三种方法：

①文字叙述：根据实验目的将原始资料系统化、条理化，用准确的专业术语客观地描述

实验现象和结果，要有时间顺序以及各项指标在时间上的关系。

②图表：用表格或坐标图的方式使实验结果突出、清晰，便于相互比较，尤其适合于分组较多，且各组观察指标一致的实验，使组间异同一目了然。每一图表应有表目和计量单位，应说明一定的中心问题。

③曲线图：应用记录仪器描绘出的曲线图，图中指标的变化趋势形象生动、直观明了。

在实验报告中，可任选其中一种或几种方法并用，以获得最佳效果。

（10）讨论

根据相关的理论知识对所得到的实验结果进行解释和分析。如果所得到的实验结果和预期的结果一致，那么它可以验证什么理论，实验结果有什么意义，说明了什么问题，这些是实验报告应该讨论的。但不能用已知的理论或生活经验硬套在实验结果上，更不能由于所得到的实验结果与预期的结果或理论不符而随意取舍甚至修改实验结果，这时应该分析其异常的可能原因。如果该次实验失败了，应找出失败的原因及以后实验应注意的事项。不要简单地复述课本上的理论而缺乏自己主动思考的内容。另外，还可以写一些该次实验的心得以及提出一些问题或建议等。

（11）结论

结论不是具体实验结果的再次罗列，也不是对今后研究的展望，而是针对该实验所能验证的概念、原则或理论的简要总结，是从实验结果中归纳出的一般性、概括性的判断，要简练、准确、严谨、客观。

（12）鸣谢（可略）

在实验中受到他人的帮助，在报告中以简单语言感谢。

（13）参考资料

详细列举实验中所用到的参考资料。

2. 专题实验报告内容与格式

实验报告是实验的总结，应说明的主要问题为：

（1）实验任务；

（2）实验对象——试样；

（3）实验的技术方案——选矿方法、流程、条件等；

（4）实验结果——推荐的选矿方案和技术经济指标。

为了说明实验条件同生产条件的接近程度和结果的可靠性，一般还要对所使用的实验设备、药品、实验方法和实验技术等作扼要的说明。连续性选矿实验和半工业实验，特别是采用了新设备的，必须对所用设备的规格、性能，以及与工业设备的模拟关系作出准确说明，以便能顺利地实现向工业生产转化。

实验的中间过程，在报告的正文中只摘要阐述。阐述的目的是为了使阅读者了解实验工作的详细程度和可靠程度，确定最终方案的依据，以及在需要时可据此作进一步的工作。详细材料可作为附件或原始资料存档。

一般来说，可将实验报告分为下面几个部分：

（1）封面——报告名称、实验单位、编写日期等；

（2）前言或绪言——对实验任务、试样以及所推荐的实验方案和最终指标作一简单介绍，使读者一开始即了解实验工作的基本情况；

（3）矿床特性和采样情况的简要说明；

（4）矿石性质；

（5）选矿实验方法和结果；

（6）结论——主要介绍所推荐的选矿方案和指标，并给予必要的论证和说明；

（7）附录或附件，必要时可附参考文献。

供选矿厂设计用的实验报告，一般要求包括下列具体内容：

（1）矿石性质。包括矿石的物质组成，以及矿石及其组成矿物的理化性质，这是选择选矿方案的依据，不仅实验阶段需要，设计阶段也需要了解。因为设计人员在确定建设方案时，并非完全依据实验工作的结论，在许多问题上还需参考现场生产经验独立作出判断，此时必须有矿石性质资料作为依据，才能进行对比分析。

（2）推荐的选矿方案。包括选矿方法、流程和设备类型（不包括设备规格）等。要具体到指明选别段数、各段磨矿细度、分级范围、作业次数等。这是对选矿实验的主要要求，它直接决定选厂的建设方案和具体组成，必须慎重考虑。若有两个以上可供选方案，各项指标接近，实验人员无法作出最终决断时，也应该尽可能阐述清楚自己的观点，并提出足够的对比数据，以便设计人员能据此进行对比分析。

（3）最终选矿指标以及与流程计算有关的原始数据。这是实验部门应向设计部门提供的主要数据，但有关流程中间产品的指标往往要通过半工业或工业实验才能获得，实验室实验只能提供主要产品的指标。

（4）与计算设备生产能力有关的数据。如可磨度、浮选时间、沉降速度、设备负荷等，但除相对数字（如可磨度）以外，大多数要在半工业或工业实验中确定。

（5）与计算水、电、材料消耗等有关的数据。如矿浆浓度、补加水量、浮选药剂用量、焙烧燃料消耗等，也要通过半工业和工业实验才能获得较可靠的数据，实验室数据只能供参考。

（6）选矿工艺条件。实验室实验所提供的选矿工艺条件，大多数只能给工业生产提供一个范围，说明其影响规律，具体数字往往要到开工调整生产阶段，才能确定，在生产中也还要根据矿石性质的变化不断调整。因而除了某些与选择设备、材料类型有关的资料，如磁场强度、重介质选矿加重剂类型、浮选药剂品种等必须准确提出以外，其他属于工艺操作方面的因素，在实验室实验阶段主要是查明其影响规律，以便今后在生产中进行调整时有所依据，而不必过分追求其具体数字。

（7）产品性能。包括精矿、中矿、尾矿的物质成分和粒度、比重等物理性质方面的资料，作为考虑下一步加工方法和尾矿堆存等考虑的依据。

1.4　矿物加工常用实验技术

1.4.1　实验中常用的玻璃器皿及其清洗

1.常用的玻璃器皿

一般玻璃仪器的制作材料有软质玻璃和硬质玻璃两种。软质玻璃的主要成分为钠与钙的硅酸盐和二氧化硅，因此也称钠钙玻璃，其软化温度较低，通常用于制造非加热用的器皿。

硬质玻璃中的二氧化硅的含量较高，并含有钾或硼，其软化温度较高，热膨胀系数较小，故用于制造加热用的仪器。

（1）度量仪器

化学实验中常用的玻璃量器可分为量入容器（如容量瓶、量筒、量杯等）和量出容器（如滴定管、吸量管、移液管等）。量入容器液面的对应刻度为量器内的溶液容积，量出容器液面的对应刻度为放出的溶液体积。

①量筒

量取一定体积的液体时，若量取的体积精确度要求不高，则使用量筒[图 1-4-1(a)]最为方便。

②容量瓶

容量瓶[图 1-4-1(b)]用于精确配制一定体积与一定浓度的溶液或定量地稀释准确浓度的溶液。常见的有 10 mL、25 mL、50 mL、100 mL、250 mL、500 mL 和 1000 mL 等各种规格。常和移液管配套使用，可把已配成溶液的某种物质分成若干等份。使用容量瓶时应特别小心使用配套的瓶塞，勿跌落打碎或遗失。使用前应检查瓶口是否漏水。

③移液管

移液管[图 1-4-1(c)]是用于准确移取一定体积溶液的量出式玻璃量器，正规名称是"单标线吸量管"。它中间有一膨大部分，管颈上部刻有一标线，此标线的位置是由放出溶液的体积决定的。移液管的容量单位为 mL，使用移液管时应注意移取溶液之前，先用欲移取的溶液涮洗三次。同时移取溶液时，使用右手拇指及中指拿住管颈刻线以上的地方（无名指及小指依次靠拢中指），左手拿洗耳球，用力挤捏球部，排除空气后紧按在移液管口上，将移液管垂直插入液面以下 1~2 cm 深度，然后左手慢慢松开，洗耳球会将瓶中的溶液吸入到移液管内，当达到标线上方一定距离时，立刻拿开洗耳球，右手食指头迅速按住移液管口上，用力压住不让其漏气，慢慢转动移液管，使指缝与管口间稍有漏气，管内液面会下降，到标线时，用力按住管口，拿出放入盛液容器中。

④吸量管

吸量管[图 1-4-1(d)]的全称是"分度吸量管"，它是带有分度的量出式量器，用于移取非固定量的溶液。吸量管的使用方法与移液管大致相同，只是由于吸量管的容量精度低于

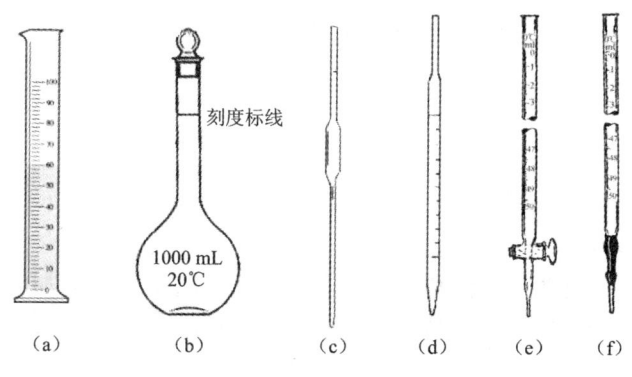

刻度标线

1000 mL
20℃

(a)　　(b)　　(c)　　(d)　　(e)　　(f)

图 1-4-1 各种度量仪器

移液管，所以在移取 2 mL 以上固定量溶液时，应尽可能使用移液管。同时使用吸量管时，尽量在最高标线调整零点，然后控制放液至所需的体积。

⑤滴定管

滴定管是滴定时用来准确测量流出的溶液体积的量器。滴定管分为两种：一种是酸式滴定管（简称酸管）；另一种是碱式滴定管（简称碱管）。酸式滴定管［图 1－4－1（e）］下端有玻璃旋转塞，开启旋塞，溶液自管内流出。酸式滴定管用来装酸性及氧化性溶液，但不能用于装碱性溶液。碱式滴定管［图 1－4－1（f）］的一端连接乳胶管，管内装有玻璃珠，以控制溶液的流出，橡皮管或乳胶管下面接一尖嘴玻璃管。碱式滴定管用来装碱性及无氧化性溶液，凡是能与乳胶管起反应的溶液，如高锰酸钾、碘和硝酸银等药剂的溶液，都不能用碱式滴定管进行实验。

酸式滴定管的使用：

使用前的准备：首先检查外观和密合性，先关闭活塞，装水至"0"线以上，直立约 2 min，仔细观察有无水滴滴下，然后将活塞转 180°，再直立 2 min，观察有无水滴滴下。如果发现漏水或酸管活塞转动不灵活，则需将活塞拆下重涂凡士林。酸式滴定管的操作：将酸管夹在滴定管架上，用手控制活塞，拇指在前，中指和食指在后，轻轻捏住活塞柄，无名指和小手指向手心弯曲，并顶住滴嘴，见图 1－4－2。应注意不要向外拉旋塞，也不要使手心顶着旋塞末端向前推动旋塞，以免使旋塞移位而造成漏液。

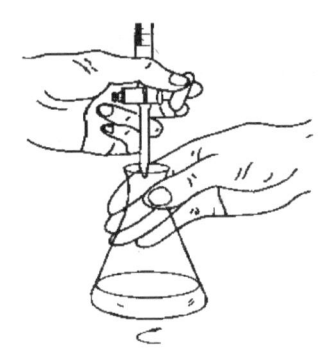

图 1－4－2　酸式滴定管的操作

碱式滴定管的使用：

使用前的准备：先进行洗涤，将玻璃珠向上推至与滴定管管身下端相接触，然后加满铬酸洗液，放置几分钟，把洗液倒回原瓶，再依次用自来水和纯水洗净。如果乳胶管已经老化，应及时更换，并配上合适的玻璃珠。更换乳胶管或玻璃珠后，应再用纯水洗两次，然后倒挂在滴定台上备用。碱式滴定管操作时用左手指轻轻捏住玻璃珠，往一个方向用力，使橡胶管撑出一个缝隙，溶液从缝隙流出，如图 1－4－3。注意不要使玻璃球上下移动，更不要捏玻璃球下部的乳胶管，以免空气进入形成气泡。

使用度量仪器时，必须正确掌握液体体积的读数方法，如图 1－4－4 所示。测量时必须使视线同度量仪器内液体的凹液面最低处保持水平，才能准确地读取体积的数值，否则读出的数值将偏高或偏低。

（2）其他常见玻璃器皿

①烧杯（图 1－4－5）

规格：以容积（单位：mL）表示，一般有 50 mL、100 mL、150 mL、200 mL、400 mL、500 mL、1000 mL、1200 mL 等规格。

用途及注意事项：用作配制溶液和较大量试剂的反应器，在常温和加热温度不太高时使用。加热时烧杯应置于石棉网上，使其受热均匀；所盛反应液体一般不能超过烧杯容积的 2/3。

②锥形瓶（图 1－4－6）

规格：分有塞和无塞两种。以容积（单位：mL）表示，一般有 50 mL、100 mL、150 mL、200 mL、400 mL、500 mL、1000 mL、2000 mL 等规格。

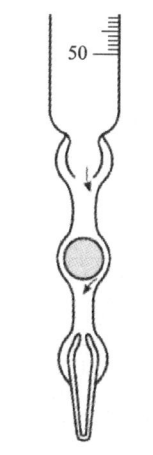

图 1 - 4 - 3　碱式滴定管

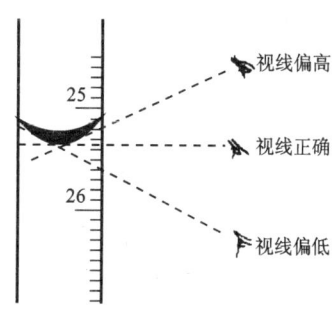

图 1 - 4 - 4　度量仪器的正确读数

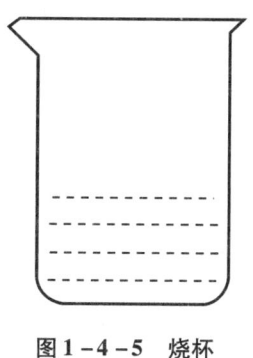

图 1 - 4 - 5　烧杯

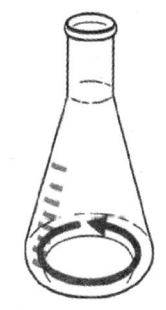

图 1 - 4 - 6　锥形瓶

　　用途及注意事项：锥形瓶用于普通实验中，制取气体或作为反应容器；避免摇动时溅出液体；加热时应置于石棉网上，使其受热均匀；不能骤冷骤热。

　　③蒸馏烧瓶［图 1 - 4 - 7(a)］

　　规格：有圆底和平底、长颈和短颈、有支和无支之分。以容积(单位：mL)表示，一般有 50 mL、100 mL、150 mL、250 mL、1000 mL 等规格。

　　用途及注意事项：用作反应容器，特别适用于较长时间加热回流、液体的蒸馏等。反应试剂量一般在容积的 1/3 至 2/3；加热时烧瓶底要垫石棉网。

　　④漏斗［图 1 - 4 - 7(b)］

　　规格：普通漏斗有长颈和短颈之分。以口径(单位：mm)表示，一般有 30 mm、40 mm、60 mm、100 mm、120 mm 等规格。此外还有分液漏斗和布氏漏斗。

　　用途及注意事项：普通漏斗用于过滤操作，不能加热，过滤时要选配适当的滤纸，滤纸折叠要得当。分液漏斗多用于萃取操作；布氏漏斗通常与抽滤瓶配合使用，并借助抽气机或水泵进行减压过滤，以加快过滤速率，抽干液体。

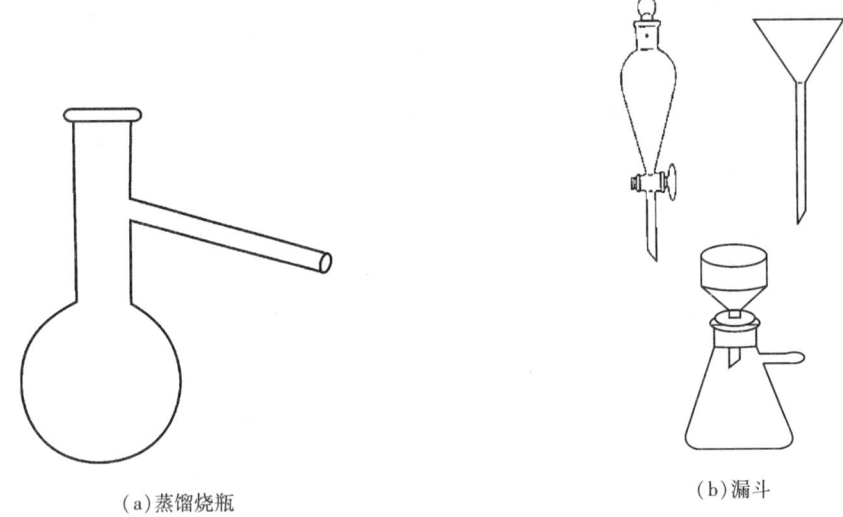

(a)蒸馏烧瓶　　　　　　　　(b)漏斗

图1-4-7　蒸馏烧瓶(a)和漏斗(b)

2.一般玻璃器皿的洗涤方法

矿物加工实验经常使用的玻璃仪器,常常由于污物和杂质的存在,使用前都必须洗干净,否则可能得到不正确的结果。洗涤仪器时,应根据实验性质、要求及仪器上沾污物的性质,选择合适的洗涤方法。下面介绍几种常用的洗涤方法。

(1)用自来水洗涤

自来水可洗去仪器上的尘土和可溶于水的污物。洗涤时器皿内盛1/3~1/2的清水,用大小合适的刷子洗刷器皿,洗涤2~3次。器皿壁的污垢除去后,再用清水冲洗几次。

(2)用去污粉或碱液洗涤

去污粉主要成分是苏打(Na_2CO_3)、小苏打($NaHCO_3$),并含有白土、细砂等添加物。这两种化合物的水溶液呈碱性,因此可洗去自来水难以洗去的油污或有机物。有时也可用热的碱液或适当的有机溶剂洗涤。

在湿的器皿中放入少量去污粉,先用刷子刷洗,后用自来水冲洗。如器皿被大量油脂沾污,则可把热的碱液倒入容器,浸泡一段时间(此时不能用刷子刷洗)。然后把碱液倒出,再用水冲洗,直到器皿遗留的碱液全部洗去为止。

(3)用铬酸洗液洗涤

①铬酸洗液的配制

把30 g研细的重铬酸钾($K_2Cr_2O_7$)加入到100 mL水中,加热使之溶解,冷却后在不断搅拌下慢慢地注入800 mL工业浓硫酸中,此溶液称为铬酸洗液。配好的洗液为深褐色。由于它具有很强的酸性和氧化性,去污能力很强。

②使用铬酸洗液的操作要求

用铬酸洗液洗仪器时,最好先用水或去污粉把仪器洗一遍,再用水冲洗几遍,并尽量把器皿内的水倒去,然后把洗液小心地倒入器皿,洗液用量约为器皿容量的1/3,慢慢地转动器皿使器皿的内壁皆为洗液所润湿,片刻后把洗液倒回洗液瓶,并盖好瓶盖(用过的洗液可重复使用,不得倒掉,更不能倒入水槽,以防腐蚀水管、水泥槽)。最后用水把残留器皿内的洗液洗去。如器皿很不清洁，可让洗液放在器皿内浸泡一段时间或用热的洗液洗，效果更好。

3. 用浓盐酸洗涤

用铬酸洗液洗过之后，如仪器还有污物(多半是一些具有氧化性的物质)，可用浓盐酸洗涤，洗涤方法与用碱液洗涤相同。

已经洗净的仪器，其内壁不应沾有任何污物或油脂，若加少量水于仪器中，然后把仪器倒转，使口朝下，让水沿壁流出，此器壁应能均匀地被水润湿，没有水珠附着，这表明仪器已洗净。

按上述方法洗净的仪器，其内壁总附着一层自来水，一般情况下，还必须再用蒸馏水润洗。

注意事项：

①用碱液、浓盐酸或铬酸洗涤仪器时，由于这些洗涤液具有很强的腐蚀性，切勿使洗涤液溅到衣服、皮肤或桌子上，不能使用刷子刷洗；

②装铬酸洗液的瓶子应随时盖紧，防止洗液吸水，降低去污能力；

③仪器避免用肥皂洗，更不能把肥皂与酸性洗涤液混合使用，否则生成的硬脂酸将沾在器壁上，很难洗净；

④洗净的仪器内壁不应再用布或滤纸擦拭，因为擦拭以后器壁上必然会黏附纤维或油垢，反而把仪器弄脏。

1.4.2 温度测量与控制

1. 温度测量的基本依据

热力学定律是进行体系测量的基本依据。

(1)可以通过使两个体系相接触，并观察这两个体系的性质是否发生变化而判断这两个体系是否已经达到热平衡。

(2)当外界条件不发生变化时，已经达热平衡状态的体系，其内部温度是均匀分布的，并具有确定不变的温度值。

(3)一切互为热平衡的体系具有相同的温度。所以，一个体系的温度可以通过另一个与之热平衡的体系的温度来表达；或者也可以通过第三个体系的温度来表达。

2. 温度计

温度计分为接触式温度计和非接触式温度计两大类。

(1)接触式温度计

在测量时必须将温度计接触被测体系，待体系温度达平衡后，由测温物质的物理参数来反映所测的温度值。

①玻璃－水银温度计

玻璃－水银温度计是液体膨胀温度计的一种，它的测温物质是盛在上端带有一支均匀毛细管的玻璃球中的水银，温度的变化造成水银体积的变化，从而使毛细管中的水银液面上升或下降，通过毛细管外壁的刻度，就能直接读出被测物体的温度。

它利用了水银纯化比较容易、比热小、传热速度快、膨胀系数比较均匀、不易黏附在玻璃上，而且不透明等性质。

②贝克曼温度计

与普通温度计不同之处：贝克曼温度计(图1-4-8)能准确测量出温度差，但不能用来测量温度的绝对值。

贝克曼温度计的调节：

调节目的：使贝克曼温度计的毛细管中的水银面都落到合适的范围。

调节方法：

a. 确定贝克曼温度计在实验中的调节温度值(其值为实验起始温度 + R)；

b. 连接贝克曼温度计贮汞槽与水银球中的水银；

c. 调整水银球中水银量；

d. 拿出断开水银贮槽；

e. 检验贝克曼温度计是否符合要求。

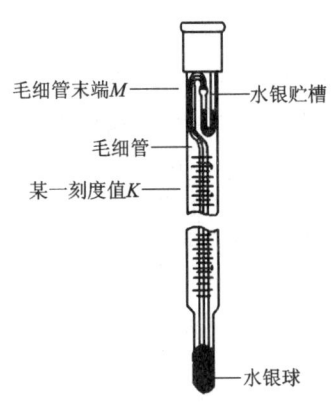

图 1 - 4 - 8 贝克曼温度计

毛细管末端 M ——— 水银贮槽

毛细管

某一刻度值 K

水银球

R 的确定：

将贝克曼温度计与另一支普通温度计一起插入盛水(或其他液体)的烧杯中，慢慢加热，注意观察贝克曼温度计水银的上升情况，当到达刻度 K 时，记下普通温度计的读数(t_1℃)，温度继续上升，直到贝克曼温度计中水银柱上升到毛细管末端 M 时，再记下普通温度计的读数(t_2℃)，t_2 与 t_1 之差为 R，即 $R = t_2 - t_1$。

例如，在苯溶液凝固点降低实验中，K 为 4℃，该处应表示实验温度 5.5℃(t℃)，而从 K 位置的 4℃到温度计末端 M 处实验证明 R 为 3℃，则该调节温度为 $t + R = 5.5 + 3 = 8.5$℃。

使用贝克曼温度计时的注意事项：

a. 贝克曼温度计是精细玻璃制品，易碎，操作或放置时都要小心。

b. 要将贝克曼温度计的水银柱断开时，必须注意掌握正确的敲击手法；要以右手紧握温度计的中部，并使温度计近于垂直，用左手由下向上轻击右手腕。注意用力的方向与毛细管平行，不要太用力，更不能直接敲击温度计。

c. 必须注意勿让已经调节好的温度计毛细管中的水银与贮槽中的水银相接，调好的温度计最好直接安放在待使用的仪器上。

③热电偶温度计

热电偶测温基本原理：如果将两种不同的金属导线 A、B 连接起来，组成一个闭合回路，此时必然具有两个连接点，当两个连接点的温度不同(分别为 T_1 和 T_2)时，则在两个连接点上产生的接触电势不一样，回路中就有电流通过。此时，在回路中接一电位差计，就可以测出两导线连接时由于两连接点温度不同所产生的电势差，即温差电势。

温差电势 E 与两个连接点温差 ΔT 呈一定的函数关系：

$$E = f(\Delta T)$$

若将其中的一个连接点作为参考点，并维持温度恒定不变(常用冰水混合物，以维持0℃)，那么，温差电势就只与另一个连接点(测温点)的温度(T)有关：

$$E = f(T)$$

所以，根据对不同金属导线中的温差电势就能指示出测温点的温度。

热电偶温度计的优点：

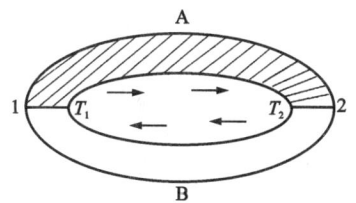

图 1 - 4 - 9 热电偶测温基本原理图

a. 灵敏度高，在精密的电位差计配合下可测至 0.01℃，如将热电偶串联起来组成热电堆，灵敏度可达 0.0001℃，热电偶测温的量程很大，应用不同的热电偶可以从 -200℃ 测至 1800℃；

b. 具有良好的重现性；

c. 可以用导线远距离输送数据。

（2）非接触式温度计

在测量时与被测物质并不接触，而是利用被测物质所发射的电磁辐射，根据其波长分布或频率和温度之间的函数关系进行温度测量。

例如，光电温度计是利用被测物体所发生的光信号被接收后转换成电信号，根据电信号的强弱表示出被测物体的温度。

除此之外还有光学高温计、红外光电温度计等。

3. 温度的控制

许多物理化学实验都必须控制在一定的温度下进行，如化学反应平衡常数的测量、速率常数的测定等实验。

维持恒定温度最简便的方法是利用物质相变时温度的恒定性。如以冰 - 水体系来实现 0℃ 恒温，这是因为冰和水处于相变平衡时温度维持不变。相变点恒温介质浴恒温的最大优点是装置简单、温度恒定，缺点是对温度的选择有一定的限制，不能任意调节。

根据所需控制温度的不同以及选用恒温介质的差别，可以将恒温系统分为：

恒温槽、高温控制器、比例 - 积分 - 微分温度控制（PID 调节）系统。

（1）恒温槽

恒温槽是以液体为介质的恒温装置，当采用不同的液体时，恒温槽可以用于不同温度区间，不同液体介质所适用的控温范围不同。

液体介质	控温范围
乙醇或乙醇水溶液	-60 ~ 30℃
水	0 ~ 90℃
甘油或甘油水溶液	80 ~ 160℃
石蜡油、硅油	70 ~ 200℃

恒温槽的组成(槽体、恒温介质、搅拌器、加热器、温度计、控制装置)见图1-4-10。

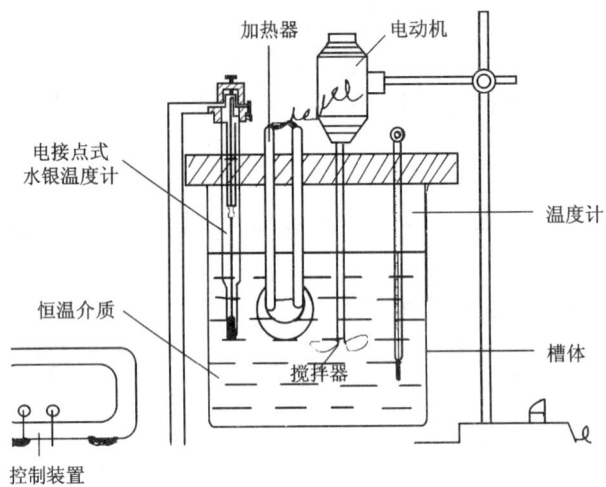

图1-4-10 恒温槽

控制装置：

作用：对加热器进行控制，当恒温槽中介质温度低于指定温度时，使加热器工作，对恒温介质提供热量；而当恒温槽到达指定温度时，则停止加热。

控温装置中包括接触温度计和晶体管继电器。

接触温度计(图1-4-11)能根据需要发出"通""断"讯号，但不能用它来直接启动灵敏继电器工作，因为灵敏继电器的工作电流需要数毫安，这样的电流能使钨丝和水银之间产生电火花，造成水银表面氧化从而沾污毛细管，所以接触温度计必须与晶体管继电器联用。

一个良好的恒温槽要求：

具有高灵敏度的控温装置；加热器导线良好而且功率合适；恒温介质热容量大且搅拌均匀；各种部件的位置对恒温槽的灵敏度也有影响。

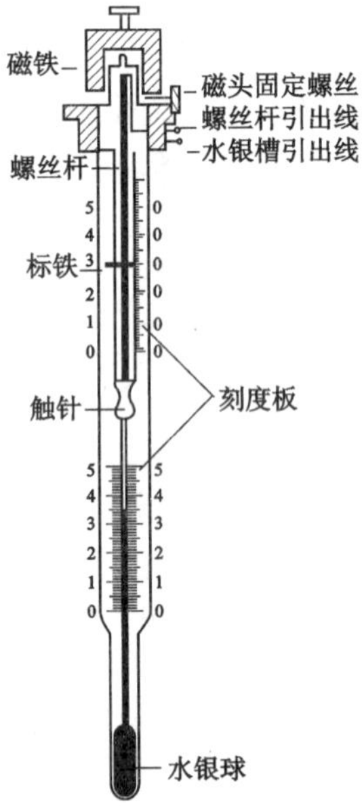

(2)高温控制器

高温控制器是指当实验需要在高温下进行时控制温度的仪器。

恒温介质：多采用空气(一般不用液体)。

类型：目前用得较多的是动圈式温度控制器。

图1-4-11 接触温度计的构造

(3)比例-积分-微分温度控制系统(PID调节控制)

前面两种控温装置都是断续式-位置温度控制，这些控温方式虽然比较简便，但加热器内的电流只有通和断两种状态，电流的大小并不能自动调节，因此在外界环境条件变化比较大时，往往控温的精度比较差。

利用可控硅的特性并采用比例 – 积分 – 微分调节器，使加热器能随着偏差信号的大小用相应的电流变化控制加热系统从而达到较高的控温精度。

1.4.3 真空技术

真空是指压力小于101.3 kPa(1 个标准大气压)的气态空间。真空状态下气体的稀薄程度常用压强(单位：Pa)表示，习惯上称作真空度。为了获得真空，就必须设法将气体分子从容器中抽出。凡是能从容器中抽出气体、使气体压力降低的装置，均可称为真空泵。一般实验室用得最多的是水流泵和油封机械真空泵。

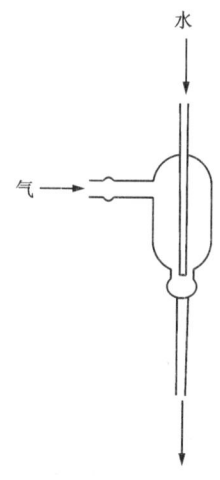

1. 水流泵

水流泵应用的是伯努利原理，水经过收缩的喷口高速喷出时，其周围区域的压力较低，系统中进入的气体分子便被高速喷出的水流带走。水流泵的构造如图1 – 4 – 12 所示，实验室中在抽滤或其他情况下需要真空时经常使用。

图1 – 4 – 12 水流泵

2. 油封机械真空泵

图1 – 4 – 13 表示旋片式真空泵的工作原理。旋片泵主要由泵体、转子、旋片、端盖、弹簧等组成。在旋片泵的腔内偏心地安装一个转子，转子外圆与泵腔内表面相切(二者有很小的间隙)，转子槽内装有带弹簧的两个旋片。旋转时，靠离心作用和弹簧的张力使旋片顶端与泵腔的内壁保持接触，转子旋转带动旋片沿泵腔内壁滑动。

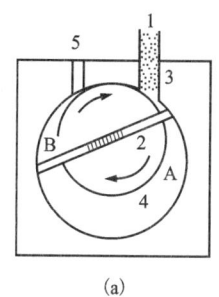
(a)
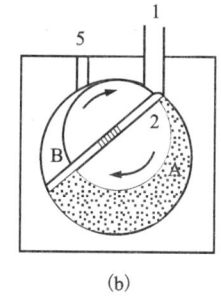
(b)
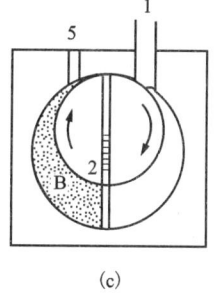
(c)
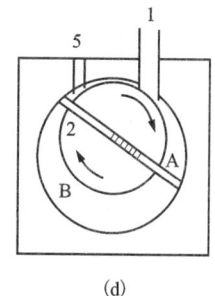
(d)

图1 – 4 – 13 旋片式油封旋转机械泵的工作原理

两个旋片把转子、泵腔和两个端盖所围成的月牙形空间分隔成 A，B 两部分，如图1 – 4 – 13所示。当转子按箭头方向旋转时，与吸气口相通的空间的容积 A 是逐渐增大的，正处于吸气过程。而与排气口相通的空间 B 的容积是逐渐缩小的，正处于排气过程。由于空间 A 的容积逐渐增大(即膨胀)，气体压强降低，泵的入口处外部气体压强大于空间 A 内的压强，因此将气体吸入。当空间 A 与吸气口隔绝时，即转至空间 B 的位置，气体开始被压缩，容积逐渐缩小，最后与排气口相通。当被压缩气体压强超过排气口外压强时，排气阀被压缩气体推开，气体穿过油箱内的油层排至大气中。通过泵的连续运转，达到连续抽气的目的。

如果排出的气体通过气道而转入另一级(低真空级),由低真空级抽走,再经低真空级压缩后排至大气中,即组成了双级泵。这时总的压缩比由两级来负担,因而提高了极限真空度。

1.4.4 pH 测定

1. pH 计的测定原理

pH 计测量 pH 的方法是电位测定法,也是选矿实验中测定 pH 的主要方法。它是以 pH 计玻璃电极作为测量电极(也称指示电极),以甘汞电极作为参比电极,一起浸入被测溶液中,组成一个原电池。由于甘汞电极的电极电势不随溶液的 pH 变化,故在一定温度条件下为定值。而玻璃电极的电极电势随溶液 pH 的变化而改变,所以它们组成的原电池的电动势也只随溶液的 pH 变化。

设原电池电动势为 U,则25℃时

$$U = \varphi_{甘汞} - \varphi_{玻璃} = \varphi_{甘汞}^{\ominus} - \varphi_{玻璃}^{\ominus} + 0.0591\text{pH} = K - 0.0591\text{pH} \qquad (1-4-1)$$

由式1-4-1可知,K 为常数,所以 U 与 pH 呈线性关系。在25℃时,每相差1 pH 就产生 59.1 mV 的电位差,也就是说在25℃时 59.1 mV 的电位差等于1 pH,因此测定 pH 就是测定溶液的电位。pH 计的主体是一个精密的电位计,用来测量上述原电池的电动势,直接读出溶液的 pH。

各种类型实验室用的国产 pH 计,如雷磁25型,pHS-2 和 pHS-3 型等,都是以玻璃电极作测量电极,甘汞电极作参比电极。因玻璃电极不会中毒,当被测溶液中含有氧化剂、还原剂和有机物质时,pH 的测定不会受到影响,同时测量的 pH 范围宽,精度高,因此应用范围广。

2. 常用电极

(1)甘汞电极

甘汞电极由金属汞、甘汞(Hg_2Cl_2)和 KCl 溶液组成,电极反应为

$$Hg_2Cl_2 + 2e^- \rightleftharpoons 2Hg + 2Cl^- \qquad (1-4-2)$$

电极电位与 KCl 溶液中 Cl^- 的活度有关,25℃时为

$$\varphi = \varphi_{Hg_2Cl_2, Hg}^{\ominus} - 0.0591\lg a_{Cl^-}(\text{V}) \qquad (1-4-3)$$

电极中 KCl 的浓度通常有 0.1 mol/L、1.0 mol/L 和饱和溶液三种,而以饱和溶液最为常用,称为饱和甘汞电极。甘汞电极的电位随温度不同而略有变化,其关系如下:

0.1 mol/L 甘汞电极:

$$\varphi = 0.338 - 7 \times 10^{-5}(t-25)(\text{V}) \qquad (1-4-4)$$

1.0 mol/L 甘汞电极:

$$\varphi = 0.2820 - 2.4 \times 10^{-4}(t-25)(\text{V}) \qquad (1-4-5)$$

饱和甘汞电极:

$$\varphi = 0.2415 - 7.6 \times 10^{-4}(t-25)(\text{V}) \qquad (1-4-6)$$

式中:t 为温度(℃)。使用甘汞电极时,温度不得超过70℃,否则 Hg_2Cl_2 会分解;电极腔内的液接部位不能有气泡存在,否则将可能引起测量断路或读数不稳定;电极腔内的液面高度应高于测量液面约 2 cm,以防止测量溶液向电极内渗透,如果液面过低,可从加液口添加相应的 KCl 溶液;饱和甘汞电极腔内的溶液中应保持有少量的 KCl 晶体,以确保其饱和。

图 1 - 4 - 14 为饱和甘汞电极的结构图。

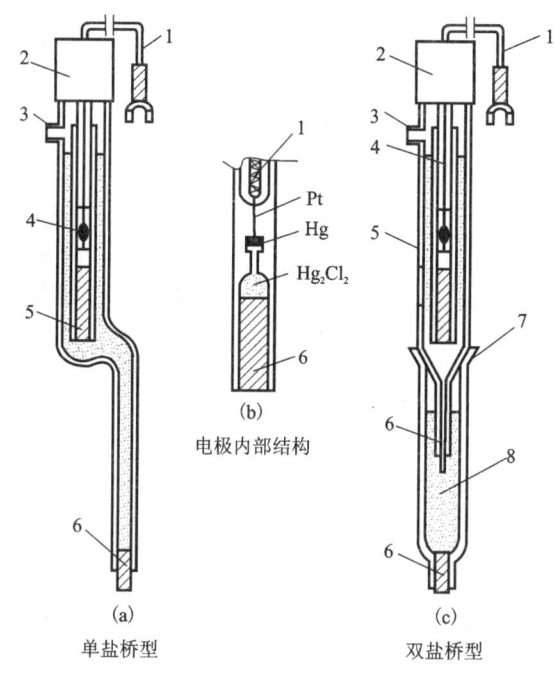

图 1 - 4 - 14　饱和甘汞电极的结构图

1—导线；2—绝缘帽；3—加液口；4—内电极；5—饱和 KCl 溶液；

6—多孔性物质；7—可卸盐桥套管；8—可卸盐桥溶液

（2）pH 玻璃电极

pH 玻璃电极能响应溶液中的 H^+，用于测量溶液的 pH 或作为酸碱电位滴定的指示电极。pH 玻璃电极的结构如图 1 - 4 - 15 所示。电极的下端是用特殊玻璃吹制成的直径为 0.5 ~ 1 cm、厚度约为 0.1 mm 的薄膜小球，内装 pH 一定且含有 Cl^- 的缓冲溶液（称为内参比溶液），插入一根 Ag - AgCl 电极（称为内参比电极）。pH 玻璃电极浸入待测溶液时，由于 H^+ 在玻璃膜内外表面的交换、迁移作用而产生电极电位，电位大小与待测溶液的 H^+ 活度关系为（25℃）

$$\varphi_b = \varphi_b^\ominus + 0.0591 \lg a_{H^+} = \varphi_b^\ominus - 0.0591 pH \qquad (1 - 4 - 7)$$

使用 pH 玻璃电极时应注意如下事项：

①电极使用前应在蒸馏水或 0.1 mol/L 的盐酸溶液中浸泡 24 h 以上，电极暂不使用时也应浸泡在蒸馏水中；

②需注意电极的使用 pH 范围，超出范围时会产生较大的测量误差；

③电极应在所规定的温度范围内使用，温度较高时，电极内阻降低，有利于测定，但将使电极寿命缩短；

④要注意电极内参比溶液中有无气泡，如有应小心除去；

⑤电极球泡的玻璃膜很薄，极易因碰撞或挤压而破碎，应特别注意保护。

（3）pH 复合电极

为了使操作、保管更方便，使用时不易损坏，目前的 pH 计大多配用 pH 复合电极，即把

pH 玻璃电极和外参比电极(一般用 Ag – AgCl 电极)以及外参比溶液(有的还有温度测量探头)一起装在一根电极塑管中,使其合为一体,底部露出的玻璃球泡有护罩加以保护,电极头还有一个带有保护液(一般为饱和 KCl 溶液)的外套。pH 玻璃电极和外参比电极的引线用缆线及复合插头与测量仪器连接。其结构如图 1 – 4 – 16 所示。

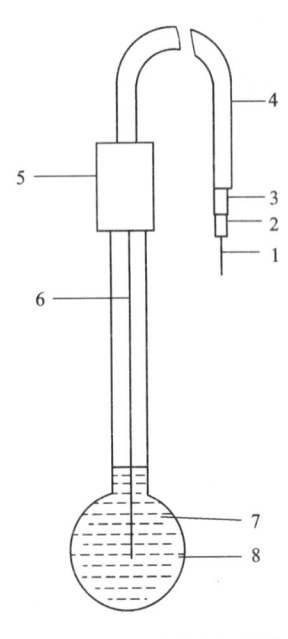

图 1 – 4 – 15　pH 玻璃电极的结构图

1—导线;2—绝缘体;3—网状金属环;4—外套管;

5—电极帽;6—Ag/AgCl 电极;7—内参比溶液;

8—玻璃薄膜

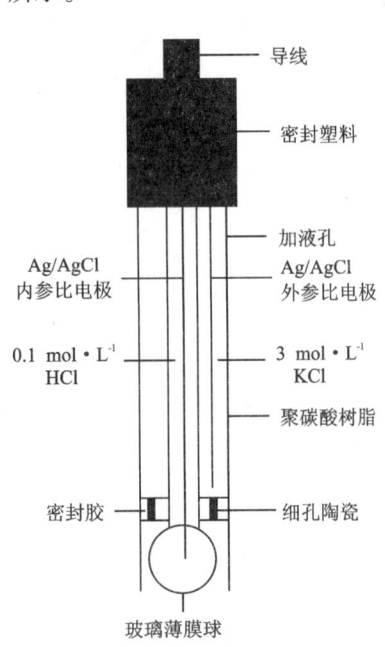

图 1 – 4 – 16　复合电极的结构图

使用 pH 复合电极时应注意如下事项:

①新电极必须在 pH =4 或 pH =7 的缓冲溶液中调节并浸泡过夜;

②使用复合电极时,一般不能用电极搅拌溶液,有时遇到溶液较少时,可以用电极轻轻搅动溶液,但要特别注意防止损坏电极;

③更换测量溶液前,均需细心洗净电极;用吸水纸吸干电极时,要注意小心吸干球泡护罩内的水分,防止损伤球泡;

④电极不用时,应洗净电极,然后套上带有保护液的电极套;要经常检查添加套内的保护液,不能干涸;

⑤复合电极的电极头不能朝上放置,使用时电极不能上、下翻动或剧烈摇动;

⑥不同型号的复合电极,使用及保护要求上有所不同,应仔细阅读其说明书。

1.4.5　纯矿物制备

在进行选矿实验研究时,尤其是进行浮选基础理论研究时,不仅需要纯矿物试样符合纯度要求,而且要保持纯矿物表面不受污染,矿石性质保持不变。故制备纯矿物时,应尽可能采用各种物理分选方法,如有必要才辅以物理化学及化学溶解等其他方法,力求所分选的单矿物不仅在纯度和数量上合乎要求，而且使其化学组分、晶体结构、矿物表面特征保持不变，或者变化幅度在允许范围之内。制备纯矿物试样一般是采用下列两种形式中的一种。一是用抛光的大块矿物标本表面作试样，如作电极或作接触角测量；另一种是用磨好并分成特定粒级的矿粒作试样，如用于研究药剂与矿物的作用、纯矿物的可浮性实验等。

制备大块纯矿物标本的方法同制备岩矿鉴定标本一样，但选矿用标本抛光时切忌被油污染。为避免磨料和其他杂质的污染，抛光后，要酸浸和用蒸馏水清洗，以便获得纯净的表面。

进行纯矿物分选的单矿物制备，一般有四个步骤：试样制备；粗选富集；单矿物提纯；化验分析合格后研磨。

具体要求：纯矿物试样一般是从矿石中拣选最富矿块，经破碎拣选，进一步选用对矿物表面性质或对矿物可浮性没有影响的方法，如摇床、磁选和电选等方法脱除杂质。

选出高纯度的试样后，置于研钵或瓷球磨机内磨碎。根据需要，粒度控制在 0.2 mm 或 0.15 mm 以下，用淘析法或湿式筛分分级脱泥，放在滤纸上晾干，再进行筛分分级。若试样量准备较多，通常只用一个粒级进行实验，如 100 ~ 74 mm 粒级。

若用两种矿物组成的人工混合矿进行分离实验，则让两种矿物具有不同粒度，以便在浮选分离实验中精矿和尾矿可用筛分法求出品位和回收率。干燥的试样贮存在带盖的塑料瓶或磨砂口的玻璃瓶中。

现举几个制备纯矿物的例子：

石英：将高品位石英破碎，筛出 0.85 ~ 0.60 mm 粒级，用强磁选机去铁，再用两倍于试样量的热浓盐酸浸洗之后反复用蒸馏水清洗。洗净后的石英砂在瓷砂磨机中湿磨，用淘析法脱出 -0.019 mm 的粒级，再用盐酸和蒸馏水清洗，最终产品 SiO_2 纯度可达 99.8%，储存于蒸馏水中。

锡石：由矿山拣选的纯矿物，用重选和磁选选出杂质，精矿湿磨，脱泥，用两倍的热盐酸浸洗，除去铁离子或铁的氧化物薄膜，反复用蒸馏水清洗。除用盐酸浸洗外，还可用强碱和 HF 处理。最终产品 SnO_2 纯度可达 97.5%。

白钨矿：白钨矿精矿经重选和磁选纯化，用稀盐酸浸洗，除去可能存在的方解石，最后反复用蒸馏水清洗至无 Cl^-。

值得指出的是，纯矿物试样的制备、清洗与贮存的方法强烈地影响纯矿物的表面性质。因此在制备纯矿物时应注意磨矿须在比矿物更硬的材料制成的设备中进行；用稀硝酸或高氯酸浸洗纯矿物，由于硝酸离子不吸附在矿物表面上，可以使矿物的污染减小到最低程度。盐酸或氢氟酸作用太强，应尽量避免使用；纯矿物标样在水介质中老化，影响其表面性质，试样须在接近零电点的 pH 下进行搅拌和老化，在此 pH 下离子的优先溶解最少。

图 1-4-17 为含金黄铁矿纯矿物制备流程，仅供参考。

1.4.6 矿石分选样品制备

1. 试样最小必须量的确定

长期以来，选矿人员习惯上采用下列经验公式，计算为保证试样的代表性所需的最小试样质量：

$$m = kd^2 \qquad (1-4-8)$$

式中：m 为矿样的质量，kg；d 为矿样中最大矿石颗粒的粒度，mm；k 为矿石性质系数，一般

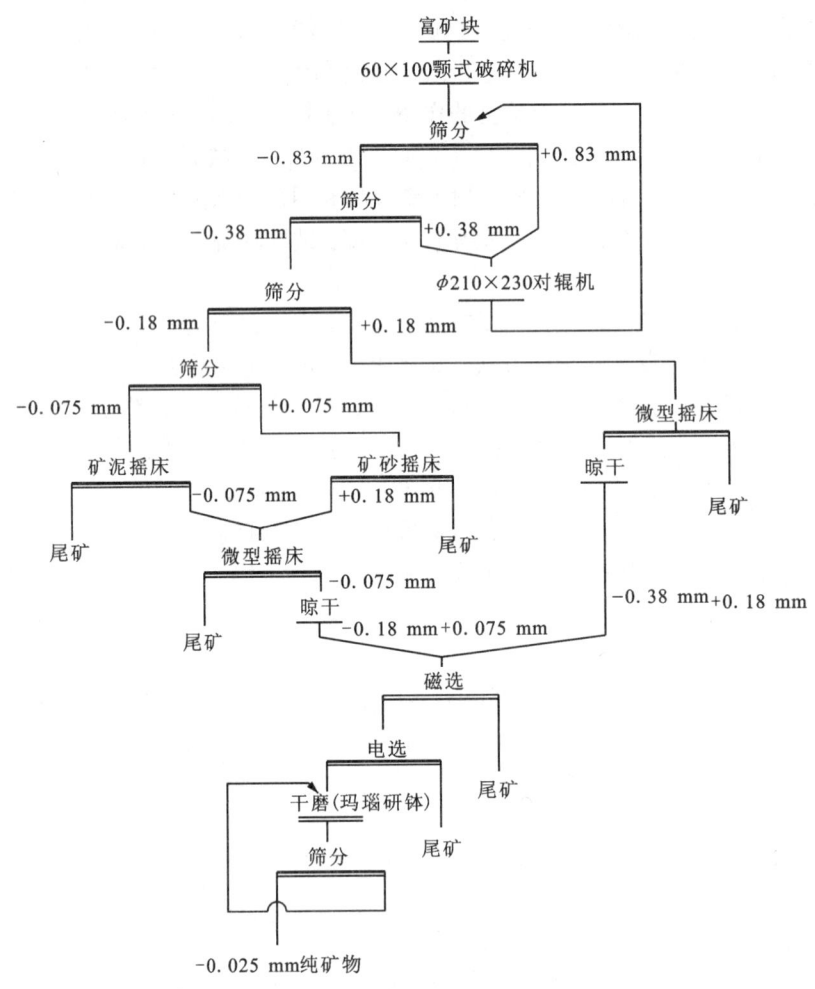

图 1 – 4 – 17　含金黄铁矿纯矿物制备流程

取 0.1 ~ 0.2。

2. 试样缩分流程的编制

反映实验研究前试样破碎和缩分等整个程序的流程一般简称为试样缩分流程。

(1)编制试样缩分流程的注意事项

①首先要弄清本次实验一共需要哪些单份检测样和实验样、粒度应多大、数量要多少、以便所制备的试样能满足全部检测和实验项目的需要,而不致遗漏和弄错。②根据试样最小质量公式,算出不同粒度下保证试样的代表性所需要的最小质量,并据此确定在什么情况下可以直接缩分,以及在什么情况下要破碎到较小后才能缩分。③尽可能在较粗粒度下分出储备试样,以便在需要的情况下尚有可能再次制备出各种粒度的试样,并应避免试样在贮存过程中氧化变质。

(2)不同用途的矿石试样缩分

①研究矿石中矿物嵌布特性用的岩矿鉴定标本,一般直接取自矿床,若因故未取,则只

能从送来的原始试样中拣取。供显微镜定量、光谱分析、化学分析和物相分析等的试样，则从破碎到 1~3 mm 的样品中缩取。②洗矿和预选(手选或重介质选矿)试样，亦直接从原始试样中缩取。③重选试样的粒度，取决于预定的入选粒度。若入选粒度不能预先确定，则可根据矿石中有用矿物的嵌布粒度，估计入选粒度的可能取值范围，制备几种具有不同粒度上限的试样，供选矿实验作方案对比用。④实验室浮选实验和湿式磁选试样，均破碎到实验室磨矿机的给矿粒度，即一般为 1~3 mm。对于易氧化的硫化矿浮选试样，不能在一开始时就将所需的试样全部破碎到 1~3 mm，而只能是随着实验的进行，一次准备一批供短时间内用的试样，其余则应在较粗粒度下保存。必要时还须定期检查其氧化率的变化情况。

3. 矿样制备的步骤

（1）筛分

破碎前，往往要先进行预先筛分，以减少破碎工作量，破碎后还要检查筛分，将不合格的粗粒返回。对于粗碎作业，若试样中细粒不多，而破碎设备生产能力较大，就不必预先筛分。

粗粒筛分可用手筛，细粒筛分则常用机械振动筛。筛孔尺寸应尽可能与该类矿石生产习惯一致。一般应备有筛孔尺寸为 150 mm、100 mm、70 mm、50 mm、35 mm、25 mm、18 mm、12 mm、6 mm、3 mm、2 mm、1 mm 的一整套筛子，供实验选用。

（2）破碎

实验室内第一、二段破碎一般用颚式破碎机。第一段破碎机的规格为 150 mm × 100 (125) mm 或 200 mm ×150 mm，相应的最大给矿粒度分别为 100 mm 和 140 mm。不能给入破碎机的大块可用手拣出或用筛子预先隔除，放在铁板上人工锤碎。第二段颚式破碎机的规格一般为 100 mm ×60 mm，排矿粒度可控制到 6~10 mm。一般只要设备工作条件允许，总是希望利用颚式破碎机将试样尽可能破碎得小一些，以减轻下一段对辊机的负荷，因为对辊机生产能力通常较低，往往是整个加工操作中最费时间的一道工序。第三段破碎(有时还有第四段破碎)通常均用对辊机，其规格一般为 $\phi150$ mm、$\phi175$ mm、$\phi250$ mm 等；也可用普通的实验室型球磨机。必须避免铁质污染时，应改用瓷球磨或玛瑙研钵等非铁器械。

（3）混匀

在试样缩分工作中，混匀操作是关键的一环，只有混匀了，才能分得匀。常用的混匀方法有以下三种：

①移锥法：即利用铁铲将试样反复堆锥。堆锥时，试样必须从锥中心给下，以便使试样能从锥顶大致等量地流向四周。铲取矿石时，则应沿锥底四周逐渐转移铲样的位置。

②环锥法：与第一种方法类似，但第一个圆锥堆成后，不是直接把它移向第二锥，而是将其由中心向四周耙(或铲取)成一个环形料堆，然后再沿环周铲样，堆成第二个圆锥，一般也至少要堆锥三次，才能将试样混匀。

③翻滚法：此法仅适用于处理少量细粒物料，如磨细的分析试样。具体做法是，将试样置于胶布或漆布上，轮流地提起布的每个角或相对的两角，使试样翻滚而达到混匀的目的。但翻滚的次数必须相当多否则不易混匀。若矿石中有用成分颗粒比重很大而含量很低(如黄金)，则有用成分在翻滚过程中将富集到试样的底层，这种情形在下一步分样操作时必须注意。

（4）缩分

试样的缩分，必须在充分混匀后再进行，常用的方法有下列几种：

①四分法对分：将试样混匀并堆成圆锥后，压平成饼状，然后用专用的十字板或普通木板、铁板等将其沿中心十字线分割为四份，取其中互为对角的两份并作一份，因而虽称为"四分法"，实际上却是将试样一分为二，而不是一分为四。

②二分器分样：这种分样器通常用白铁皮制成，其主体部分是由多个向相反方向倾斜的料槽交叉排列组成，料槽倾角一般为 50° 左右，斜槽的总数不定，但一般为 10～20。太少即不易分匀。此法主要用于缩分中等粒度的试样，缩分精度比堆锥四分法好，也可用于缩分矿浆试样。

③方格法：将试样混匀后摊平为一薄层，划分为许多小方格，然后用平底铲逐格取样。为了保证取样的精确度，必须注意以下三点：一是方格要划匀，二是每格取样量要大致相等，三是每铲都要铲到底。此法主要用于细粒物料的缩分，可一批连续分出多份小份试样，因而常用于浮选、湿式磁选和分析试样的缩取操作。

④割环法：浮选和湿式磁选等入选粒度较小的小份试样，除了用方格法以外，还有人习惯于用割环法缩取。其具体做法是：将用移锥法或环锥法混匀的试样，耙成圆环，然后沿环周依次连续割取小份试样。割取时应注意以下两点：一是每一个单份试样均应取自环周上相对（即相距 180° 角）的两处；二是铲样时每铲均应从上到下、从外到里铲到底，而不能只铲顶层而不铲底层，或只铲外缘而不铲内缘。为达此目的，环周应尽可能大一些，而环带应尽可能窄一些，样铲的尺寸也应选择恰当，争取做到恰好每两铲即可组成一份试样。

1.4.7 选矿过程流程考查

流程考查是在既定的工艺流程中，调查、分析影响此工艺过程正常进行的各种矛盾，揭示其内在联系，为提出解决的方法提供依据。因此流程考查是了解选矿厂的生产情况、查明生产中薄弱环节的手段之一。选矿厂一般都要定期进行流程考查。

1. 选矿流程考查的目的、分类和内容

流程考查的主要目的是：①了解选矿工艺流程中各作业、各工序、各机组的生产现状和存在的问题，并对工艺生产流程在质和量方面进行全面分析和评价；②为制订和修改技术操作规程提供依据；③为总结各工序的设计和生产技术工作的经验提供资料；④查明生产中出现异常情况的原因，提出改进的措施和解决的办法；⑤某些选矿厂的流程考查资料可为设计提供依据。

流程考查大体上可分为如下几类：①单元考查，对选矿工艺的某个作业进行测定，如破碎筛分流程考查、磨浮流程考查等；②机组考查，对两个以上互相联系的作业进行测定，如筛分和跳汰机组测定、水力分级和摇床机组测定等；③数质量流程考查，这种测定规模较大，取样点多，根据工作量不同，又可分为全厂流程考查和局部（主要段别）流程考查。

流程考查的内容根据考查的目的和要求不同而不同。但是，进行全厂性的流程考查时，一般要提供如下资料：

（1）原矿性质（化学组成、矿物组成、含泥率、水分、原矿石的真假密度、有用矿物、脉石和围岩）、原矿中有用矿物的嵌布特性。

（2）数质量流程图，即根据考查测定的数据，计算出流程的数质量指标。数量指标包括产量、产率、回收率,质量指标包括富集比、品位。将这些指标列入流程图中,便得到了数质量流程图。

(3)各设备的效率和操作情况。

(4)矿浆流程图,根据考查测定数据,计算出矿浆质量分数及耗水量,并将这些数据列入流程图中即为矿浆流程图。

(5)全厂总回收率和分段回收率,最终产品各粒级的金属占有率,出厂产品的质量情况。

(6)金属流失情况及其原因。

(7)其他各项选矿技术经济指标(如作业成本、劳动生产率)。

2.流程考查中试样的采取及试样的处理

(1)确定取样点。每次流程考查必须有明确的目的和要求,在此前提下,先画出生产流程图,对各产物和各作业编号,然后根据流程考查的目的和要求确定各取样点和各产物试样种类。一般单金属矿石选别流程的每个作业的原、精、尾矿都必须取样。

在确定取样点时,应按计算流程所必须的和充分的原始指标数目而定。必须的原始数据 N_p 可按下式求得:

$$N_p = f \cdot (n_p - a_p) \tag{1-4-9}$$

式中:N_p 为所需原始指标数;f 为计算成分,若流程只按各产物质量计算(如碎磨流程),则 $f = 1$;若流程既按各产物质量计算,又按产物中所含某一种有用成分(单金属)计算,则 $f = 2$;若流程既按各产物质量计算,又按产物中所含几种有用成分(多金属)计算,则 $f = 1 + e$;n_p 为选别产物数;a_p 为选别作业数。

图 1-4-18 是一个硫化铜矿选别流程取样点的布置实例。该流程中除原矿外,选别产品总数 $n_p = 14$,选别作业数目 $a_p = 7$,可列出的平衡方程式数目 $f = 2$,计算数、质量流程所必须的原始指标总数为

$$N_p = f \cdot (n_p - a_p) = (14 - 7) \times 2 = 14 \tag{1-4-10}$$

图中 1,2,3,4,…,18 分别表示取样点的位置和产品的编号。

根据流程计算必须的原始指标总数确定取样点。流程考查中产物的产量一般都难以测准。所有浮选作业的精矿和尾矿都取化学分析试样,得出品位指标,以便用品位指标计算产率。图 1-4-18 的取样流程中,选择了七个浮选作业的精矿和尾矿(包括泡沫产品和槽内产品共 14 个产物)作为化验试样取样点,从而得出 14 个产物的品位指标,用其作为计算数质量流程的原始指标。另外为了校核流程计算的结果,除了这 14 个取样点外,取样流程中还多取了一个产物 8 的化验样。在某些情况下,还可多增加几个补充取样点。

图 1-4-19 为某铁矿的磁选、重选联合流程取样点的布置实例。该流程的主要特点是:由于磁选和重选作业均有三个产品,单取品位指标不能满足按公式(1-4-9)计算的必须原始指标,所以在取样流程中增加了精矿质量样。另外为了计算磨矿流程和矿浆流程品位,在该取样流程中确定了筛析样和浓度样的取样点。

综合以上两个例子,取样点的确定必须注意以下几点:

选定的取样点的产品应该是生产中最稳定、影响最大而易于测定的产物。如浮选,这种得出两个产物的选别作业,应该选取精矿和尾矿的化验样。产出三种产物的重选作业,除了选取精矿、中矿、尾矿的化验样外,还应取精矿的质量试样。

另外应根据生产的特点和可能遇到的技术问题确定取样点。例如同一调和槽的矿浆分配

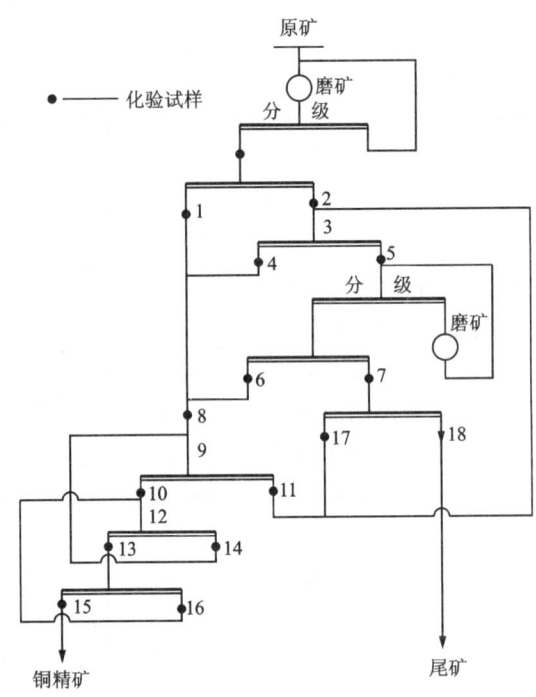

图 1 – 4 – 18   硫化铜矿选别流程取样点布置实例

在两个平行的浮选机进行选别,此时就不能只在一个取样点取样作为两个平行浮选系列的给矿化验品位,而应分别取给矿化验试样,以避免因矿浆分配不均匀而产生误差。又如图 1 – 4 – 18 中产品 1、4、6 混合成产品 8,当这三个产品混合在一根矿浆管道由砂泵转送到一次精选时,则产品 8 可以取样。若要采取产品 12 的样品就不可能,因为产品 12 是由产品10 和产品 16 合并的,实际上产品 10 和产品 16 是以不同的管道直接进入二次精选作业。

(2)流程考查中的取样。取样前必须准备好取样的工具和容器,并将各容器按取样点编号,以免错乱。之后在各取样点由指定的取样人员按计划用正确取样方法定时取样。

为了使所取样具有代表性,一般都是每隔 0.5 h 或 1 h 取一次样,若处理的矿石性质比较均匀,则连续取 6~8 次样,所得的混合试样作为流程考查的代表性试样;若处理的矿石性质不均匀,则应延长取样时间和增加取样次数,否则影响试样的代表性。

必须保证必要的试样质量,所取试样质量的多少取决于试样的用途。若某一产物的试样分析的项目较多(如化学分析、粒度分析、磁性分析),则要求的试样质量较大,可考虑在每次取样时增加截取次数或延长截取时间,以增加试样的质量。

(3)试样处理。试样取完以后,要对所取样品进行必要的处理。首先将试样澄清抽水,然后烘干,将烘干的试样按所确定的试样种类取出各种试样。

在试样处理过程中,必须保证每份试样都有代表性,并按正确的方法进行混匀和缩分。

3. 选矿过程物料平衡与流程计算

研究任何选矿过程,重要的是分析矿流分支或汇合时如何分布的。设计流程时,了解这一点是必要的;研究生产选矿厂时,这也很重要。这类分析计算称之为物料平衡,建立在质

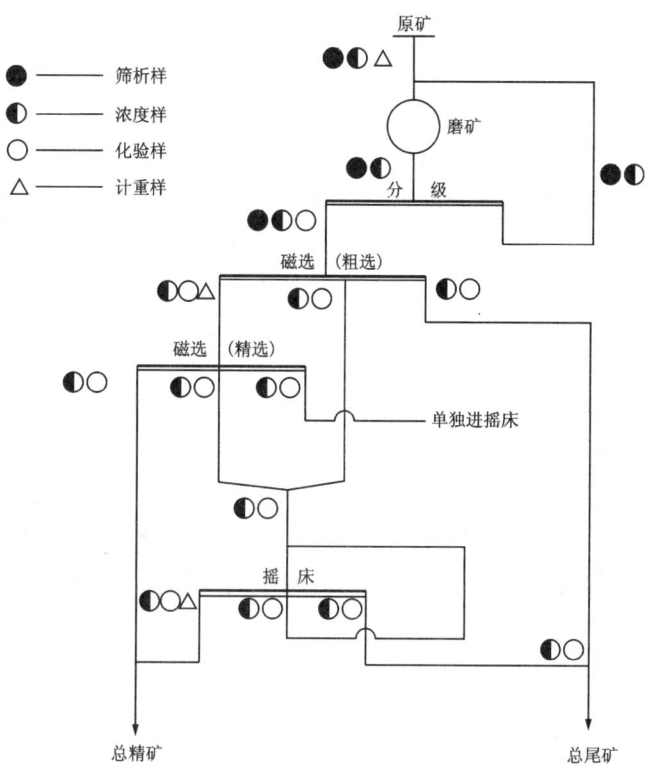

图1-4-19 某铁矿磁选、重选联合流程取样点的布置实例

量守恒原理之上。一般地,

$$输入 - 输出 = 积累$$

在稳态连续中没有积累,因此上述关系式可简化为

$$输入 = 输出$$

例如,某一选矿厂中的流程:由单一的矿石输入,得出两种产品,即一是含绝大多数有价矿物的精矿,二是含绝大多数脉石的尾矿。整个过程中以给入和排出的物料总量表示。因此,整个流程可表示如下:

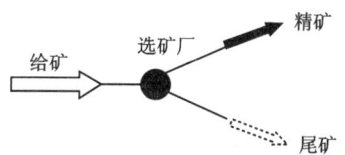

换言之,选矿厂可视作一个分离点,称之为"节点",在此,不讨论如何实现分离。因此,

$$输入 = 输出$$

$$给矿吨数 = 精矿吨数 + 尾矿吨数$$

$$m_1 = m_{(+)} + m_{(-)}(m_1 为输入量; m_{(+)} 为精矿量; m_{(-)} 为尾矿量)$$

很明显,如果已知任意两个量,即可计算出第三个量。但是,在进行这类分析计算时,首先必须确定一个基准点,即基数;实际上,一种矿流是任意选定的,而其他全部数据与该

基数相关,基准点可以是容积、质量、时间或流速,选择适当的基数当然得求助于经验,但为了帮助初学者,选择基数时应考虑以下问题:①现有的数据资料是什么? ②想获得的数据资料是什么? ③最方便的基数是什么?

为了进一步探明这一问题,一般总是作一清晰简明的流程草图,在上面标出全部已知数据资料。在许多情况下,用给矿量作基数方便;在其他时候,以适当单位(如吨)的 1 或 100 为基数是有好处的,因为这使后续的量成为分数或百分数。

如对于选矿厂的给矿,含 10% PbS、90% SiO$_2$,则可建立 PbS 和 SiO$_2$ 的平衡。则

PbS 平衡:
$$m_{I,\,PbS} = m_{(+)PbS} + m_{(-)PbS} \qquad (1-4-11)$$

SiO$_2$ 平衡:
$$m_{I,\,SiO_2} = m_{(+)SiO_2} + m_{(-)SiO_2} \qquad (1-4-12)$$

总:
$$m_I = m_{(+)} + m_{(-)} \qquad (1-4-13)$$

可以求得 Pb 和总量的物料平衡,因任何矿样中的 PbS 量可以据 PbS 的化学计量求出;然后,SiO$_2$ 的量可据 PbS 和总量之差求得。

至此我们仅讨论了整个选矿厂的输入和输出。实际上,物料平衡的原理适用于选矿厂内的任一点,如给料分配器、分选机或料流的集散点。同样,这里不需要了解物料在某一点上是如何或为何分离的,把它简单地当作一个点。例如,下列流程中的粗选槽

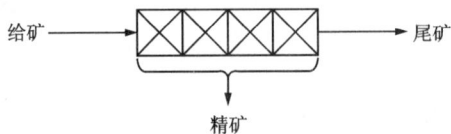

实际上我们在实验中利用物料平衡原理最多的是流程的计算,对于一个有两种产物的分选过程,若给料和两种产物的质量分别为 m_0、m_1 和 m_2,相应地某种成分的品位为 α、β 和 θ,则有:

质量平衡:
$$m_0 = m_1 + m_2 \qquad (1-4-14)$$

金属量平衡:
$$m_0\alpha = m_1\beta + m_2\theta \qquad (1-4-15)$$

下面流程计算就是应用物料平衡原理,流程计算中包括数质量流程计算和矿浆流程计算两部分。

(1)数质量流程的计算

数质量流程计算的目的是了解流程中各产物质量和数量的分配情况,为调整生产和考查设备工作状况提供依据。

数质量流程是根据各产物的化验结果(即产物的品位)进行计算的。首先要检查这些指标是否符合正常情况,若有个别反常,则需要重新化验进行校核。

流程计算的程序,对全流程而言,应由外向里算,即先计算流程的最终产物全部未知数,然后计算流程内部的各个工序;对工序(或循环)而言,应一个工序一个工序进行计算;对产物而言,应先算精矿的指标,然后用相减的原则算出作业尾矿指标;对指标而言,应先算出产率,然后依次算出回收率和品位。计算结果都要校核平衡,先校核产率,再校核回收率。

数质量流程计算的方法,就是根据各个作业进行产品的质量(或产率)平衡和金属量平衡

关系计算未知的产率 γ、回收率 ε 和品位 β。其计算方法随产品和金属品种的增加,相应地也变得比较复杂。

①单金属两产品流程计算

以铜为例,见图 1-4-20。根据质量和金属量平衡列出下列方程式:

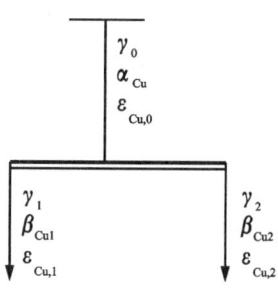

图 1-4-20 两产品流程

质量平衡:

$$\gamma_0 = \gamma_1 + \gamma_2 \tag{1-4-16}$$

金属量平衡:

$$\gamma_0 \alpha_{Cu} = \gamma_1 \beta_{Cu1} + \gamma_2 \beta_{Cu2} \tag{1-4-17}$$

$\gamma_0 = 100\%$,α_{Cu}、β_{Cu1}、β_{Cu2} 均取样化验为已知,解方程组,得

$$\gamma_1 = \gamma_0 \cdot \frac{\alpha_{Cu} \quad \beta_{Cu2}}{\beta_{Cu1} - \beta_{Cu2}} = \frac{\alpha_{Cu} - \beta_{Cu2}}{\beta_{Cu1} - \beta_{Cu2}} \times 100\% \tag{1-4-18}$$

$$\gamma_2 = \gamma_0 \cdot \frac{\alpha_{Cu} - \beta_{Cu1}}{\beta_{Cu2} - \beta_{Cu1}} = \frac{\alpha_{Cu} - \beta_{Cu1}}{\beta_{Cu2} - \beta_{Cu1}} \times 100\% \tag{1-4-19}$$

校核

$$\gamma_0 = \gamma_1 + \gamma_2 \tag{1-4-20}$$

$$\varepsilon_{Cu,1} = \frac{\gamma_1 \beta_{Cu1}}{\gamma_0 \alpha_{Cu}} \cdot 100\% = \frac{\beta_{Cu1}(\alpha_{Cu} - \beta_{Cu2})}{\alpha_{Cu}(\beta_{Cu1} - \beta_{Cu2})} \times 100\% \tag{1-4-21}$$

$$\varepsilon_{Cu,2} = (\varepsilon_{Cu,0} - \varepsilon_{Cu,1}) \times 100\% \tag{1-4-22}$$

②单金属三、四种产品流程计算

以锡为例,见图 1-4-21 和图 1-4-22。据质量和金属量平衡列出三、四种产品方程式:

a. 三种产品

质量平衡:

$$\gamma_0 = \gamma_1 + \gamma_2 + \gamma_3 \tag{1-4-23}$$

金属量平衡:

$$\gamma_0 \alpha_{Sn} = \gamma_1 \beta_{Sn,1} + \gamma_2 \beta_{Sn,2} + \gamma_3 \beta_{Sn,3} \tag{1-4-24}$$

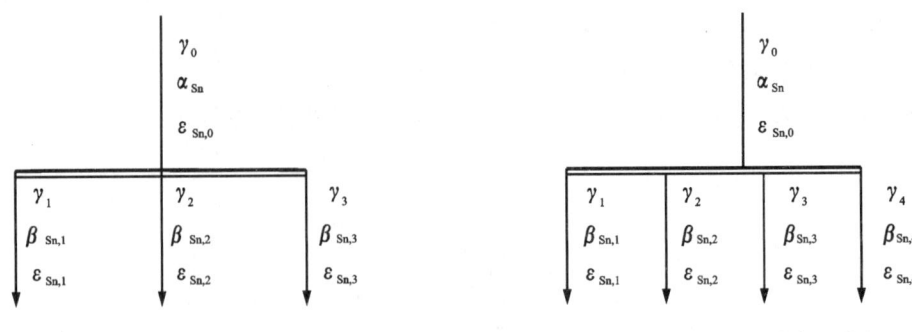

图 1-4-21 三种产品流程   图 1-4-22 四种产品流程

b. 四种产品

质量平衡：

$$\gamma_0 = \gamma_1 + \gamma_2 + \gamma_3 + \gamma_4 \tag{1-4-25}$$

金属量平衡：

$$\gamma_0 \alpha_{Sn} = \gamma_1 \beta_{Sn,1} + \gamma_2 \beta_{Sn,2} + \gamma_3 \beta_{Sn,3} + \gamma_4 \beta_{Sn,4} \tag{1-4-26}$$

上述方程组中 $\gamma_0 = 100\%$，α_{Sn}、$\beta_{Sn,1}$、$\beta_{Sn,2}$、$\beta_{Sn,3}$、$\beta_{Sn,4}$ 均取样化验为已知，但两个平衡方程式只能解两个未知数，因此对三种产品流程需在实验中测量精矿质量 m_1 而算出 γ_1，对四种产品流程还需测量精矿质量 m_2 而算出 γ_2。在此条件下，解方程组，得出三种产品中 γ_2、γ_3，四种产品中的 γ_3、γ_4。

然后按 $\varepsilon_{Sn,i} = \dfrac{\gamma_1 \beta_{Sn,i}}{\gamma_0 \alpha_{Sn}} \cdot 100\%$ 的关系式，分别求得各产品的回收率，式中 $i = 1, 2, 3, 4$。

③两种金属流程计算

以铅锌为例，见图 1-4-23。根据金属平衡列出方程式。

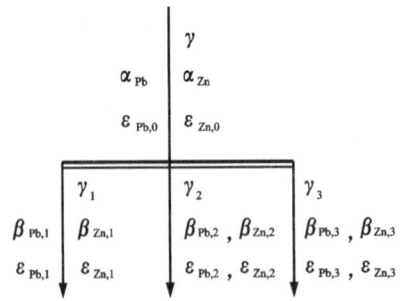

图 1-4-23 两种金属流程

质量平衡：

$$\gamma_0 = \gamma_1 + \gamma_2 + \gamma_3 \tag{1-4-27}$$

铅金属量平衡：

$$\gamma_0 \alpha_{Pb} = \gamma_1 \beta_{Pb,1} + \gamma_2 \beta_{Pb,2} + \gamma_3 \beta_{Pb,3} \tag{1-4-28}$$

锌金属量平衡：

$$\gamma_0 \alpha_{Zn} = \gamma_1 \beta_{Zn,1} + \gamma_2 \beta_{Zn,2} + \gamma_3 \beta_{Zn,3} \qquad (1-4-29)$$

同理，品位均取样化验为已知，解方程组可以计算出产率 γ_1，γ_2，γ_3。再根据 $\varepsilon = \dfrac{\gamma_1 \beta}{\gamma_0 \alpha} \cdot 100\%$ 的关系式，分别求得各产品的回收率，在此不再赘述。

关于三种、四种金属流程计算也同样采用上面的平衡分析列方程组，解出未知数，这里只是解方程比较麻烦，我们可以应用线性代数中行列式降阶的解法。此处就不再详述，可查阅相关资料。

最后将全部计算结果标注在流程图上。

（2）矿浆流程的计算

计算矿浆流程的目的是了解各作业及各产物的浓度、用水量、矿浆体积等，为调整生产提供必要的资料。矿浆流程计算是在质量流程计算的基础上根据各产物的浓度进行的。计算步骤如下：

①将实际测出的各产物和各作业的矿浆浓度值列出。选矿生产中矿浆浓度都是按固体含量百分数计算，即：

$$C_n = \frac{m_n}{W_n + m_n} \qquad (1-4-30)$$

式中：W_n 为单位时间内的用水量，t/h；m_n 为各产物的干矿量，t/h。

②按下式计算各产物的水量：

$$W_n = m_n \times \left(\frac{1}{C_n} - 1\right) \quad \text{或} \quad W_n = M_n \times R_n \qquad (1-4-31)$$

式中：R_n 为各作业或各产物中液体与固体的质量比。

③按照作业用水量应等于该作业各产物水量之和，进入该作业的水量应与该作业排出的水量相等的平衡关系，计算各作业的水量 W_n 和补加水量 V_n。

④将计算结果以图表形式列出。

第 2 章 物料的基本特性测定实验

测定加工物料的基本特性是物料分选的前提。对物料的粒度组成以及比表面积进行测定，可以了解物料的粒度特性，这是可选性研究中必不可少的检测项目。矿物密度、比磁化率、导电率、ζ 电位、润湿性等的差异是决定其采用重选、磁选、电选、浮选中哪种方法进行分离的主要因素。

本章主要介绍固体物料粒度分布测定；固体物料比重测定；矿物比磁化系数测定；矿物润湿性的测定；矿物 ζ 电位测定以及固体物料比表面积测定等。

实验 2 – 1 固体物料粒度分布测定——筛分分析法

一、实验目的与要求

1. 用筛分分析法测定固体物料的粒度分布；
2. 学习绘制物料粒度特性曲线；
3. 了解和掌握筛析法测定物料的粒度分布实验技术。

二、基本原理

用筛分的方法将物料按粒度分成若干级别的粒度分析方法，叫筛分分析，简称筛析。

筛析是根据物料是否通过筛子的筛孔来进行的。物料在筛分时可能以不同的取向通过筛孔，在大多数情况下，物料的高度不会限制物料通过筛孔，而决定物料能否通过筛孔的是物料的长度和宽度，因此，物料的断面尺寸是与筛孔尺寸联系最密切的尺寸。为了保证筛分分析的准确性，筛分分析的试样必须具有代表性，即所取样品能够代表原物料的粒度特征。

在矿物加工工程中，筛分是一种最古老、应用最广泛的粒度测定技术。筛分时，采用一套已校准筛网的套筛，筛孔尺寸由顶筛至底筛逐渐减小。套筛是装在具有振动和摇动功能的振筛机上，振筛一段时间后，被筛分的物料分成一系列粒度间隔或粒级。如用 n 个筛子，可将物料分成 $n+1$ 个粒级，各粒级的物料粒度以相邻两个筛子相应的筛孔尺寸表示。

三、仪器设备与材料

1. 振动筛分机、标准套筛；
2. 天平、秒表、橡皮布、铲子等；
3. 粒度为 – 1.0 mm 的石英。

四、实验步骤

1. 用四分法从物料中取出试样约 200 g，并称重。

2. 将套筛按筛孔大小由上至下逐渐减小的次序排列好，最下一层套一筛底。

3. 将称好质量的试样倒入最上层筛子内，然后盖上筛盖。

4. 将振筛机上的压盖手轮放松，提上到顶端，然后将套筛放入振筛机内，用压盖压紧并锁紧。

5. 接通振筛机电源，打开开关，振动 20 ~ 25 min 后，关闭开关。

6. 将套筛从振筛机上取下，取最下层的筛子，用手在橡皮布上摇动 1 min，若筛下产物的质量少于此筛子筛上产物质量的 1% 时，认为筛分终点已达到，否则，整个套筛应重新放到振筛机上进行筛分，直到筛分终点达到为止。

7. 将已达到筛分终点的套筛取出，把各个筛子上的物料倒出并分别称重、记录。

8. 筛析后各粒级质量总和与筛析前质量相比较，损失量不应大于 1%，否则，实验必须重做。

五、数据处理

1. 计算表 2 - 1 - 1 所列项目。

2. 根据表 2 - 1 - 1 数据绘制物料粒度特性曲线，正、负累积曲线和半对数粒度特性曲线。

3. 对所绘制的粒度特性曲线，标出下列数值：

①该试样的最大粒度；②小于 0.095 mm 粒级的产率；③大于 0.125 mm 粒级的产率；④0.095 ~ 0.125 mm 粒级的产率。

表 2 - 1 - 1　筛析结果记录表

粒　　级		质量 /g	产　　率	
粒径/mm	筛孔尺寸/网目		部分产率/%	正累积产率/%
+0.175				
-0.175 ~ +0.125				
-0.125 ~ +0.095				
-0.095 ~ +0.074				
-0.074				
合计				

六、思考题

1. 在正负累积粒度特性曲线图中，两条曲线的相交点的对应产率是多少？为什么？

2. 产率 - 粒度半对数曲线与产率 - 粒度曲线有什么不同？

表 2 - 2 - 2　常见的标准筛筛制表（泰勒标准筛）

网目	20	60	80	100	120	150	160	200	270	325	400
筛孔尺寸 /mm	0.833	0.246	0.175	0.147	0.125	0.104	0.095	0.074	0.053	0.043	0.038

实验 2 - 2   固体物料粒度分布测定——淘析法

一、实验目的与要求

1. 用淘析法测定微细粒级固体物料的粒度分布；
2. 了解和掌握淘析法测定微细粒级固体物料的粒度分布实验技术。

二、基本原理

淘析法的基本原理是利用逐步缩短沉降时间的方法，由细至粗、逐步地将各粒级物料自试料中淘析出来。

颗粒在介质中从静止状态沉降，在重力加速度作用下沉降速度愈来愈大。随之而来的反方向阻力也增加。但是颗粒的有效重力是一定的，于是随着阻力增加沉降的加速度减小，最后阻力达到与有效重力相等时，颗粒运动趋于平衡，沉降速度不再增加而达到最大值。这时的速度称作为沉降末速。悬浮液中，固体颗粒体积与溶液体积之比小于 3:97 时，颗粒之间的影响可以忽略不计，这种情况下的沉降末速称为自由沉降末速。

在层流阻力范围内，沉降末速公式可由颗粒的有效重力与斯托克斯阻力相等关系导出：

$$v_\infty = \frac{d^2(\delta - \rho)}{18\mu} g \qquad (2-2-1)$$

式中：v_∞ 为斯托克斯阻力范围球体的沉降末速，cm/s；$g = 9.81 \text{ m/s}^2$。在采用厘米、克、秒单位制时，上式可写成

$$v_\infty = 54.5 d^2 (\delta - \rho) \mu^{-1} \qquad (2-2-2)$$

如介质为水，常温时 $\mu = 1.0 \times 10^{-3} \text{ Pa} \cdot \text{s}(\text{kg/m} \cdot \text{s}) = 1.0 \times 10^{-2} \text{ Pa} \cdot \text{s}(\text{g/cm} \cdot \text{s})$，$\rho = 1 \text{ g/cm}^3$，将这两个数值代入公式(2-2-2)，可得

$$v_\infty = 5450 d^2 (\delta - 1) \qquad (2-2-3)$$

通常所说的沉降分析法就是根据矿粒在介质中的沉降速度，按公式(2-2-3)换算出颗粒粒度。而淘析法的基本原理，是利用在固定沉降高度的条件下，逐步缩短沉降时间，由细至粗，逐步将较细物料自试料中淘析出来，从而达到对物料进行粒度分布测定。沉降时间按式(2-2-4)计算得到。

$$t = \frac{h}{v_\infty} \qquad (2-2-4)$$

三、仪器设备与材料

1. 如图 2-2-1 所示，基本器皿为一带毫米刻度纸的透明容器 1、虹吸管 2 和夹子 3 等；
2. 粒度为 -0.074 mm 的石英。

四、实验步骤

1. 称 50～100 g 待淘析的干试料(矿浆亦可)放进一小烧杯内加水润湿，把气泡赶走。
2. 将被水润湿过并赶走气泡后的试料倒进 2～5 L 的带毫米刻度纸的器皿内，加清水至

标明的刻度处，用带橡皮头的玻璃棒强烈搅拌，使试料悬浮。

3. 停止搅拌，待矿液面基本平静后即开始按秒表计时，经过时间 t（由淘析出的粒级大小决定）后打开虹吸管夹子3，将 h 高的矿浆全部吸出。

4. 重新加水至相同刻度处，完全重复第2步和第3步的操作，经多次反复直至吸出的液体不混浊为止。

5. 吸出的最细产物合并在一个大桶中沉淀，改变 t，重复2至4步骤，得出较粗一级的细产物。如此类推，选择 i 个时间，可吸出 i 个由细到粗的粒度级别。最粗的粒级残留在器皿内。

6. 将吸出的产物和沉于器皿底部的产物分别沉淀、烘干、称重，即可算出该粒级的产率。按此法通过改变沉降时间 t（由长到短），便可得出物料的粒度分布。

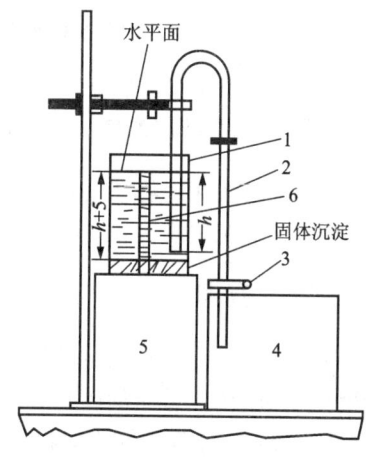

图 2-2-1　淘析分离装置图

1—玻璃杯；2—虹吸管；3—夹子；
4—溢流收集器；5—底座；6—刻度标尺

注意：

（1）在确定高度 h 时，要使虹吸管口高于试料层5 mm以上。

（2）器皿中的矿浆固体容积浓度不得大于3%。

（3）避免矿粒彼此间团聚产生误差，可在淘析时于器皿中加入少量分散剂（分散剂浓度为0.01%～0.02%），如水玻璃、焦磷酸钠或六偏磷酸钠等。

（4）由于矿样是由密度不同的单矿物和集合体组成的，常取 $\delta = 2.65$，又考虑石英的形状，将式（2-2-3）中的5450乘以矿粒的球形系数。此时，称粒度 d 为石英等值粒度。在粒级平衡计算（粒级产率、粒级金属回收率计算等）时应按统一的标准进行粒级测定。矿粒的形状与球形系数的关系见表2-2-1。

表 2-2-1　矿粒的形状与球形系数的关系

矿粒形状	球形	类球形	多角形	长条形	扁平形
球形系数	1.0	1.0～0.8	0.8～0.65	0.65～0.5	0.5

五、数据处理

按 $\gamma_i(\%) = \dfrac{q_i}{\sum\limits_{n=i}^{j} q_n} \times 100\%$ 算出各粒级的产率。

六、思考题

1. 在淘析过程中，矿粒之间彼此团聚，对测定有什么影响？

2. 为什么虹吸管口放置在物料高度5 mm以上？

实验 2 – 3　固体物料密度测定

一、实验目的与要求

1. 用比重瓶法测定粉状物料的密度；
2. 掌握比重瓶法测定粉状物料密度的实验技术。

二、基本原理

比重瓶是一个能精确测定玻璃或金属容器容积的设备。它通过简单的称重可测得液体的密度和体积。应用比重瓶的已知容积可测定粉末、液体和微粒的密度。

液体、粉末、分散剂等流动物质的密度测量，简单的测定方法是：将样品放入已知容积的容器内称质量，试样密度可以根据 $\rho = m/V$ 求得。比重瓶使用于不同的应用领域有不同的形状和标准。在测量期间，所有称量操作在恒温下进行是最适合的。应用比重瓶测定最重要的条件是在液体或微粒样品之间不允许存在任何空气。

因此，用比重瓶法测定粉状物料的密度时，关键是测出与物料同体积水的质量。有了物料的质量 m 和水的密度，则物料的密度可按下式计算：

$$\delta = \frac{m\rho_{水}}{m_1 + m - m_2} \qquad (2-3-1)$$

式中：m 为试样干重，g；m_1 为比重瓶和装满水的合重，g；m_2 为比重瓶、水、试样的合重，g；$\rho_{水}$ 为水的密度，g/cm^3；δ 为试样密度，g/cm^3；

三、仪器设备与材料

1. 烘箱，电炉；
2. 分析天平（感量 1 ~ 10 mg，称量 100 g），比重瓶 25 ~ 50 mL；
3. 待测试样。

四、实验步骤

1. 将比重瓶清洗干净后，称取烘干的试样 15 g，使用漏斗小心地把试样倾入洗净的比重瓶内，并将附在漏斗上的试样扫入瓶内。

2. 将蒸馏水加入到比重瓶中至半满，摇动比重瓶使试样分散和充分润湿，然后将比重瓶和用于实验的蒸馏水一同置于电炉板上加热，赶走瓶内空气，加温时间要保证瓶内蒸馏水沸腾 10 min 以上。

3. 将经煮沸的蒸馏水注入比重瓶中至满，然后断开电炉板电源，待瓶内蒸馏水慢慢冷却至室温。

4. 将比重瓶的瓶塞塞好，使多余的水自瓶塞毛细管中溢出，用滤纸擦干瓶外的水分后，称瓶、水、试样合重，得 m_2。

5. 将试样倒出，洗净比重瓶，注入经加热赶走空气的蒸馏水至比重瓶满，塞好瓶塞，擦干瓶外水分，称瓶、水合重得 m_1。

6. 重复 1~5 步骤三次。将三次得到的 m、m_1，m_2 和蒸馏水的密度 $\rho_水 \approx 1$，按公式(2-3-1)计算 δ，最后取三次的 ρ 的平均值，即为被测物料的密度值。

五、数据处理

按下表记录实验数据并计算 δ 值。

表 2-3-1 实验数据记录表

次数	试样重 m/g	瓶+水重 m_1/g	瓶+水+样重 m_2/g	试样密度 $\delta/(g \cdot cm^{-3})$
1				
2				
3				
平均				

六、思考题

1. 测定粉状物料密度时，为什么要将所用蒸馏水中的空气除干净？
2. 赶跑蒸馏水中的空气，除加热煮沸外，还有其他什么方法？

实验 2 – 4　矿物比磁化系数测定——比较法

一、实验目的与要求

掌握磁力天平测定弱磁性矿物比磁化系数的原理和方法。

二、基本原理

分先后将已知比磁化系数的标准样品和待测样品装入同一个小玻璃瓶中，并置于磁场的同一位置，使两次测量的磁力即 $H\mathrm{grad}H$ 相等，则两试样在磁场中所受的比磁力分别为

$$F_1 = \mu_0 X H \mathrm{grad} H \tag{2-4-1}$$
$$F_2 = \mu_0 X_0 H \mathrm{grad} H \tag{2-4-2}$$

式中：F_1 为标准样品所受的比磁力；F_2 为待测样品所受的比磁力；X 为标准样品的比磁化系数，氧化钇（X_2O_3）标准样品的比磁化系数为：$1.64 \times 10^{-6} \mathrm{m^3/g}$；$X_0$ 为待测样品的比磁化系数，$\mathrm{m^3/kg}$；H 为磁场强度，$\mathrm{A/m}$；$\mathrm{grad}H$ 为磁场梯度 $\mathrm{grad}H = \mathrm{d}H/\mathrm{d}x$；$\mu_0$ 为真空磁导率，$\mu_0 = 4\pi \times 10^{-7}\mathrm{H/m}$。

由上述两式得：

$$X_0 = X \frac{F_2}{F_1} \tag{2-4-3}$$

故可由式（2-4-3）测定 F_1 和 F_2。

若试样的质量分别为 $m_{标}$ 和 $m_{测}$，它们在磁场中的增量分别为 $\Delta m_{标}$ 和 $\Delta m_{测}$，则 X_0 为：

$$X_0 = X \frac{F_2}{F_1} = X \frac{m_{标} \cdot \Delta m_{测}}{m_{测} \cdot \Delta m_{标}} \tag{2-4-4}$$

三、仪器设备与材料

1. 测量弱磁性矿物的比磁化系数的磁力天平，如图 2-4-1 所示。
2. 黑钨矿粉，细度为 -0.15 mm。

四、实验步骤

1. 熟悉光电天平的使用，校准天平，确定试样瓶在磁场中的适当位置，并检查整流器激磁线路是否正常。

2. 将试样瓶洗净称重，将标准样品（氧化钇白色粉末）和待测样品（黑钨矿粉）分别先后装入小瓶内至颈处，并稍捣实，再称量。

3. 接通整流器电源，调节激磁电流至一定值（分别为 1 A、2 A、2.5 A 和 3 A），测量各个电流对标准样品的质量增量。

4. 按步骤3，电流分别与上述实验相同，测定待测样品在磁场中的质量增量。

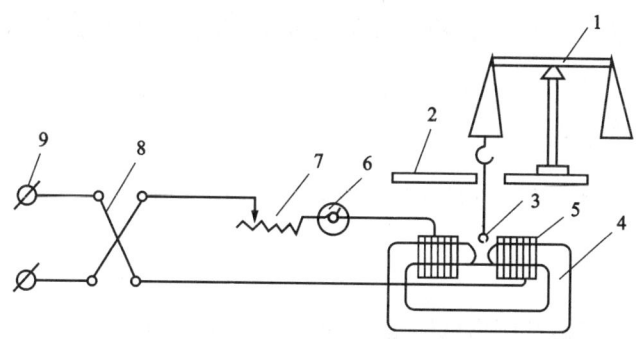

图2-4-1 普通磁力天平测量装置

1—分析天平;2—非磁性材料板;3—装样品的球形玻璃瓶(直径约10 mm);
4—电磁铁芯;5—线圈;6—直流安培表;7—变阻器;8—转换开关;9—直流电源

五、数据处理

表2-4-1 弱磁性矿物测定结果记录

序号	电流/A	试样名称	瓶重/mg	瓶+样重/mg	样重/mg	在磁场中瓶+样总重/mg	增重 Δm /mg	计算 X_0 的值 /(m³·kg⁻¹)	X_0的算术平均值 /(m³·kg⁻¹)
1	1	标准样品							
		待测样品							
⋮		标准样品							
		待测样品							

六、思考题

为什么弱磁性矿物比磁化系数测定时,激磁电流不同,测得的数据基本相近?

实验 2 – 5 矿物比磁化系数测定——古依法

一、实验目的与要求

掌握使用磁力天平测定强磁性矿物比磁化系数的原理和方法。

二、基本原理

将一全长等截面的强磁性矿物试样置于磁场中，使其一端处于强磁区，另一端处于弱磁区，则试样在其长轴 y 方向上所受的磁力为

$$F_{磁} = \int_v \mu_0 X_0 \delta H \frac{dH}{dy} dV = \int_v \mu_0 X_0 \delta H S dH = \frac{1}{2} \mu_0 X_0 \delta S (H^2 - H_1^2) \qquad (2-5-1)$$

式中：μ_0 为真空的导磁系数，$4\pi \times 10^{-7}$ H/m；S 为试样的截面积，m^2；X_0 为试样的比磁化系数，m^3/kg；δ 为试样的密度，kg/m^3；dV 为试样体积元；H、H_1 为试样两端所在处的最高和最低场强，A/m。

由于试样足够长，且 $H \gg H_1$，所以上式可简化为

$$F_{磁} = \frac{1}{2} \mu_0 X_0 \delta S H^2 = \frac{\mu_0 X_0 m}{2L} H^2 \qquad (2-5-2)$$

因为 $F_{磁} = g\Delta m$，所以

$$X_0 = \frac{2g\Delta m \cdot L}{\mu_0 m H^2} \qquad (2-5-3)$$

式中：Δm 为试样在磁场中的质量增量，kg；m 为试样质量（$m = \delta LS$），kg；L 为试样长度，m；g 为重力加速度，9.8 m/s^2。

三、仪器设备与材料

1. 测量强磁性矿物比磁化系数的装置如图 2 – 5 – 1 所示，它主要由分析天平、细长玻璃管、多层螺线管、转换开关、变阻器和直流电源组成。

2. 试样：粒度为 0.15 mm 的磁铁矿、磁黄铁矿。

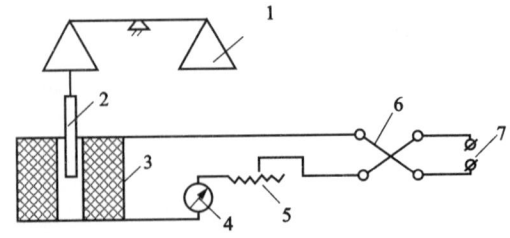

图 2 – 5 – 1 古依法测定矿物比磁化系数装置图

1—分析天平；2—薄壁玻璃管（$\phi 3$ mm、$\phi 5$ mm、$\phi 10$ mm，$L = 300$ mm）；3—多层螺管线圈；
4—直流电流表（30 A）；5—变阻器；6—转换开关；7—直流电源

四、实验步骤

1. 先将空试样管称重，然后将磨细的粉状待测试样小心地装入试样管中拧紧，试样装至 250 mm 处为止，称重。

2. 把它挂在分析天平的左盘下，使其下端插入线圈轴线的中点，但不可触及线圈壁。

3. 将电流通入线圈（电流任意选择），称出磁场中试样管的质量。

4. 根据空样管质量、样管加试样质量和样管加试样在磁场中的质量可确定 m 和 Δm，将有关数据代入公式（2-5-3）可算出 X_0。

5. 测得的数据结果一定要说明激磁电流多大。

五、数据处理

表 2-5-1　强磁性矿物比磁化系数测定结果记录表

次序	电流/A	管重/mg	管重 + 样重/mg	样重/mg	在磁场中管 + 样总重/mg	增重 Δm/mg	计算 X_0 的值/(m³·kg⁻¹)	备注
1	0.5							
2	1							
3	1.5							
4	2.0							

六、思考题

为什么强磁性矿物比磁化系数会随场强增高而增大？

实验 2-6　矿物润湿性测定——接触角法

一、实验目的与要求

1. 了解和掌握不同的矿物具有不同的天然可浮性。
2. 了解和掌握矿物表面的润湿性是可以调节的。
3. 掌握测定接触角的实验技术。

二、基本原理

分别在洁净的矿物磨光片表面和经过选矿药剂处理的矿物磨光片表面上滴上一水滴,在固－液－气三相界面上,由于表面张力的作用,矿物被水润湿情况不一样(见图 2-6-1),当水在矿物作用达到平衡时,通过固、液、气三相接触点,固—水与水—气两个界面所包之角(包含水相)称为接触角。接触角越大,说明矿物表面疏水性越强;接触角越小,则矿物表面亲水性越强。采用接触角仪,用聚光灯通过显微镜在屏幕上放大成像,用量角器可直接测得接触角的大小。

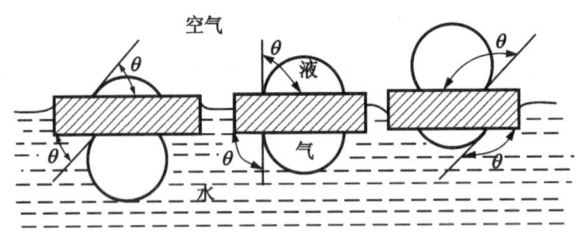

图 2-6-1　矿物表面润湿现象

三、仪器设备与材料

1. 润湿角测定仪如图 2-6-2 所示;
2. 丁黄药、油酸钠、NaOH 等;
3. 各种玻璃器皿;
4. 方铅矿(黄铜矿)和萤石等其他矿物磨光片。

四、实验步骤

1. 清洗矿样:将萤石、方铅矿(或黄铜矿)磨光片在 2000 号金相砂纸上擦干净(抛光、去氧化膜),然后放入 2%～5% 的 NaOH 溶液中煮沸 2～5 min,取出用蒸馏水冲洗干净,置入存有蒸馏水的烧杯中待用。

2. 配药:取丁黄药和油酸钠分别配成浓度为 3 g/L 水溶液备用。

3. 矿物在纯水中接触角的测定:将清洗干净后的光片用滤纸吸干其表面水分,放在图 2-6-2 中接触角仪的样品盒子上,接通电源11,调焦距2,找出矿物表面成像图。用注射

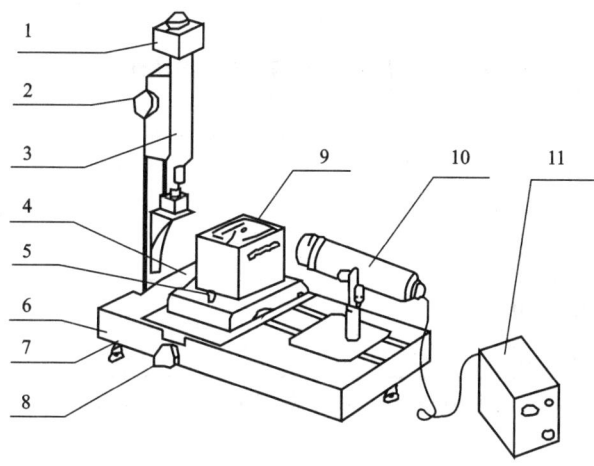

图2-6-2　润湿角测定仪结构图

1—测微鼓轮；2—调焦手轮；3—测量显微镜；4—升降手轮；5—固定手轮；
6—底座；7—调平手轮；8—横向移动手轮；9—样品盒；10—照明光源；11—电源

器将水滴滴在矿物光片表面上，形成一个水滴后再调整焦距，找出水滴的成像图，调节接触角仪升降手轮4和横向移动手轮8，将水滴调到量角器的可测角度位置。然后用测微鼓轮1调节接触角仪目镜内的斜线，使该斜线过固液气三相接触点，并与水滴所形成的圆相切，切线与固体表面夹液体所形成的角，即为接触角。读出接触角值。但要注意，测量时间不能超过1 min。

　　4. 矿物经药剂作用后接触角的测定：将方铅矿和萤石矿光片，分别浸在已配好的丁黄药和油酸钠水溶液中，1 min后取出，用滤纸吸干矿片表面药剂溶液，再用注射器滴一水滴在光片表面上，按步骤3方法测定其接触角。

　　5. 将润湿接触角 θ 值记入表2-6-1中。

表2-6-1　润湿接触角 θ 测定记录

磨光片 条件 测定次数	方铅矿（黄铜矿）		萤石	
	与药剂作用前	与药剂作用后	与药剂作用前	与药剂作用后
1				
2				
3				
平均				

　　注：方铅矿在纯水中的接触角为47°，萤石在纯水中的接触角为41°。

五、数据处理

表 2 - 6 - 2 润湿功与附着功的计算

$\gamma_{LG} = $ _____ dyn/cm

磨光片	条件	θ	$W_{SL} = \gamma_{LG}(1 + \cos\theta)$	$W_{SG} = \gamma_{LG}(1 - \cos\theta)$
方铅矿(黄铜矿)	与药剂作用前			
方铅矿(黄铜矿)	与药剂作用后			
萤石	与药剂作用前			
萤石	与药剂作用后			

注：1 dyn = 10^{-5} N，指质量为 1 g 的物体产生 1 cm/s² 的加速度的力。W_{SL} 为润湿功；W_{SG} 为黏着功；γ_{LG} 为水 – 空气界面自由能。

六、思考题

1. 为什么说润湿接触角是度量矿物可浮性好坏的一个重要物理量？
2. 通过实验简述矿物的可浮性是可以调节的。

实验 2 – 7 矿物 ζ 电位测定——电渗法

一、实验目的与要求

1. 用电渗法测定石英、萤石对水的 ζ 电位；
2. 观察电渗现象，了解电渗法实验技术。

二、基本原理

矿物在水溶液中，由于矿物表面离子与极性水分子相互作用，发生溶解、解离或者吸附溶液中的某种离子，使表面带上电荷，带电的矿物表面又吸附溶液中的反离子，在固/液界面构成双电层。

在双电层中，决定矿物表面性质的离子叫定位离子，除此之外，吸附的离子为配衡离子。矿物表面双电层由定位离子层(内层)和配衡离子层(外层)组成。配衡离子层又分为两层，Stern 层和 Guoy 层，Stern 层内有两个面，即 IHP(内赫姆荷兹面)和 OHP(外赫姆荷兹面)。在 IHP 以内的离子是部分或完全去水化的，吸附在矿物表面很牢固，所以这一层又叫紧密层。在 IHP 和 OHP 两个面之间，离子是水化的，靠静电力吸附在矿物表面，在 OHP 面与溶液之间是所谓扩散层。当固体表面在溶液中相对移动时，Stern 层将随固体一起移动，并由此引起动电现象。OHP 面就是通常所指的滑动面，动电位是滑动面上的电位，也称之为 ζ 电位。

ζ 电位的测定方法很多，如可用电泳、电渗、流动电位、电位滴定法等测量。在外加电场的作用下，若溶液对矿物发生相对移动，称为电渗。通过溶液流动方向可以确定被测矿物带电符号(正电或负电)，并由液体流动速度来确定矿物 ζ 电位的大小，其计算公式如下：

$$\zeta = 300^2 \frac{4\pi\mu\lambda v}{\varepsilon I} \qquad (2-7-1)$$

式中：ζ 为矿物表面动电位，mV；300^2 为换算因子；v 为电渗(液体移动)速度(格/秒)；λ 为被测矿物悬浮液电导率，ms；ε 为水的介电常数，$\varepsilon = 81$；μ 为水的黏度，泊(1 泊 $= 0.1$ Pa·s)，通常取 $\mu = 0.01$ Pa·s；I 为外加电场的电流强度，mA。

三、仪器设备与材料

1. 电渗仪，直流电源，电导仪，酸度计，离心机，秒表；
2. $-0.2 \sim +0.15$ mm 石英和萤石矿粉。

四、实验步骤

1. 电渗仪的结构及安装

电渗仪的结构如图 2 – 7 – 1 所示。首先将带刻度的毛细管 6、U 形样品管 1、盐桥 2 和玻璃棒 7 用乳胶管按图 2 – 7 – 1 连接好，然后将盐桥 2 和电极 5 插入盛有电解质溶液的烧杯 3 中，再把电极接到外加直流电源的接线柱上，仪器即安装完毕。

2. 装样

从仪器上取下 U 形样品管 1，清洗干净。称取 2 g 样品(石英或萤石粉)置于一烧杯中，

加 50 mL 蒸馏水润湿并搅拌 5 min，静置后测定该
矿浆的 pH 及电导率。将测过 pH 和电导率的矿浆
上部清液倒入另一烧杯中待用，下部的样品用吸管
慢慢装入 U 形样品管内，把装好样品的 U 形管放入
离心机中，开动离心机 10 min，借以压紧 U 形样品
管内的试样，装样完毕。

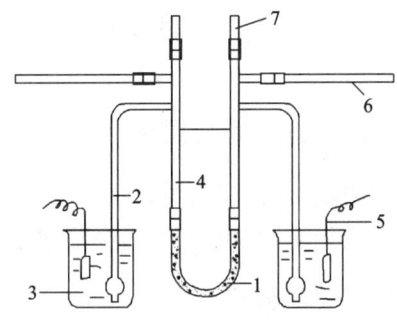

图 2 - 7 - 1　电渗装置

1—U 形管装填矿物颗粒；2—盐桥；3—电
介质溶液；4—测定溶液；5—电极；6—带
刻度的毛细管；7—玻璃棒塞

3. 测定

（1）把装好试样的 U 形样品管接到仪器上，用
待用的清液充满仪器的管道，并保证仪器的管道中
不存在气泡，如果管道中有气泡，将玻璃棒 7 从乳
胶管中拔出，再把气泡赶出，确认管道内无气泡存
在后，把玻璃棒插入乳胶管内；

（2）打开直流电源开关，调节电压表指示为
220 V，同时读出毛细管中液体移动一定距离所需
的时间。再利用直流电源上的换向开关改变电流方向，记下 I 值和液体移动相同距离所需的
时间。如此反复测定 4 次正、反向的电流强度 I 值下的 v 值，将每次测定得到的液体移动距
离、时间和电流强度 I 值记入表 2 - 7 - 1 中，每次测定时，要注意液体的移动方向。

表 2 - 7 - 1　测定数据记录表

试样名称	测定次数	开关方向（上、下）	毛细管中液体移动方向	毛细管中液体移动量/mL	测定时间/s	电流强度/mA	被测溶液电导率/ms	ζ 电位值及符号/mV	备　注
石英	1								
	…								
	平均								
萤石	1								
	…								
	平均								

五、数据处理

按式（2 - 7 - 1）计算石英和萤石矿对水的 ζ 电位值，并确定其正、负号，将数据填入
表 2 - 7 - 1 中。

六、思考题

1. 为什么在电渗仪上测定矿物 ζ 电位过程中，仪器的管道中不能有气泡存在？

2. 矿物对水的 ζ 电位值之正、负号说明什么？

实验 2 – 8 矿物 ζ 电位测定——电泳法

一、实验目的与要求

1. 了解矿物颗粒在溶液中的电泳现象；
2. 掌握微电泳仪测定矿物 ζ 电位的方法。

二、基本原理

电泳现象与离子电导类似，区别仅在于其带电质点是大分子或胶粒。假设外加电场强度为 E，胶粒相对于周围介质的运动速度为 v，在距离固体表面 x 处的溶液中取一面积为 A、厚度为 dx 的体积元，由于该体积元内的带电质点受电场作用而使体积元存在一电场力 $F_{电}$，它等于电场强度 E 与总电荷的乘积，而该体积元内所包含的总电荷等于体积元电荷密度 ρ 乘以体积元的体积。

ζ 电位为：

$$\zeta = \frac{Ku\mu}{\varepsilon} \qquad\qquad (2-8-1)$$

式中：u 为胶粒的电泳淌度；ε 和 μ 分别为介质的介电常数和黏度；ζ 为矿物表面动电位；K 是与胶粒形状有关的常数。此式不仅表明了电泳淌度 u 和 ζ 电位的依赖关系，还提供了测定 ζ 电位的方法，即通过测定电泳淌度来求 ζ 电位值。

在该公式的推导中，曾假定固体表面为平面，对于其他几何形状，只要曲率半径 R 比双电层有效厚度 x^{-1} 大得多（约 100 倍以上），即电解质浓度很高或固体表面的曲率很小（胶粒较大）时，(2-8-1) 式仍然适用。

三、仪器设备与材料

1. JS94H 型微电泳仪，电泳池，电极，十字标及烧杯，注射器等；
2. 矿样有高岭石、石英、一水硬铝石。

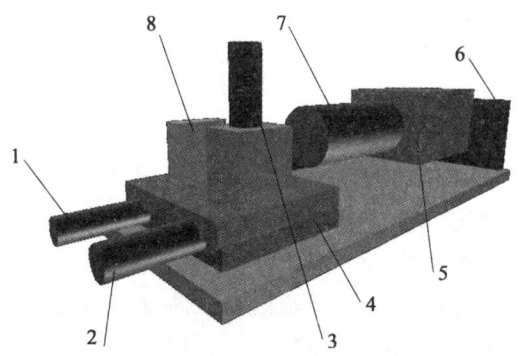

图 2 – 8 – 1 JS94H 型微电泳仪主机内部结构图

1—左右调节螺杆；2—焦距调节螺杆；3—上下调节螺杆；4—三维平台；
5—CCD 组件；6—接口面板；7—光学镜头组件；8—样品槽

四、实验步骤

1. 样品的准备：称取 0.1 g 矿样放入烧杯中，用量筒量取 50 mL 蒸馏水加入到烧杯中，用玻璃棒搅拌 1 min。

2. 动电位的测定

（1）进入 JS94H 子目录，运行子目录中的 JS94H. exe 即可启动微电泳仪应用程序。微电泳仪应用程序主界面如图 2 - 8 - 2 所示。

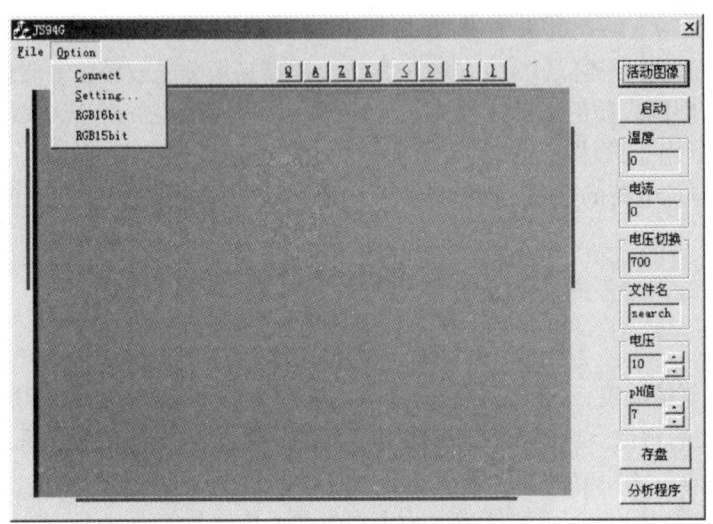

图 2 - 8 - 2　电泳仪应用程序主界面图

（2）联机：进入主界面后请点击选项菜单中的连接选项，出现"Connect Ok"，表明计算机与仪器的通讯联通成功，如出现错信息，请检查计算机与仪器的连线。

（3）调焦与定位：用去离子水冲洗电泳杯和十字标，将被测样品注入电泳杯中，插入十字标后洗涤数次，并让十字标充分湿润；取 0.5 mL 样品注入电泳杯中，倾斜电泳杯，缓缓插入十字标，石英片的表面有前后 2 个表面，将含有十字标的那个表面接近镜头，即将底部没有凹槽一面面向自己插入，细心观察，不要产生气泡；擦拭干电泳杯的外面，将电泳杯平稳放入样品槽，轻轻按到底，切忌重压。

点程序主界面上的活动图像，图像应为灰色，因不同的显卡兼容问题，有时会出现伪彩色，此时可点击 Option 中的 RGB16BIT 或 RGB15BIT 选项调节到灰色图像。然后调节上下、左右旋钮和焦距，直到在计算机屏幕上看到清晰的十字图像，如图 2 - 8 - 3 所示。（注：因为每种样品的折光率不同，所以使用另一种样品时需要重新调焦与定位。同种样品做一次即可）

（4）采样操作：找到十字标后就可以开始试样的测量，用去离子水冲洗电泳杯和电极，将被测样品注入电泳杯中，插入电极后洗涤数次，并让电极装置充分湿润；取 0.5 mL 样品注入电泳杯中，倾斜电泳杯，缓缓插入电极装置，细心观察，不要产生气泡；擦拭干电泳杯外面，将电泳杯平稳放入样品槽，轻轻按到底，切忌重压，连上电极连线。电极上标有字母 A 或 P（A 为银电极，P 为铂电极）。

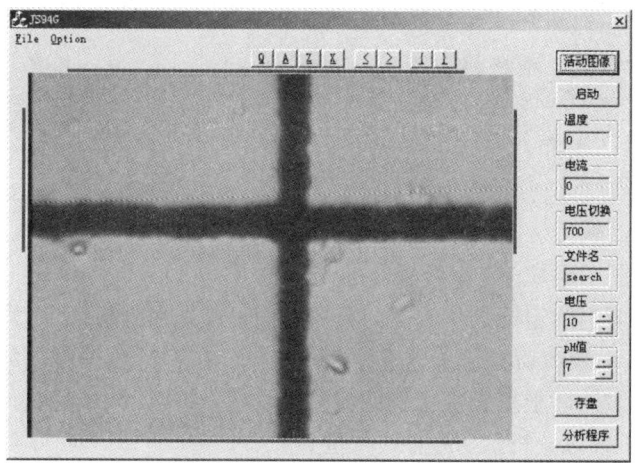

图 2 - 8 - 3　十字标调焦示意图

　　然后点按活动图像，调节所需电压，设置文件名，输入样品 pH，按启动，图像上颗粒会随电极的切换左右移动，使用快捷键调节，使待测颗粒处于取景框内，立刻按存盘，程序将截取图像供分析计算时使用。

　　(5)截图：点按活动图像，调节所需电压输入样品 pH(事先用 pH 计测得)，按启动，图像上颗粒会随电极的切换左右移动，使用快捷键调节所需画面和画质，然后按存盘，程序将截取图像供分析计算用。

　　(6)分析：按分析程序进入分析计算子程序界面。分析计算模块屏幕布局如图 2 - 8 - 4 所示。

　　在屏幕左侧有三个长方形的区域分别为定标分析区#1、#2、#3，右侧由上至下有三个区域，第一个是操作区，第二个是环境参数区，第三个是定标数据区。

　　点按开始，系统要求输入文件名，如图 2 - 8 - 5 所示。

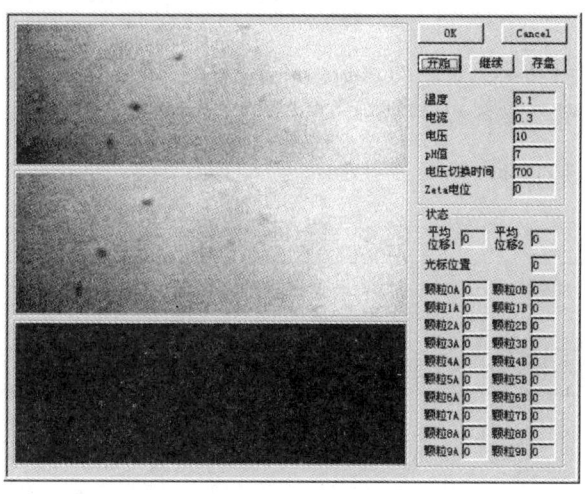

图 2 - 8 - 4　分析计算主程序界面图

文件名要求：文件名应是采样模块中输入的文件名。

输入正确的文件名后，系统将调出相应的图像和数据供用户分析。

分析区#1、#2 是两张颗粒运动灰色图像，其时间间隔由电压切换参数决定，分析区#3 由#1、#2 图像相减而得，颗粒运动轨迹较明显，可作为定标时的参考，使用鼠标点击图中颗粒，定标数据区的光标位置会有数字显示，表明当前定标的位置。分析图像时，首先在分析区 #1 内确认一个颗粒，方法是将定标线移到这个颗粒所在位置，鼠标点击确认，在定标数据区内的颗粒 OA 位置将显示所确认的位置数据，然后根据颗粒位置的相关性，在分析区 #2 中确认同一颗粒（即分析区 #1 内所确认的颗粒，参考分析区 #3 的颗粒位置），其位置数据显示在定标数据区内的颗粒 OB 后，至此获得第一组数据，然后在分析区#1 内再确认其他颗粒，用同样方法获得第二组数据，依此类推，可获得多至十组数据。然后按继续键，系统将调出第二组图像供用户分析，用户再用同样方法再获得十组数据后，按存盘，程序要求判断颗粒电荷极性，如图 2-8-6 所示。

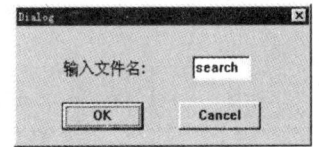

图 2-8-5　文件名对话框

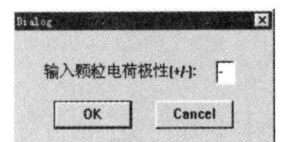

图 2-8-6　输入电荷极性对话框

可根据分析区 #3 中右侧" ＋"或" －"符号以及分析区 #1、#2 所显示的颗粒走向判断颗粒所带电荷极性并输入" ＋"或" －"符号。

点击确认，系统自动计算出分析结果。

按 OK 退出分析计算子程序，回到主界面，进行下一项测量。

如分析中出现操作错误，可按鼠标右键，可逐一取消输入的数据，重新输入。也可按 CANCEL 键，退出子程序，直接按分析程序重新进入，按上述步骤进行操作。

注意：如数据误差过大，请重新调整三维平台观察十字标成像，注意严格按照上述操作规程操作。

实验结束以后，可以利用目录下的 dhprint. exe 程序打印实验数据和图像。

3. 重复检测：按步骤 2 中各程序，每个样品测三次，计算其平均值。

五、实验结果及数据处理

表 2-8-1　动电位测定数据记录

试样名称	测量 pH	测定次数和测定值	平均值	动电位符号

六、思考题

动电位测量时，为什么要用"十"标定位置？

实验 2 – 9　矿浆黏度测定

一、实验目的与要求

1. 了解料浆黏度对选矿过程的影响；
2. 学会料浆黏度的测定方法。

二、基本原理

将流动着的液体制作成许多相互平行移动的液层，各层速度不同，形成速度梯度，这是流动的基本特征(见图 2 – 9 – 1)。

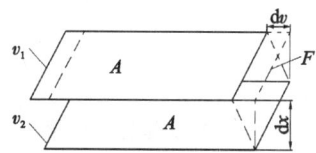

图 2 – 9 – 1　流体流动特征示意图

由于速度梯度的存在，流动较慢的液层阻滞流动较快液层的流动，因此液体产生运动阻力，为使液层维持一定的速度梯度运动，必须对液层施加一个与阻力相反的反向力，即切应力。对于牛顿流体，根据牛顿定律有：

$$\tau = \kappa D \qquad\qquad (2-9-1)$$

式中：τ 为切应力；κ 为黏滞系数，即黏度；D 为切变速率。

黏度的意义是将两块面积为 $1\ m^2$ 的板浸入液体中，两板距离为 $1\ m$，若加 $1\ N$ 的切应力，使两板之间的相对速率为 $1\ m/s$ 时，则此液体的黏度为 $1\ Pa \cdot s$。

黏性是料浆的主要物理性质之一。在矿物加工过程中，料浆黏度大小直接影响磨矿效率、分级效率、分选效率和浓缩过滤效率。料浆的黏度可用黏度计测出，常用的黏度计有毛细管黏度计、旋转黏度计、恩格列黏度计、振动黏度计等多种型式。具体料浆的黏度需要根据料浆的特性和测量要求选择合适的黏度计进行测定，矿浆的黏度常采用旋转黏度计测量。

国产 NDJ 型数显黏度计示意图见图 2 – 9 – 2，其原理图见图 2 – 9 – 3。如图 2 – 9 – 3 所示，同步电机以稳定的速度旋转带动电机传感器片，再通过游丝带

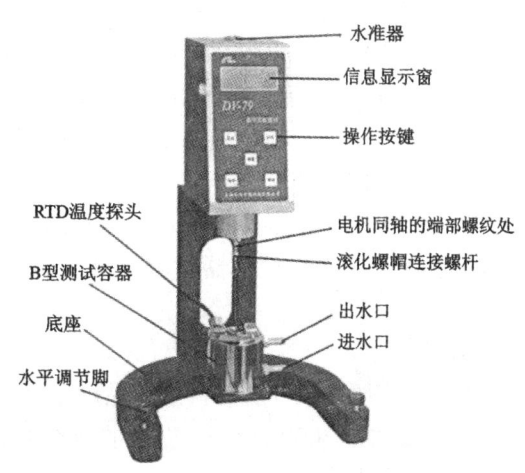

水准器
信息显示窗
操作按键
电机同轴的端部螺纹处
滚化螺帽连接螺杆
出水口
进水口
RTD温度探头
B型测试容器
底座
水平调节脚

图 2 – 9 – 2　NDJ 型黏度计结构图

动与之连接的游丝传感器片、转轴及转子旋转。如果转子未受到液体阻力，上下两传感器片同速旋转，保持在仪器"零"的位置上。反之，如果转子受到液体的黏滞阻力，则游丝产生扭矩与黏滞阻力抗衡，最后达到平衡。光电转换装置上下传感器片相对平衡位置转换成计算机能识别的信息，经过计算机处理最后输出显示被测液体的黏度值。

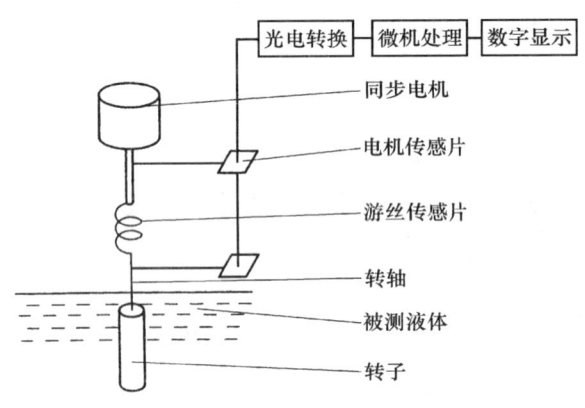

图 2 - 9 - 3　NDJ 型黏度计原理图

三、仪器设备与原料

1. NDJ 型数显黏度计一台；
2. 500 mL 烧杯一个，温度计一支；
3. 待测料浆 500 mL 左右。

四、实验步骤

1. 测定前应认真阅读黏度计使用说明书。
2. 将待测料浆置于 500 mL 烧杯中，测量并准确控制被测料浆的温度。
3. 调整黏度计至水平，将保持架安装到仪器上。
4. 将选好的转子旋入连接螺杆；旋转升降旋钮，将仪器缓慢下降，使转子逐渐浸入被测料浆中，直至料浆的表面与转子的液面线相平为止。
5. 选定转子及转子转速，接通电源，打开电机开关。
6. 将已选定的有关参数输入计算机。
7. 按下测量按钮进行测量，显示器显示测定数据。
8. 测量过程中，如果显示器显示所测数据超出量程范围，则需要变换转子或转速重新测量。

注意事项：

（1）测量时，要先估计所测料浆的黏度范围，然后根据说明书给定的参数，选择适当的转子和转速；如测定 3000 mPa·s 左右的料浆的黏度时，可根据测量上限表，选用 2 号转子（6 r/min）或 3 号转子（30 r/min）。

（2）当估计不出被测料浆的黏度时，应假定较高的黏度；可试用由小到大的转子和由低到高的转速；选用原则是高黏度料浆选用小转子、低转速，低黏度的料浆选择大转子和高转速，见表 2 - 9 - 1。

表 2 - 9 - 1 各转子不同转速时测量黏度的上限值 （mPa·s）

转子	转子转速/(r·min⁻¹)							
	60	30	12	6	3	1.5	0.6	0.3
1	100	200	500	1000	2000	4000	10000	20000
2	500	1000	2500	5000	10000	20000	50000	100000
3	2000	4000	10000	20000	40000	80000	200000	400000
4	10000	20000	50000	100000	200000	400000	1000000	2000000

五、思考题

1. 料浆黏度对矿物加工过程有何影响？

2. 常用黏度计主要有哪几种？

实验 2 – 10 矿浆浓度测定

一、实验目的

1. 了解矿浆浓度对选矿过程的影响；
2. 学会矿浆浓度的测定方法。

二、基本原理

磨矿分级作业的产品细度与浓度有密切的关系，浓度的变化导致细度的改变。因此对磨矿分级作业浓度的检查与控制，是十分必要的，它将有助于磨矿效率和选别指标的提高。

矿浆浓度是指矿浆中固体矿粒的含量。矿浆浓度通常有三种表示方法：

1. 固体质量百分比含量 $C(\%)$——表示矿浆中固体质量（或体积）所占的百分数。

计算公式：

$$C = \frac{m_Q}{m_Q + m_W} \times 100\% = \frac{m_Q}{m_G} \times 100\% \qquad (2 - 10 - 1)$$

2. 液固比（稀释度）R_p——表示矿浆中液体与固体质量（或体积）之比。

计算公式：

$$R_p = \frac{m_W}{m_Q} = \frac{m_G - m_Q}{m_Q} \times 100\% \qquad (2 - 10 - 2)$$

3. 固液比（矿浆稠度）R_B——表示矿浆中固体与液体质量（或体积）之比。

计算公式：

$$R_B = \frac{m_Q}{m_W} = \frac{m_Q}{m_G - m_Q} \times 100\% \qquad (2 - 10 - 3)$$

上述三个计算公式中：m_Q 为矿浆中固体质量，g；m_W 为矿浆中液体（水）的质量，g；m_G 为矿浆质量，g。

其中固体含量百分数与液固比的关系为：$1/C = 1 + R_p$，而液固比与固液比的关系为：$R_p = 1/R_B$。矿浆浓度用体积表示比用质量表示更准确些，但为了计算方便，通常采用的是质量百分比表示法。

矿浆浓度的测定方法有多种，有直接测定法、间接测定法和仪器测定法等，这里主要介绍常用的矿浆质量百分比浓度人工测定法。

三、实验步骤

1. 直接测定法（烘干法）

(1)用取样工具取一定量的矿浆试样，称重，得矿浆的总质量 m_G。

(2)将矿浆过滤、烘干至恒重，冷却后称出固体质量 m_Q。

(3)按公式 2 – 10 – 1 计算矿浆浓度 C。此法测定浓度比较精确，适用于现场流程考查、实验室各种小型选矿实验对各作业浓度的测定。但矿浆需要进行干燥，时间长、耗电多，适应不了现场调节工艺流程的及时要求。

2. 间接测定法(浓度壶法)

(1)将天平校准;

(2)测量空浓度壶的质量 m、体积 V 和矿石密度 δ_s,并记录;

(3)按照取样规定,用取样勺采取矿浆试样,小心谨慎地将所采试样倒入浓度壶中,在倒入过程中轻轻地摇动取样勺,不使矿浆沉淀,并将勺中矿浆全部倒入壶中,直到浓度壶溢流口有矿浆流出时为止。待溢流口矿浆停止流动时用食指捂住溢流口,以防壶中矿浆流出;

(4)用抹布将浓度壶外壁揩净,用天平进行称量;

(5)根据称量的壶加矿浆总质量和空浓度壶的质量与体积,即可算出矿浆的密度 δ_p。再根据矿石的密度 δ_s 和矿浆密度就可以算出矿浆浓度。

三、数据处理

矿浆浓度计算方法为:矿浆体积 = 固体体积 + 水的体积,可得

$$\frac{1}{\delta_p} = \frac{C}{\delta_s} + (1 - C) \qquad (2-10-4)$$

则

$$C = \frac{\delta_s(1 - \delta_p)}{\delta_p(1 - \delta_s)} \qquad (2-10-5)$$

式中:C 为矿浆质量百分比浓度,%;δ_p 为矿浆密度,g/cm^3;δ_s 为矿石密度,g/cm^3。

由于浓度测量是经常性的检验工作,为了适应调节工艺及时的要求,省去现场每次测定浓度的计算工作,方便操作,有利于及时调整浓度。选矿厂一般都根据入磨的矿石密度,针对容积一定、质量已知的浓度壶,算出某一矿浆质量下的浓度。即将不同矿浆质量,换算成不同的矿浆浓度,然后制成一一对应的表格,通称为矿浆浓度查对表。

表 2-10-1 是浓度壶容积为 250 mL、浓度壶质量为 200 g、矿石密度为 2.70 g/cm^3 时,计算的矿浆浓度和壶加矿浆质量的查对表。(实际应用时"固体质量"一栏也可以不用)生产现场,操作工只要用样壶取样,称出连壶带矿浆的质量,便可在表上查得相对应的矿浆浓度。

表 2-10-1　矿浆浓度查对表

矿浆浓度/%	壶加矿浆质量/g	固体质量/g	矿浆浓度/%	壶加矿浆质量/g	固体质量/g
9	465	23.85	17	479.9	47.59
10	466.8	26.68	18	481.9	50.75
11	468.6	29.55	19	483.3	53.95
12	470.4	32.45	20	486	57.2
13	472.3	35.4	21	488.1	60.5
14	474.2	38.38	22	490.2	63.84
15	476.1	41.41	23	492.3	67.24
16	478	44.48	24	494.5	70.68

选矿厂常用的浓度壶容积有 1000 mL、500 mL、250 mL 等。为了浓度的测定尽可能准确，对于粒度组成较不均匀的矿浆，如球磨排矿可采用 500～1000 mL 的浓度壶进行测定；对于粒度组成较均匀的矿浆，如分级机或旋流器的溢流矿浆，可用 250～500 mL 的浓度壶进行测定。

将实验中测定的不同矿浆的浓度，制成矿浆浓度查对表填入表 2 - 10 - 2。

表 2 - 10 - 2　矿浆浓度查对表

矿浆浓度 /%	壶加矿浆质量 /g	固体质量 /g	矿浆浓度 /%	壶加矿浆质量 /g	固体质量 /g

五、思考题

矿浆浓度的变化对哪些选矿作业影响比较大？

实验 2 – 11　物料水分测定

一、实验目的与要求

1. 了解物料水分的存在形态；
2. 掌握物料水分的测定方法。

二、基本原理

物料水分一般分为：

1. 外在水分或表面水分。这部分水分覆盖在颗粒表面上，在干燥环境下保存时，这部分水分就会逐渐蒸发掉，直至变为"风干"状态。

2. 分析水分或吸着水分。这部分水分含在颗粒的孔隙和裂隙中，其含量与水蒸气的压力和空气的相对湿度有关。

3. 化合水或结晶水。这部分水分是结合在化合物中的水份，它们并不是液态水，以 OH^-、H^+ 或 H_3O^+ 等形式存在于化合物或矿物中。

一般情况下，矿物加工工程中，需要测定的是物料的外在水分和分析水两项，这两项水分的总和叫做总水分或游离水分。其测定方法就是在适当的温度下，将物料的游离水分烘干，通过称量物料烘干前后的质量，计算出物料的水分。这里的水分测定是指粒度相对比较粗物料的水分测定，如果被测物料为粉末状，则其水分可以利用测定仪直接测出。

三、仪器设备与材料

1. 读数精度 0.01 g 的电子天平一台，恒温干燥箱一台；
2. 干燥器一个，取样小勺一把；
3. 边长 100 mm 带盖的不锈钢料盒一个（也可选择其他材质和规格的器皿）；
4. 待测碎散物料若干。

四、实验步骤

1. 称取料盒质量；
2. 将待测物料破碎至 –2 mm，混匀并称取试样 100 g；
3. 将样品放入料盒中，并将其摊薄均匀；
4. 将料盒置于烘干箱内，让盖子斜开着，控制烘干箱温度在 105～110℃进行烘干；
5. 烘干 8 h 后关闭烘箱，将料盒移入干燥器内冷却；
6. 冷却后（约半小时）迅速盖上盒盖，从干燥器中取出料盒称重；
7. 计算物料水分；按下式计算

$$W = \frac{m - m_1}{m} \times 100\% = \frac{m - m_2 + m_0}{m} \times 100\% \qquad (2 - 11 - 1)$$

式中：W 为物料的水分，%；m 为待测料品（湿样）质量，g；m_0 为料盒质量，g；m_1 为烘干后干样质量，g；m_2 为料盒和干样质量，g。

五、数据处理

重复上述测定步骤,测出三个平行样的水分值,取平均值作为最终测定结果(表2-11-1)。

表2-11-1 物料水分测定结果

测量次数	第一次测量	第二次测量	第三次测量	测量平均值
水分/%				

注意:

(1)为了准确测定物料外在水分或总水分,必须及时采样,及时测定。大块物料只能就地测定。方法是先测湿重,然后测风干重(风干至恒重),最后测烘干重,依次可计算出外在水分和总水分。

(2)如果试样粒度大,质量大,可先在采样地点及时测出外在水分,然后将风干试样破碎缩分,取少量有代表性试样测定吸着水。

六、思考题

1.物料的水分有哪几种?

2.物料的水分在矿物加工过程中,会对哪些作业产生影响?

实验 2 – 12　物料白度测定

一、实验目的与要求

1. 掌握粉体白度的概念及含义；
2. 掌握粉体白度的测定方法。

二、基本原理

白度是表征物体色白的程度，用符号 W 或 W_{10} 表示。白度值越大，表示白的程度越高。GB/T 17749—2008 规定光谱反射比均为 1 的理想完全温射体的白度是 100。粉体的白度可由专门测量白度的白度仪测得。

白度测定仪用于测量物体表面的蓝光白度，它利用测光积分球实现绝对光谱漫反射率的测量。其光电原理为：由白度仪的卤钨灯发出光线，经聚光镜和滤色片形成蓝紫色光线，进入积分球的光线在积分球内壁漫反射后，照射在测试口的试样上，试样反射的光线由硅光电池接收，并转换成电信号。另一路硅光电池接收球体内的基底信号，两路电信号分别放大，经混合处理后得到测定结果。

白度仪的种类很多，适用的场合各不相同。测量粉体的白度时，要注意选择合适的白度仪，要求所使用的白度仪：一要适合粉体白度的测量，二是测量精度和测量程序符合国家的相关标准。图 2 – 12 – 1 是适用于粉体测量的白度仪。

图 2 – 12 – 1　粉体白度测量仪外形图

三、仪器设备与材料

1. 白度仪一台；
2. 制样器（粉末成型器）一个；
3. 白色粉末状物料 100 g 左右。

四、实验步骤

1. 操作准备

(1)检查仪器电源连接及电压是否正常。

(2)用酒精棉球将仪器的试样座与测量口擦试干净,以免沾污白板及测试样品。

2. 操作顺序

(1)预热。接通电源,开启仪器的电源开关,使白度仪预热 15~30 min。

(2)安置滤光插件。将 1 号滤光插件插到 1 号光道孔,2 号滤光器插件插到 2 号光道孔,面板上显示"R457"。

(3)校零。用左手按下"滑筒",用右手接"黑筒"放在试样座上,将滑筒升至测量口,按键盘上的"校零"键,显示屏即显示 0 0.0,再按"回车"键,显示 0 0.0 校零完毕。

(4)将工作标准白板和标称值输入仪器。

(5)校准。按下仪器的"滑筒",取出"黑筒",换上工作标准白板,把工作标准白板升至测量口,按"校准"键,显示 Jxx.x,再按"回车"键,显示屏显示 Jxx.x 值,校准完毕。

(6)将待测粉末放入样品盒,并用粉末成型器将其制成要求的测试样。

(7)测试样品。按下"滑筒",取出工作标准白板,将样品放在试样座上,把滑筒升至测量口,按工作键,显示屏上即显示该试样的白度值。

(8)每一样品重复测量三次,然后取其平均值作为最终结果(表 2-12-1)。

(9)关机。样品测试完毕后,切断仪器电源,将仪器套上防尘罩。

注意事项:

(1)白度仪应放置在干燥、无振动、无强电磁场干扰、无强电流干扰、无灰尘的室内环境中。

(2)白度仪存放处不得有酸、碱等腐蚀气体。

(3)仪器接地良好,电源电压必须符合工作条件。

(4)仪器四周应留有足够的散热空间。

(5)不可使黑筒及工作白板受到污染,以免影响检验结果准确度。

(6)检验操作时,要小心缓慢升降滑筒,避免样品进入测量口内影响检验结果的准确。

(7)仪器长时间停用后应相应延长预热时间,以提高稳定性。

五、数据处理

表 2-12-1 物料白度测定结果

测量次数	第一次测量	第二次测量	第三次测量	测量平均值
白度/%				

六、思考题

1. 白度的单位是什么?为什么?

2. 测定粉末的白度时粉末的粒度对测量结果有何影响?

实验 2 - 13　矿石摩擦角测定

一、实验目的与要求

1. 掌握摩擦角的概念；
2. 掌握摩擦角的测定方法。

二、基本原理

摩擦角是指物料恰好能从粗糙斜面开始下滑时的斜面倾角，即物料在粗糙斜面处于滑落临界状态时斜面的倾角。

根据摩擦角的定义，可以制作一台摩擦角测定仪。摩擦角测定仪如图 2 - 13 - 1 所示，取一块木制平板（也可用胶板或其他材质的平板），将其一端铰接固定，另一端可借细绳的牵引自由升降。利用该测定仪按照摩擦角的定义即可测出待测物料的摩擦角。

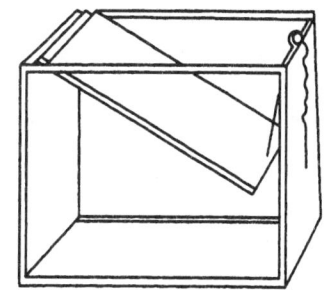

图 2 - 13 - 1　摩擦角的测定仪示意图

三、仪器设备与材料

1. 自制摩擦角测定仪一台（如图 2 - 13 - 1 所示）；
2. 量角器、直尺一套；
3. 待测物料 5 ~ 10 kg。

四、实验步骤

1. 将摩擦角测定仪的平板置于水平位置。
2. 将适量的待测物料放到平板上。
3. 牵引细绳平板缓缓下降，注意观察板上物料，当物料开始运动时，立即停止平板的下降，并将平板的位置固定。
4. 测量此时平板的倾角，该倾角即为物料的摩擦角。
5. 重复上述测量步骤进行多次测定，然后取其平均值作为最终测定值（表 2 - 13 - 1）。

五、数据处理

表 2 - 13 - 1　摩擦角测定实验结果

测量次数	第一次测量	第二次测量	第三次测量	测量平均值
摩擦角/(°)				

六、思考题

1. 粉体物料摩擦角的含义是什么?
2. 测定物料摩擦角在工业生产、设计和研究中有什么用途?

实验 2 – 14　矿石堆积角测定

一、实验目的与要求

1. 加深堆积角概念的理解；
2. 学会松散物料堆积角的测定方法。

二、基本原理

堆积角是松散物料自然下落堆积成料锥时，堆积层的自由表面在平衡状态下与水平面形成的最大角度，也称为安息角或休止角。堆积角的大小是物料流动性的一个指标，堆积角越小，物料的流动性就越好。松散物料堆积角形态如图 2 – 14 – 1 所示。堆积角的测量方法有自然堆积法和朗氏法两种。

流动性良好的粉体		流动性不好的粉体	
理想堆积形	实际堆积形	理想堆积形	实际堆积形

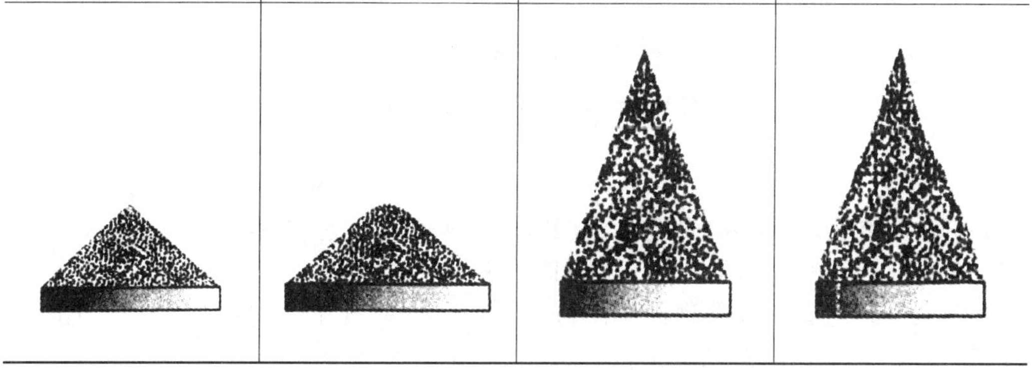

图 2 – 14 – 1　堆积角的理想状态与实际状态示意图

三、仪器设备与材料

1. 堆积角测定仪一台；
2. 直尺一把，料铲一把，量角器一个；
3. 待测碎散物料 5 ~ 10 kg。

四、实验步骤

1. 自然堆积法

自然堆积法很简单，只需要较平的台面或地面，将物料自然堆积，测量物料形成的圆锥表面与水平面的夹角即可。

测定步骤：

(1)选定一块大小合适的较平整的台面或地面。

（2）用料铲将物料铲到台面或地面，进行自然堆锥（要使物料自锥顶慢慢落下）。

（3）用直尺和量角器测出锥表面与水平面的夹角，即为所测堆积角。

（4）重新堆锥，重复测量 3~5 次，取其平均值。

2.朗氏法

朗氏法的测定装置如图 2-14-2 所示，试料由漏斗落到一个高架圆台上，在台上形成料锥，测出料锥表面与水平面的夹角即可得到物料的堆积角。

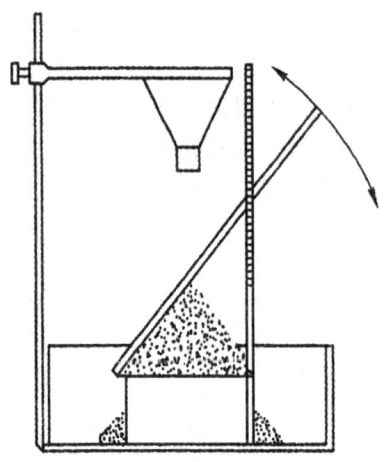

图 2-14-2　堆积角测定仪示意图

3.测定步骤：

（1）调整堆积角测定仪漏斗的高度，使其与高架圆台有合适的间距。

（2）调整堆积角测定仪的漏斗位置，使其与高架圆台同心。

（3）将试料铲于漏斗中，使物料经漏斗缓缓落下，并在圆台上形成圆锥体，直至试料沿料锥的各边都等同地下滑时，停止加料。

（4）转动活动直尺，测出堆积角。

（5）重复测量 3 次取其平均值为最终测量值。

五、思考题

1.堆积角的测量方法有哪些？

2.堆积角大小的含义是什么？

3.堆积角对物料的堆放场地、堆放方式的选择、设计有什么作用？

第3章 粉碎与分级实验

粉碎是物料在机械力作用下粒度变小的过程，物料粉碎分为四个阶段：破碎、磨矿、超细粉碎、超微粉碎，它是矿物加工过程的重要工序。

分级是将粒度不同的物料按粒度或按在介质中沉降速度不同分成若干粒度级别的过程。分级的方式有筛分分级、水力分级和气流分级。

本章主要介绍颚式破碎机的使用及产品粒度特性；磨矿机的使用及其影响因素；振动筛的筛分效率及水力旋流器的分级效率等。

实验3－1 颚式破碎机产品粒度特性测定

一、实验目的与要求

1. 熟悉颚式破碎机的构造与操作；
2. 了解颚式破碎机产品粒度特性；
3. 绘制产品粒度特性曲线。

二、基本原理

颚式破碎机的工作原理可简述为：送入固定颚和动颚之间（破碎腔）的物料，当动颚向定颚靠拢时受到破碎，当动颚向定颚离开方向运动时，物料靠自重向下排送。

三、仪器设备与材料

1. 颚式破碎机（见图3－1－1），其给矿口为 60 mm×100 mm 或近似规格；

2. 分样筛，磅秤，游标卡尺，铅球若干（用工业纯铅或常用的巴氏合金制成，直径稍大于排矿口），铁铲等；

3. 粒度为 –15 mm 的矿石。

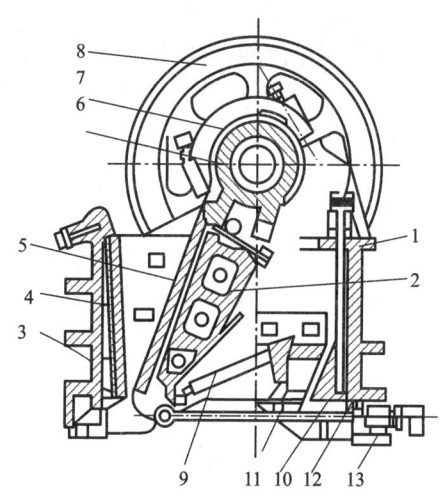

图3－1－1 复杂摆动式颚式破碎机

1—机架；2—可动颚板；3—固定颚板；4、5—破碎齿板；6—偏心传动轴；7—轴承；8—飞轮；9—肘板；10—调节楔；11—楔块；12—水平拉杆；13—弹簧；14—调节排矿口的螺帽

四、实验步骤

1. 将破碎机排矿口调节至适当尺寸，开动机器时投入一个铅球，用卡尺测量排除的已变形铅球的厚度。其厚度即为闲置排矿口尺寸。

2.检查破碎机运转是否正常。

3.称取 −15 mm 试样 25 kg 均匀地投入破碎机给矿口内。

4.将破碎产品用实验手筛筛析(按筛孔减小顺序筛析)并将筛析各粒级称量、记录。

五、数据处理

1.筛析结果记录表。

表 3 − 1 − 1　筛析结果记录表

粒级 /mm	筛孔尺寸 /mm	排矿口尺寸 /mm	筛孔尺寸/闲置 排矿口尺寸	质量 /kg	部分产率 /%	正累积产率 /%
−15 ~ +10	10					
−10 ~ +6	6					
−6 ~ +3	3					
−3 ~ +2	2					
−2 ~ +1	1					
−1 ~ +0.5	0.5					
−0.5	—					
共计						

2.根据筛析结果绘制破碎机产物粒度特性曲线(绘制简单坐标,正累积粒度特性曲线)。

3.根据产品粒度特性曲线求出下列值:

(1)残余(大于闲置排矿口)粒级的产率;

(2)产品中最大粒度与排矿口宽度的倍数关系。

六、思考题

1.颚式破碎机产品粒度特性曲线能反映哪些问题?

2.简单摆动式和复杂摆动式破碎机结构上有哪些不同?

实验 3 - 2　磨矿影响因素实验

一、实验目的与要求

1. 熟悉球(棒)磨机的构造与操作;
2. 了解矿样浓度对磨矿效率的影响。

二、基本原理

　　球(棒)磨机是进行矿石湿磨的重要设备,球(棒)磨机是由钢板制成的中空圆柱形筒体和圆形端盖制成,水平支承在轴承上。腔体内壁安装有可更换的衬板(分为波形板、凸形板和长方形橡胶条等多种),实验室用的小型设备均为光滑的圆筒。筒体以一定转速旋转时,预先放置在筒体中的几种直径的钢球(棒),也随之转动,伴随着滑动、滚动、抛落。筒体借助于摩擦力拖动钢球(棒),摩擦力大小取决于正压力,即球(棒)自身重力与公转产生的离心力的径向合力。筒体转速较低时,球群不散开,称为泻落运动,转速升高至一定程度,一些球抛离筒体壁,在自由空间内受重力作用呈抛物线下落,称为抛物线运动。此时,仍有相当多的球处于泻落状态。进一步提高转速,全部球将随筒体公转,球磨机将失去破碎功能,此速度称临界转速。生产中,装球量按球的堆积体积占筒体体积40% ~ 50%计算。少装球,可以实现"超临界转速"操作。此外,棒磨机的内壁直径必须小于其长度,否则,钢棒会卡住。用短圆柱体(一般长度略大丁直径)可代替球体。

三、仪器设备与材料

　　1. 球磨机(见图3 - 2 - 1);
　　2. 天平,铲子,量筒,烘箱等;
　　3. 粒度为 - 3 mm 的矿样。

四、实验步骤

　　1. 取试样 2 kg,用四分法分成四等份,每份 500 g。
　　2. 按液固比 0.5 : 1、1 : 1、1.5 : 1、2 : 1 分别计算加水量。
　　3. 磨矿前,开动磨机空转数分钟,以清除磨筒内壁和钢球表面的铁锈。空转数分钟后停机,用操纵杆将磨机向前倾斜15° ~ 20°,打开左端排矿口塞子,把筒体内污水排出;再打开右端

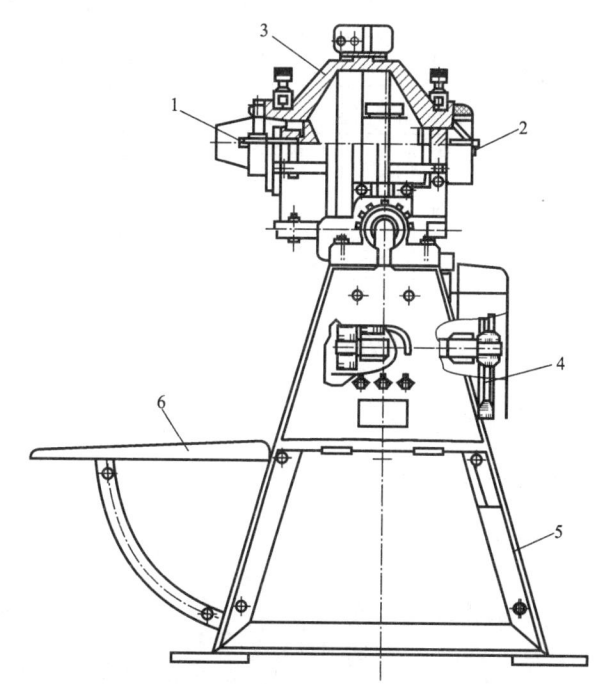

图3 - 2 - 1　XMH—68 型 160X200 棒磨机结构图

1—排矿端锥形塞子;2—给矿端锥形塞子;3—筒体;4—减速皮带轮;
5—固定在筒体上的皮带轴;6—轴承;7—翻转筒体用的手把

给矿口塞子,并取下,用清水冲洗筒体壁、钢球和排矿塞子,将铁锈冲净(排出的水清洁)并排干筒内积水,同时将卸下的给矿塞子洗净。

4.把左端排矿口塞子拧紧,按先加矿后加水的顺序把矿石和磨矿水倒入磨筒内,拧紧右端给矿口塞子,扳平磨机。

5.合上磨机电源,按秒表计时。待磨到规定时间后,切断电源,待筒体停止转动后打开左端排矿口塞子排放矿浆,再打开右端给矿口塞子,用清水冲洗塞子端面和磨筒内部,边冲洗边间断通电转动磨机,直至把磨筒内矿浆排干净。在冲洗磨筒内部矿浆时,尽量控制少用冲洗水量。

6.若需继续磨矿,重复第4和第5步骤。若不需继续磨矿,一定要用清水把磨筒内部充满(即排出空气),以减少磨筒内壁和钢球表面氧化。

7.磨矿产品用200目(0.074 mm)筛子湿筛,湿法筛分磨矿产品时,必须检查筛分终点,即另换清水筛分,清水不浑浊后,继续筛洗,直至筛分盆底部不再有矿为止。湿法筛分方法:先盛一盆清水,用手握住筛框,将矿浆倒入筛上,若矿浆量太多,可分几次进行筛分,这样不仅能保护筛子的筛网,而且能加快筛分速度,筛分时将筛子中的矿样刚刚浸没于水中,摇晃筛框,使矿样在水中运动,或将筛框轻轻用手向盆边敲击产生震动,并不时更换清水进行筛分。

8.筛上物料进行烘干、称重,将数据填入磨矿实验数据表中。

五、数据处理

表3-2-1 磨矿实验数据表

矿样浓度(液固比)		1:2	1:1	3:2	2:1
筛上量	质量/g				
	产率/%				
筛下量	质量/g				
	产率/%				

根据上表数据,绘制矿样浓度-产率关系曲线。

六、思考题

简述矿样浓度对磨矿效率的影响。

实验 3 – 3　振动筛筛分效率的测定

一、实验目的与要求

1. 熟悉振动筛的构造与操作;
2. 掌握测量筛分效率的方法。

二、基本原理

筛分效率是指实际得到的筛下产品中小于筛孔尺寸的颗粒的质量与筛分给矿中小于筛孔尺寸的颗粒的质量之比,用百分数表示

$$E = \frac{m_1 \cdot \beta}{m \cdot \alpha} \times 100\% \qquad (3-3-1)$$

实际生产中,筛分过程是连续进行的。故要将原矿质量 m 和筛下产品质量 m_1,进行直接称量是很困难的。因此,筛分效率可利用原矿和筛上产物中小于筛孔尺寸的粒级含量间接求出:

$$E = \frac{(\alpha - \theta)}{\alpha(100 - \theta)} \times 10^4\% \qquad (3-3-2)$$

式中:E 为筛分效率,%;α 为原矿中小于筛孔尺寸的粒级含量,%;θ 为筛上产品中残存的小于筛孔尺寸的粒级含量,%;β 为筛下产品中小于筛孔尺寸的粒级含量,%。

三、仪器设备与材料

1. 偏心振动筛或惯性振动筛,前置可控制给料速度的给矿槽;
2. 分样筛、天平、铲子、盆子、秒表等;
3. 待测碎散物料 100 kg。

四、实验步骤

1. 称取大于 6 mm 的矿样 10 ~ 15 kg,再称取小于 6 mm 的矿样 15 ~ 25 kg,然后混匀。
2. 检查振动筛运转是否正常。
3. 关闭振动筛给矿槽的闸口,将矿样放入给矿槽内。
4. 启动振动筛,再迅速打开给矿槽闸口,同时开始计时,直到筛分完毕为止。
5. 将筛上产品用 6 mm 的实验手筛筛析,并将筛下产品称重。

五、数据处理

表 3 – 3 – 1 筛分效率表

实验分组号	筛分时间 t/s	α	θ	E
1				
2				
3				
4				
5				

六、思考题

1. 筛分效率与振动筛生产率有什么关系？

2. 连续作业中筛分效率怎样测定？

实验 3 - 4 水力旋流器分级效率的测定

一、实验目的与要求

1. 熟悉水力旋流器的操作方法，并通过采用选矿工艺中测定微细物料粒度组成的常用方法——淘析法来检验水力旋流器的分级效果；

2. 了解影响水力旋流器分级效率的主要因素，此外应掌握淘析法。

二、基本原理

矿浆在压力作用下，沿给矿管方向给入旋流器内，随即在圆筒形器壁限制下作回转运动，在离心力和重力作用下，粗颗粒因惯性离心力大而被抛向器壁，并逐渐向下流动由底部排出成为沉砂产品，细颗粒向器壁移动的速度较小，被中心流动的液体带动由中心溢流管排出，成为溢流产品，从而使物料达到粗细粒分级，其工作原理如图 3 - 4 - 1(b) 所示。

三、仪器设备与材料

1. φ50 mm 水力旋流器一台（见图 3 - 4 - 1）；

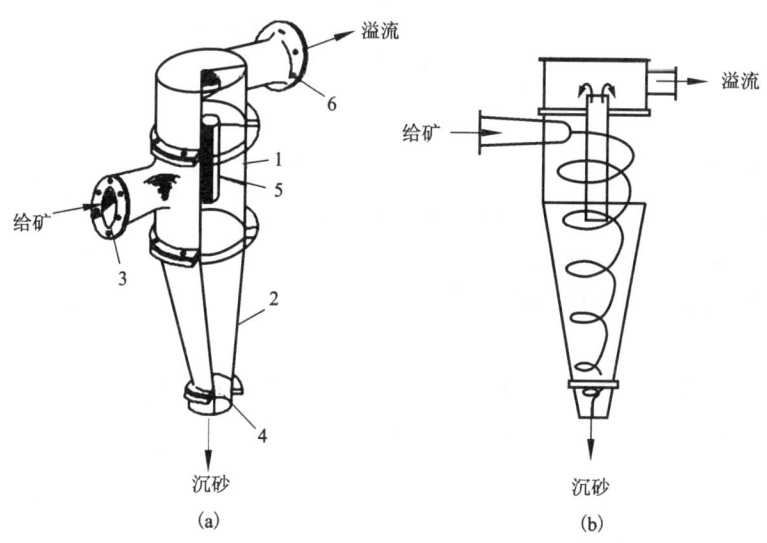

图 3 - 4 - 1 水力旋流器结构图

（a）水力旋流器构造；（b）水力旋流器的工作情形

1—圆柱体；2—圆锥体；3—给矿管；4—沉砂口；5—中心溢流管；6—溢流引出口

2. 立式砂泵一台，设备联系见图 3 - 4 - 2 所示；

3. 淘析用具：桶、盆、秒表、天平、毛刷等；

4. 试样：小于 0.074 mm 石英砂 1.2 kg（供旋流器分级用）。

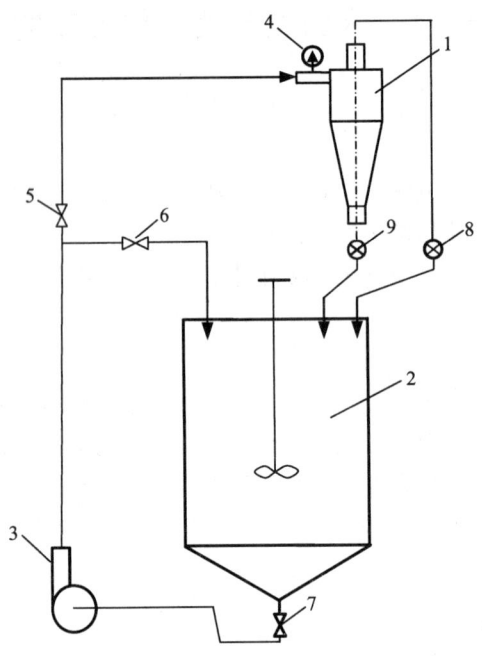

图 3 - 4 - 2　设备联系图

1—水力旋流器；2—搅拌槽；3—料浆泵；4—压力表；

5、6、7—阀门；8—溢流取样点；9—沉砂取样点

四、实验步骤

1. 测量沉砂口直径中心溢流管的内直径和插入深度。

2. 将 1.2 kg 试样放进搅拌槽中，并加入 12 L 水。

3. 开动砂泵，待矿浆循环压力稳定后，同时分别接取溢流和沉砂两份样（每份样接取时间为 5 s）。

4. 停泵，清洗砂泵的循环系统；将接取的溢流和沉砂样分别进行淘析。

5. 将淘析产品分别沉淀、烘干、称重，将数据记入表中。

五、数据处理

按下式计算物料的分级效率

$$E = \frac{(\alpha - \theta)(\beta - \alpha)}{\alpha(\beta - \theta)(100 - \alpha)} \times 10^4 \% \qquad (3 - 4 - 1)$$

$$\alpha = \frac{\gamma\beta + (100 - \gamma)\theta}{100} \% \qquad (3 - 4 - 2)$$

式中：E 为分级效率，%；α 为给料中小于分离粒度（ -0.038 mm）的含量，%；β 为溢流中小于分离粒度（ -0.038 mm）的含量，%；θ 为沉砂中小于分离粒度（ -0.038 mm）的含量，%；γ 为溢流产率，%。

表 3 - 4 - 1 检验分级效率记录表

产品名称	质量/g	产率/%	-0.038 mm		实验条件
			质量/g	含量/%	试料:
溢流					旋流器直径(mm):
					圆柱高度(mm):
沉砂					锥角度:
					溢流管内径(mm):
原矿					旋流口插入深度(mm):
					沉砂口直径(mm):
					矿浆浓度(%):
					工作压力(MPa):

六、思考题

影响水力旋流器分级效率的主要因素有哪些?

实验3－5　邦德(Bond)破碎功指数的测定

一、实验目的与要求

1. 掌握邦德(Bond)破碎功指数的意义与用途；
2. 掌握邦德(Bond)破碎功指数的测定方法。

二、基本原理

固体物料粉碎是使物料粒度减小的工艺过程，过程中要克服的主要问题是高能耗、低效率。因此，人们在进行粉碎理论研究时，多以能耗问题为重心。各国学者在大量研究的基础上，提出了各种不同的观点和理论，面积学说、体积学说和裂缝学说是最有代表性的三大粉碎功耗学说，其中 Bond 的裂缝学说(亦即第三定律)应用较为广泛。

邦德(Bond)破碎功指数 W_c 又称为冲击功指数，它是衡量矿石在冲击作用下(例如在破碎机中)破碎物所耗能量(kW·h/t)的一种指标。Bond 破碎功指数的大小，反映了该矿石被破碎的难易程度，是矿石可碎性判据之一。根据物料破碎功能指数的大小可选择和计算破碎机以及初步判断矿石进行自磨的可能性。

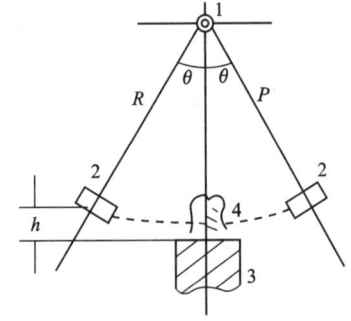

图3－5－1　摆锤工作原理
1—吊轮；2—摆锤；3—载物台；4—矿块

Bond 冲击功指数是利用双摆锤破碎功指数实验机测定的。该机由两个对称的摆锤组成，每个摆锤重 13.62 kg。其工作原理如图3－5－1所示。

当摆锤转到某一角度 θ 后，然后放开连接摆锤的绳索，摆锤自由向下摆动，打击在两个摆锤之间放置的矿石。矿石受到两个摆锤的冲击作用而被破碎，根据摆锤作用于矿石的作用能，计算破碎功指数 W_c。

破碎功指数 W_c 按式(3－5－1)计算：

$$W_c = 5222 \frac{1}{b \cdot \delta}(1 - \cos\theta) \qquad (3-5-1)$$

式中：W_c 为破碎功指数(kW·h/t)；b 为被破碎矿块厚度(m)；δ 为被粉碎矿块密度(kg/m^3)。

三、仪器设备与材料

1. 双摆式破碎功能指数测定机一台，其技术性能如下：

摆锤质量　　　　　　2×13.62 kg
摆锤间距　　　　　　30 mm
摆锤最大提升角度　　120°
设备总重　　　　　　约389 kg

2. 精度0.1 g天平，锤子，钢板尺。

3. 块状矿石，不同厚度的矿块，边长 75～50 mm，数量20块。

四、实验步骤

1. 随机取待测矿块 20 块(最少不能少于 10 块),其不同厚度矿块的边长为 75～50 mm;在选取矿块时,尽量挑选有两个近似平行平面的矿块。

2. 将选好的矿块进行编号、称重(以 g 计、精确到 0.1 g)。

3. 测量待测矿块两个被冲击面(近似平行的两个面)间的厚度。

4. 测出待测矿块的密度 $\delta(\text{kg/m}^3)$。

5. 如图 3－5－1 所示,将矿块置于载物台上,并升、降载物台,调整载物台上矿块高低位置,尽量使摆锤的打击点作用在矿块的中心位置。

6. 提升摆锤 10°,然后放开摆锤使摆锤下落,此时二摆锤同时打击在待测矿块的两个近似平行面上。

7. 检查矿块是否被击碎或是否有裂缝,如果没有,则将摆锤的提升角度 再增加 5°,重新冲击。这样每次提升角度以 5°梯度增加,直至矿块被击碎为止(注意:试件产生掉片、掉角不能认为是碎裂,只有大部分矿块碎裂开来才认为是碎裂)。

8. 记录实验结果,将所测数据填入表 3－5－1 中,这些数据包括:

(1)矿块的厚度;

(2)矿块破碎时摆锤提升角度 θ 值;

(3)矿块被破碎时的次数。

表 3－5－1　破碎 Bond 功指数测定数据记录表

矿块编号	厚度 b/mm	质量 $/\text{g}$	产品被击次数	角度 $\theta/°$	冲击功指数 $W_c/(\text{kW} \cdot \text{h} \cdot \text{t}^{-1})$
1					
2					
3					
⋮					
20					

五、数据处理

1. 计算冲击功及冲击功指数;

2. 计算矿块冲击功及冲击功指数的最大、最小值和平均值;

3. 计算标准差。

六、思考题

1. 测定破碎功指数有何用途?

2. 为什么破碎功指数可以作为矿石可碎性判据?

实验 3-6 邦德(Bond)球磨功指数的测定

一、实验目的与要求

1. 理解邦德(Bond)球磨功指数和邦德球磨可磨度的概念;
2. 学会邦德球磨功指数和邦德球磨可磨度的测定方法。

二、基本原理

邦德球磨功指数是物料在球磨机内磨至一定细度所耗能量的一种指标。邦德(bond)球磨功指数的大小,反映了该物料球磨的难易程度,是物料球磨可磨性判据之一。根据物料球磨功指数的大小,可以进行球磨机的选择和计算。

邦德球磨机闭路可磨度实验是用来确定物料在球磨机中磨至指定细度的功指数,是一个重要的磨矿工艺参数。它表示物料在球磨机中抵抗磨碎的阻力。邦德球磨机功指数可用下式计算:

$$W_{ib} = 49.04/[P_1^{0.23} \cdot G_{bp}^{0.82} \cdot (\frac{10}{\sqrt{d_{80}}} - \frac{10}{\sqrt{F_{80}}})] \qquad (3-6-1)$$

式中:W_{ib} 为邦德球磨功指数,$kW \cdot h/t$;P_1 为实验筛孔尺寸,μm;G_{bp} 为球磨机每运转一转新产生的实验筛孔以下粒级物料的质量(可磨度),g/r;d_{80} 为筛下产品中80%物料通过的粒度尺寸,μm;F_{80} 为给矿中80%物料通过的粒度尺寸,μm。

按上式计算的球磨功指数值与内径为2.44 m的溢流型球磨机湿式闭路磨矿的球磨功指数相一致。如果工作条件不同,应对按公式(3-6-1)计算的功指数值加以修正。

球磨功指数、球磨可磨度实验适用于磨矿细度为28目(0.600 mm)到400目(0.038 mm)磨矿产品,其中常用实验筛孔为100目(0.15 mm)、150目(0.10 mm)、200目(0.074 mm)和270目(0.053 mm)。

三、仪器设备与材料

1. ϕ305 mm×305 mm 邦德球磨功指数实验机。该球磨机是专门设计和制造的专用设备,磨矿机具有光滑的筒体(无衬板),筒体与端盖连接处有光滑的圆角。磨矿机装有转数计数器,而且能够在完成指定的转数运转后自动停车。磨机以70 r/min速度运转,相当于临界转速的91.3%。球磨机内装有285个钢球,总质量为20.125 kg,计算表面积为0.32 m²。球径尺寸配比组成如下:ϕ36.5 mm 43个、ϕ30.2 mm 67个、ϕ25.4 mm 10个、ϕ19.1 mm 71个、ϕ15.9 mm 94个;

2. 测量容积密度和密度的仪器,破碎设备及筛分设备一套,泰勒标准筛一套,振筛机一台;

3. 粒度为 -3.4 mm 的试样约8 kg,可供12个循环周期的磨矿使用。

如果试样过粗,则必须经过破碎,使其全部达到 -3.4 mm 的粒度。可采用阶段破碎,但应避免破碎得过细而影响实验的准确性。大于50 mm的物料可采用手锤或颚式破碎机进行破碎。小于50 mm的物料可以使用实验室旋回破碎机或小型颚式破碎机破碎到 -12 mm,然后使用实验室对辊式破碎机把试料从 -12 mm 破碎到 -3.4 mm。破碎过程中,为了防止破碎得过细,注意不要将物料填满破碎机的破碎腔。如果实验物料潮湿,需将其烘干。

四、实验步骤

实验采用干式闭路操作,循环负荷为 250% 。原则上要在 10 ~ 12 个周期内完成实验。实验结束时要求球磨机达到稳定,也就是说每转所产生的实验筛孔以下的产量 G_{bp} 在最后 2 ~ 3 个周期达到平衡或者 G_{bp} 出现最大值或最小值,而循环负荷为 250% ± 5% ,在满足这两个条件后,才能结束实验。

1. 根据需要确定实验筛,通常实验筛采用 100 目(0.15 mm)或 150 目(0.10 mm)、200 目(0.074 mm)、270 目(0.053 mm),其中 200 目(0.074 mm)的筛用得最多。

2. 将实验物料在 120℃ 烘干。

3. 取足够的 -6 目试料,测定容积密度 S_v。

4. 取约 50 cm³ 物料研磨至 -0.074 mm,测定物料的密度 S_g。

5. 将物料用堆锥四分法分成 16 等份,从其中取出 1 ~ 2 份作球磨给矿粒度筛分分析,并求出 $F_{80}(\mu m)$。

6. 按式(3 - 6 - 2)取 700 cm³ 物料作为球磨机负荷装入球磨机中。

$$q_0 = 700 \cdot S_v \qquad (3 - 6 - 2)$$

式中: q_0 为球磨机起始负荷。

7. 估计磨机第一次磨矿转数(这里要考虑矿石的性质,一般估计为 100 转),将估计的磨机转数值输入磨机控制器,并启动球磨机。

8. 磨矿结束后,倒出球磨机中物料,用实验筛进行筛分。筛出筛上物料,计算筛下量,保留筛下物料。

9. 将筛上物料补加一部分新矿,重新加到球磨机中当作第二次磨矿的给矿,补加新料的质量应等于筛下量,使球磨机负荷总量不变(粒度组成发生了变化)。

10. 确定第二次磨矿转数。从第二周期开始球磨机的转数可根据前一周期 G_{bp} 计算而预测,其目的在于确定使其循环负荷达到 250% 的可能转数。其计算方法如下:

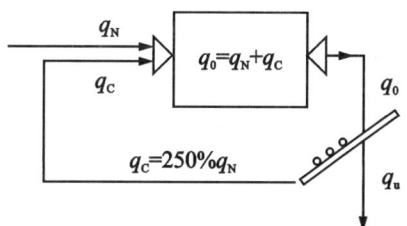

图 3 - 6 - 1　功指数球磨机磨矿示意图

由图 3 - 6 - 1 可知,当磨机运转达到稳定状态(稳态)时

$$q_0 = q_N + q_c = 3.5 q_N \qquad (3 - 6 - 3)$$

$$q_N = \frac{q_0}{3.5} = \frac{700 \cdot S_v}{3.5} \qquad (3 - 6 - 4)$$

$$q_N = q_u \qquad (3-6-5)$$

下一周期球磨机适宜的旋转次数 n_i 为

$$n_i = \frac{\text{预期的 } q_N - q_u \text{ 中所含通过实验筛孔的质量}}{G_{bp}(\text{上一周期测得的})} \qquad (3-6-6)$$

11. 第二次磨矿结束后，同样倒出磨机内物料并进行筛分，计算出筛下产品质量，然后又补加与该质量相同的新给矿和筛上产品一起作为第三次磨矿的给矿，进行第三次磨矿实验。

12. 依次反复进行上述磨矿操作，直至磨机作业的循环负荷稳定在 250% 为止。注意从第三次实验开始应计算循环负荷，一般来说，10 次左右可达到稳态，计算循环负荷的误差应在 ±5% 范围内，即 250% ±5%。

13. 磨矿达到稳态后，求出最后三次的 G_{bp} 平均值，但最后三次 G_{bp} 的最大值和最小值之差不能大于平均值的 3%。G_{bp} 即为矿石的球磨可磨度。

14. 取平衡后最后 2~3 个周期的筛下产品缩分取样进行筛析，求出 P_{80}。

15. 取循环负荷样品进行筛析（将最后周期的筛上产品缩分取样）。

16. 将实验结果填入表 3-6-1 中。

17. 按(3-6-1)式计算球磨功指数。

五、数据处理

将测定数据填入表 3-6-1 中，并计算每一转所生成的实验筛孔以下粒级物料的质量。

表 3-6-1 球磨功指数实验记录表

磨矿次序	球磨机旋转次数/转	磨矿产品中 −0.15 mm 质量/g	给矿中 −0.15 mm 质量/g	磨矿净生成 −0.15 mm 质量/g	每一转所生成 −0.15 mm $G_{bp}/(g \cdot r^{-1})$
1					
2					
3					
4					
⋮					
12					

按(3-6-1)式计算球磨机功指数 W_{ib}。

六、思考题

1. 什么叫邦德球磨功指数和邦德球磨可磨度？这两个参数说明了什么问题？

2. 简述邦德球磨功指数和邦德球磨可磨度的测定方法及其用途。

实验 3 – 7　测定矿石的可磨性并验证磨矿动力学

一、实验目的与要求

1. 通过实际操作学会使用间断挑料的小球磨机磨矿;
2. 根据实验室小球磨机的规格特性,计算该磨机的转速和充填率;
3. 找出磨矿产品细度随磨矿时间增加而增加的规律并对磨矿动力学作初步验证和体会。

二、基本原理

磨机内钢球的运动状态受许多因素的影响,但影响最大的因素是磨机筒体的转速及磨内钢球的充填率。

临界转速就是使钢球发生离心的最小转速或使钢球不产生离心的最大转速。

$$n_c = \frac{30}{\sqrt{r}} = \frac{42.4}{\sqrt{d}} \qquad (3-7-1)$$

式中:$d = 2r$,单位为 m。对贴着衬板的最外一层球来说,因为球径比球磨机内径小得多,可忽略不计。r 可以算是磨机的内半径,d 就是它的内直径。

实际转速 n 与临界转速 n_c 的百分比,称为转速率 ψ,即

$$\psi = \frac{n}{n_c} \times 100\% \qquad (3-7-2)$$

转速率 ψ 通常表示磨机转速的相对高低。

当装入的钢球是有效工作的时候,装球愈多,生产率愈高,功率消耗也愈大,但装球过多,由于转速的限制,靠近磨机中心的那部分球只是蠕动,不能有效工作。通常充填率不超过 50%。

充填率计算公式:

$$\phi = \frac{V_{球}}{V_{磨}} \times 100\% \qquad (3-7-3)$$

式中:ϕ 为充填率,%;$V_{球}$ 为钢球体积,m^3;$V_{球} = m/\delta$;m 为钢球质量,t;δ 为钢球堆密度,t/m^3。

用间断挑料磨矿机做可磨性实验时,可以看到一种现象:开始磨矿的初期,粗粒的含量减少很快,随着磨矿时间的延长,粗粒含量的减少变慢。因此,在最简单的情况下,可以假定磨矿速度(即粗级别质量减少的速度)与该瞬间磨机中未磨好的粗级别质量成正比。根据这个假设可以列出下列关系:

$$\frac{d\gamma}{dt} = -km \qquad (3-7-4)$$

式中:γ 为经过时间 t 后粗级别残留物的产率;t 为磨矿时间;k 为比例系数,决定于磨矿条件,负号“ – ”表示粗级别减少。

用分离变量法求解式(3 – 7 – 4)微分方程式,得到

$$\int \frac{d\gamma}{\gamma} = -k\int dt + C \qquad (3-7-5)$$

$$\ln\gamma = -kt + C \qquad (3-7-6)$$

设 γ_0 为被磨物料中粗级别的原始产率，在磨矿开始时，$t=0$，$\gamma=\gamma_0$，从而 $C=\ln\gamma_0$。将 C 值代入上式得到：

$$\ln\gamma = -kt + \ln\gamma_0$$

或

$$\gamma = \gamma_0 e^{-k\tau} \qquad (3-7-7)$$

这就是磨矿动力学方程式。

实验验证的结果指出，更符合实际的方程式是

$$\gamma = \gamma_0 e^{-kt^m} \qquad 或 \qquad \frac{\gamma_0}{\gamma} = e^{kt^m} \qquad (3-7-8)$$

此方程式不能满足一个边界条件，因为在方程式中，只有 $t=\infty$ 时，粗级别残留物才会等于零。虽然如此，在粗级别残留物为5%到100%的范围内，这个方程式还是适用的。

三、仪器设备与材料

1. 小型不连续球磨机及钢球若干；

2. 盛矿浆用的盆二只，检验筛(0.15 mm即100目)，浓度壶，秒表，托盘天平，洗球用的钢板筛，1000 mL量筒；

3. 粒度为 -3 mm 的矿石。

四、实验步骤

1. 称取四份试料，每份500 g。

2. 用手扳动磨机检查磨机转动是否灵活。

3. 打开磨机盖，若磨机内装有蓄水，必须将蓄水倒净，加料时必须先加钢球后加入一份试料，再加入270 mL水。

4. 盖紧磨机盖，旋紧磨机端螺丝，按规定时间，3 min、6 min、9 min、12 min分别磨矿，在启动磨机的同时，按秒表计时。

5. 磨到规定时间后关闭电源开关，停止磨机，将磨好的矿浆倒入接矿盆，启动磨机，用水冲洗磨筒、磨盖、钢球，注意节约用水而又冲洗干净。

6. 用0.15 mm筛子，湿法筛出大于0.15 mm物料。

7. 将大于0.15 mm物料烘干称重，将质量记录于表格内。小于0.15 mm物料不做处理。

五、数据处理

1. 本实验采用200 mm×160 mm筒型球磨机，磨机转速108 r/min，磨机有效容积0.32 L，磨机电机功率为0.6 kW。

2. 磨机用大小不同的钢球作为磨矿介质，磨机钢球装球率为45%，计算钢球总质量：$m_球 = V_球 \times \delta_球 = 1579.5 \times 4.85 = 8$ kg。8 kg钢球大小质量配比如表3-7-1所列：

表 3 - 7 - 1 8 kg 钢球大小质量配比

钢球直径/mm	-50 ~ +45	-45 ~ +35	-35 ~ +25	-25 ~ +15	-15 ~ +10
钢球质量/kg	1.4	1.8	2.2	1.8	0.8

3. 根据实验数据计算,绘制如下曲线:

(1)在坐标纸上,以磨矿时间为横坐标,以磨矿产品 -0.15 mm 的筛下物百分含量为纵坐标作曲线;

(2)以 $\lg t$ 为横坐标,$\lg(\lg\frac{\gamma_0}{\gamma})$ 为纵坐标,作曲线。

4. 所作曲线若近似为直线,求此直线方程式及参数。

即求 $\gamma = \gamma_0 e^{-kt^m}$ 或 $\frac{\gamma_0}{\gamma} = e^{kt^m}$ 并求式中的 m、K

$$e = 2.718, \quad m = 斜率 = \frac{\lg(\lg\frac{\gamma_0}{\gamma_2}) - \lg(\lg\frac{\gamma_0}{\gamma_1})}{\lg t_2 - \lg t_1} \tag{3-7-9}$$

$$\lg\frac{\gamma_0}{\gamma} = -Kt^m \lg e, \quad K = \frac{\lg\frac{\gamma_0}{\gamma}}{t^m \lg e} = \frac{\ln\frac{\gamma_0}{\gamma}}{t^m} \tag{3-7-10}$$

表 3 - 7 - 2 测定数据记录表

试料名称　　　　　　　　每次试料质量500 g　　　　　磨矿浓度65%

实验次序	磨矿时间 t	磨矿时间 $\lg t$	大于0.15 mm 质量 /g	大于0.15 mm 产率 γ/%	小于0.15 mm 产率 $(100-\gamma)$/%	$\frac{\gamma_0}{\gamma}$	$\lg(\lg\frac{\gamma_0}{\gamma})$
1	3						
2	6						
3	9						
4	12						

γ_0 是被磨物料中粗级别产率 γ_0 大于 0.15 mm -87%。

γ 是经过 t 时间磨矿以后,粗粒级残留物的质量百分率,+0.15 mm 物料为粗级别物料。

六、思考题

1. 8 kg 钢球大小质量配比是如何给出的?

2. 参数 m 与 K 与哪些因素有关?

第4章 物理分选实验

物理分选是采用物理方法对具有不同物理性质的固体物料进行分选的过程。它主要包括依据矿物密度差异而进行分离的重力分选、依据矿物比磁化率差异而进行分离的磁场分选、依据矿物电导率差异而进行分离的电场分选等。物理分选过程包括选别前物料的准备、分选作业和产品处理。

本章主要介绍跳汰机的使用及跳汰冲程对选别效果的影响；摇床的使用以及不同比重和粒度的矿粒在摇床上的分布规律；湿式磁选管、干式电磁分选仪、高梯度磁选机以及电选机的使用及其特点。

实验 4-1 跳汰机冲程对跳汰机分选指标的影响

一、实验目的与要求

1. 通过本实验学会跳汰机的使用与操作；
2. 考查跳汰冲程对选别效果的影响。

二、基本原理

跳汰分选是在垂直交变水流中使轻、重物料分层分选的方法。冲程、冲次关系到床层的松散度和松散方式。它们的调节直接影响到作业指标的好坏。

跳汰机是一个盛满水的水箱，被分隔成跳汰室和鼓动室两个相互连通的部分。鼓动室位于跳汰室的一侧或下方，通过往复运动的活塞或橡皮隔膜，使水在跳汰室及鼓动室之间往复运动。分选煤炭与矿石时，跳汰机跳汰室的面积达 10 m² 或更大，机械传动有困难，敞口跳汰室上部为长方形，下部为角锥形。矿石和水从一侧给入，尾矿从另一侧流出，精矿从筛板上设置的排矿口排出。矿石在筛板上堆积成物料层，受到上升和下降的水流交替作用。水流上升时，物料松散，密度大的落后于密度小的；水流下降时，物料紧密、密度小的落后于密度大的。多次反复，物料就会按密度分层。大密度者位于下层，小密度者位于上层。

本实验采用批量操作，跳汰机一次性加料，启动后不排料。

三、仪器设备与材料

1. 实验型 50 mm × 50 mm 隔膜跳汰机；
2. 磁铁矿和石英，粒度为 -2 ~ +0.5 mm；
3. 天平，实验盆，永久磁铁，米尺，起子，量筒，秒表，水桶及扳手。

四、实验步骤

1. 取四份试样,其中每份石英 200 g,磁铁矿 80 g,混合均匀,一份作预备实验,三份作正式实验。

2. 调节跳汰机冲程至 4 mm,给跳汰机水箱充满水,待空气排出后测定水量。将一份试样倒入跳汰室内。

3. 开动跳汰机一分钟后停机,把筛网卸下来,并旋转 180°,令筛网向上。拿走筛网,用专用顶板,挤出物料层;截取 10 mm 厚的一层。

4. 将精矿和尾矿分别烘干、称重,记录表中。用永久磁铁将精矿和尾矿中的磁铁矿及石英分离,并分别称重,记录表中。

5. 分别调节跳汰机冲程至 8 mm、12 mm,在每个冲程条件下依上述步骤重复进行实验。实验者也可以在冲程范围 2 ~ 14 mm 的条件下任意选择三个或四个冲程进行实验。

五、数据处理

1. 按下表要求将实验结果填入表内。
2. 作跳汰冲程与跳汰选别指标的关系曲线(以冲程为横坐标,精矿产率、品位及回收率分别为纵坐标)。

表 4 – 1 – 1　跳汰机实验结果记录表

编号	冲次 /(r·min^{-1})	冲程 /mm	产品名称	质量 /g	质量百分数/%	产品中纯磁铁矿产率/%	产品中纯磁铁矿质量/g	磁铁矿计算品位*/%	回收率 /%
1			精矿						
			尾矿						
			原矿						
2			精矿						
			尾矿						
			原矿						
3			精矿						
			尾矿						
			原矿						

注: *产品中纯磁铁矿的百分数(小数表示)×72.41% = 产品的品位。

六、思考题

1. 哪些因素影响跳汰分选指标?

实验 4 – 2　摇床分选实验

一、实验目的与要求

1. 熟悉实验摇床的构造和操作；
2. 考察不同比重和粒度的矿粒在摇床上的分布规律。

二、基本原理

摇床是分选细粒物料时应用最广的一种重力选矿法。摇床具有两个特征，一是沿床面的纵向设置了床条或刻槽，二是床面作往复不对称运动。摇床主要由床面、机架和传动机构三部分组成。床面近似呈矩形或菱形，横向有明显倾斜。在倾斜上方布置有给矿槽和给水槽。床面上沿纵向布置有床条。

矿粒群在床面的条沟内因受水流冲洗和床面往复振运而被松散、分层。分层后的上下层矿粒受到不同大小的水流动压力和床面摩擦力作用而沿不同方向运动，上层轻矿物颗粒受到更大程度的水力冲洗，较快地沿床面的横向倾斜向下运动，于是这一侧即被称作尾矿侧，位于床层底部的重矿物颗粒直接受床面的磨擦力和差动运动而推向传动端的对面，该处即称作精矿端。沟槽并非全部布满床面，而是逐渐尖灭，在精矿端，床面变为平板。矿物在床面上的分布如图 4 – 2 – 1 所示。

三、仪器设备与材料

1. 实验型 1100 mm × 500 mm 摇床，结构如图 4 – 2 – 2 所示；
2. 倾斜仪，天平，米尺，内卡，秒表，永久磁铁，瓷盘，量筒，水桶，分样铲，毛刷等；
3. 磁铁矿和石英混合物料，粒度均为 – 1 mm，其中磁铁矿占 25%，石英占 75%。

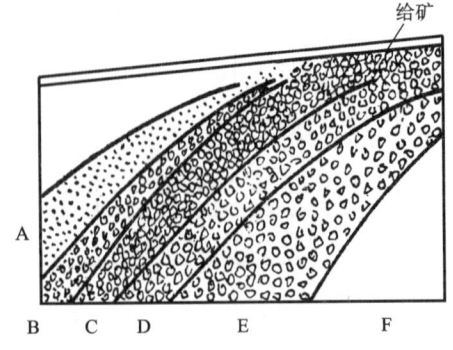

图 4 – 2 – 1　颗粒在床面上的扇形分带示意图

A—高密度产物；B，C，D—中间产物；
E—低密度产物；F—溢流和细泥

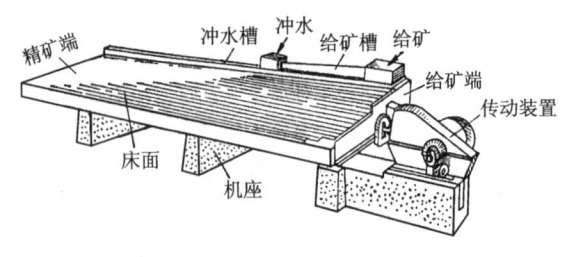

图 4 – 2 – 2　平面摇床外形图

四、实验步骤

1. 称取矿样两份，每份 1 kg，分别用水润湿调匀。

2. 开动摇床，并在面上调好调浆水和冲洗水，取一份试样在 4 min 内均匀给入，同时调好床面坡度，以矿粒在床面呈扇形分带为宜，记下此时的水量及坡度，然后清洗干净床面及接矿槽。

3. 固定以上条件，将另一份试样按以上步骤进行正式选别实验。

4. 将选出的精、中、尾三个产品分别烘干称重，然后每个产品分别缩分出 100 g 样品作计算品位用。

5. 缩分出的三个样品分别用磁铁析出磁铁矿，将磁铁矿和石英分别称重，计算产品品位。

五、数据处理

$$\gamma_{精} = \frac{m_{精}}{m_{精} + m_{尾}} \times 100\% \qquad (4-2-1)$$

$$\gamma_{尾} = \frac{m_{尾}}{m_{精} + m_{尾}} \times 100\% \qquad (4-2-2)$$

$$\varepsilon_{精} = \frac{\gamma_{精} \cdot \beta_{精}}{\gamma_{精} \cdot \beta_{精} + \gamma_{中} \cdot \beta_{中} + \gamma_{尾} \cdot \beta_{尾}} \times 100\% \qquad (4-2-3)$$

$$\varepsilon_{中} = \frac{\gamma_{中} \cdot \beta_{中}}{\gamma_{精} \cdot \beta_{精} + \gamma_{中} \cdot \beta_{中} + \gamma_{尾} \cdot \beta_{尾}} \times 100\% \qquad (4-2-4)$$

$$\varepsilon_{尾} = \frac{\gamma_{尾} \cdot \beta_{尾}}{\gamma_{精} \cdot \beta_{精} + \gamma_{中} \cdot \beta_{中} + \gamma_{尾} \cdot \beta_{尾}} \times 100\% \qquad (4-2-5)$$

式中：r 为产品产率，%；β 为产品品位，%；ε 为产品回收率，%。

按下表要求进行计算，并将结果填入表 4-2-1。

表 4-2-1 选矿综合技术指标表

产品名称	质量/g	产率 γ/%	产品中纯磁铁矿质量/g	磁铁矿计算品位 β^*/%	回收率 ε/%
精矿					
中矿					
尾矿					
原矿					

注：* 产品中纯磁铁矿的质量百分数（小数表示）×72.41% = 产品的品位。

六、思考题

1. 哪些因素影响摇床分选指标？

实验 4 – 3 磁场强度的测定

一、实验目的与要求

1. 了解和掌握磁场强度的测定方法;
2. 掌握特斯拉计的使用方法;
3. 学会绘制筒式磁选机磁场特性图。

二、基本原理

(1)磁选机的磁场特性

磁选机的磁场特性是指磁系所产生的磁场强度及其分布规律,其磁场特性,对其选别指标有很大的影响。磁选机分选区的磁场特性是由磁选机的磁系结构和磁性材料共同决定的。筒式磁选机主要由圆筒、磁系和箱底(槽体)三个主要部分组成。磁系分为三极永磁磁系,也有四极或多极的。磁极的极性沿圆筒旋转方向交替排列,工作时固定不动。在分选区域内,磁场强度随着距磁极表面的增加而减小。在圆筒表面,磁极边缘处的磁场强度高于磁极面中心和极间隙中心处的磁场强度;距离圆筒表面50 mm以后,除最外边两点外,其余各点磁场强度相近。由于各生产厂家所生产的磁选机的磁系结构和磁性材料的材质不相同,加之在磁选机使用过程中磁系会发生退磁现象,因此需要适时测量磁选机的磁场分布特性。

(2)特斯拉计的测量原理

特斯拉计是应用霍尔效应原理制成的,霍尔效应原理见图4 – 3 – 1。

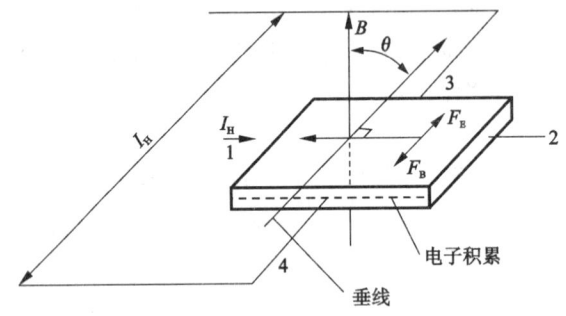

图4 – 3 – 1 特斯拉计的霍尔效应原理图

霍尔效应原理:在一块半导体单晶薄片的纵向二端(图4 – 3 – 1中的1、2)通以电流I_H,此时半导体中的电子沿着和I_H相反方向运动。当放入垂直于半导体平面的磁场B中,则电子会受到磁场力F_B的作用而发生偏转(即所谓的劳仑兹力),使在薄片的一个横端面上产生了电子积累,造成二横端面(图4 – 3 – 1中的3,4)之间建立了电场,即产生了电场力F_E,而起到阻止电子偏转的作用。当磁场力F_B = 电场力F_E时,电子的积累达到动态平衡,就产生了一个稳定的霍尔电势V_H,这一现象称之为霍尔效应。其基本关系式为:

$$V_H = K_H I_H B \cos\theta \qquad (4 – 3 – 1)$$

式中：I_H 为工作电流；B 为磁通密度；K_H 为元件灵敏度（与形状系数、厚度 d 和霍尔常数 R_H 有关）；V_H 为霍尔电势；θ 为磁场方向和半导体平面的法线的夹角。

由上式可知，当半导体材料的几何尺寸选定，工作电流 I_H 给定，此时霍尔电势 V_H 将与被测磁场 B 成正比。霍尔元件与磁场的位置固定，当 $\theta = 0°$ 时（即磁场方向与霍尔元件平面垂直时输出最大）此时 V_H 正比于 B。测量时，使特斯拉计的霍尔感应元件与磁选设备磁力方向垂直，这时特斯拉计上的读数即为所测点的磁场强度。

三、实验仪器设备与材料

1. 数字式特斯拉计一台（图 4 - 3 - 2）；铁钉数个，测试架；
2. 永磁筒式磁选机。

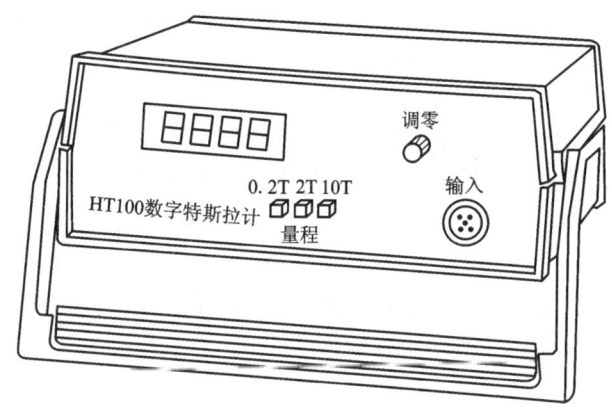

图 4 - 3 - 2　特斯拉计示意图

四、实验步骤

1. 先将圆筒（及磁系）支起，高度以便于测量为适宜，此时磁系垂直向下。
2. 由于在圆筒外看不到磁极，测点位置定不准，此时采用铁钉找点，沿圆筒轴向选某一断面，并沿断面画曲线。
3. 接着用一个铁钉分别沿圆筒表面所画曲线的一端向另一端移动，当移到某一点时，铁钉能直立于筒面的地方即是磁极中心（或极隙中心）；如果铁钉正切于筒体表面，则该点就是磁极间隙中间的位置，找到准确位置后做上标记。
4. 在断面上要测出圆筒表面若干关键点的磁场强度，一般每个磁极的边缘和中间共 3 个点（磁系边缘 2 点不测），极隙中间 1 个点，如果极数为 n，则测点数 $N = 3n - 2(n-1) = 4n - 3$。如 3 极磁系为 9 个点，4 极磁系为 13 个点，见图 4 - 3 - 3；同时要对各关键点上方距筒面 10 cm、20 cm、30 cm、40 cm、50 cm 处的磁场强度进行测量。
5. 调试特斯拉计进行测量，其步骤为：
   (1) 接通电源，将仪器后面板上的电源开关至"ON"，数字电压表 LED 显示测量的数据；
   (2) 将霍尔传感器插入仪器前面板信号输入处，并旋紧。注意：将插头内的凹槽同插座内的凸起要配合才能将插座连接；

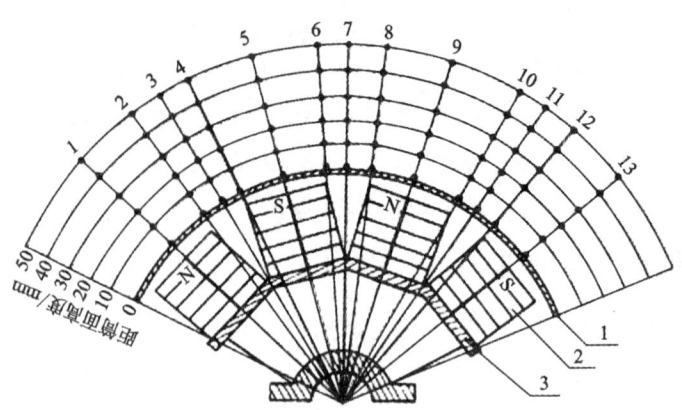

图4-3-3 永磁筒式磁选机磁场强度测量的测点位置示意图
1—鼓筒;2—磁极;3—磁导板

（3）将传感器远离磁场后按下量程选择按钮至所需要的挡位，数字显示值应为000，如不为零，则调节面板上的调零电位器，使电压表LED显示为000；

（4）将霍尔传感器的有效工作面垂直且紧密接触被测材料表面进行测量，LED数字显示即为被测材料表面磁场的大小。

6.圆筒表面所测各点的磁场强度平均值代表圆筒表面的磁场强度，同理，距筒面一定高度各点的磁场强度平均值代表该弧面的磁场强度。

五、数据处理

表4-3-1 永磁筒式磁选机磁场强度分布测定结果

测量点与筒体表面距离/mm	测量点的磁场强度/$(kA \cdot m^{-1})$													平均磁场强度/$(kA \cdot m^{-1})$
	1	2	3	4	5	6	7	8	9	10	11	12	13	
0														
10														
20														
30														
40														
50														

六、思考题

1.根据实验结果，简述筒式磁选机的磁系、磁场分布规律。

2.磁系结构及磁场特性是如何影响磁选机性能的?

实验 4 – 4　湿式磁选管分选实验

一、实验目的与要求

1. 确定矿石中磁性矿物的磁性大小及其含量。
2. 了解和掌握磁选管分选的实验技术。

二、基本原理

磁选管又名湿式弱磁场磁力分析仪，可用于分析试样中强磁性成分的含量。磁选管的构造如图 4 – 4 – 1 所示，主要由磁系与玻璃管构成。

混合物料进入磁选管后，因磁选管置于不均匀磁场中，物料受磁力和重力、水介质曳力的作用，磁性较强的矿粒所受的磁力大于与磁力方向相反的机械力的合力，因而被吸引到管壁内侧的两边，非磁性矿粒不受磁力的作用，随磁选管转动和介质一并流入非磁性产品中，成为尾矿，待矿物分选完毕后，切断电源，磁场消失。将管壁内侧的磁性矿物用水冲干净，即为精矿。

三、仪器设备与材料

1. 磁选管(见图 4 – 4 – 1)；
2. 药物天平，塑料桶，烧杯，毛刷，牛角勺，永久磁块及白纸；
3. 磁铁矿粉(– 0.074 mm)和石英矿粉(– 0.1 mm)。

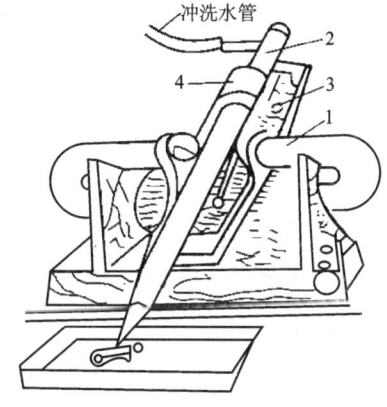

图 4 – 4 – 1　磁选管示意图
1—电磁铁；2—玻璃管；
3—非磁性材料金属架；4—玻璃管的夹头

四、实验步骤

1. 称样：称取磁铁矿粉及石英矿粉各 10 g 混匀，为一份样，共准备好四份相同试样。
2. 打开水笼头，往恒压水箱内注水，并保持恒压水箱内的水压恒定。
3. 将恒压水箱的水注入磁选管内，使磁选管内的水面保持在磁极位置以上 4 cm 处，并保持磁选管内进水量和出水量平衡。
4. 接通电源，并启动磁选管电动机。
5. 启动激磁电源开关，调节激磁电流至一定值，并在排矿端放好接矿容器。
6. 给矿：取一份试样倒入烧杯中，先用水润湿后再稀释至 100 ~ 150 mL(容积)，然后用玻璃棒边搅拌边给矿，给矿应均匀给入，要注意避免矿浆从磁选管上部溢出。
7. 给矿完毕后，继续给水，直至磁选管内的水变清为止，然后先切断磁选管转动机构的电源，然后切断进水，使管内水流尽，排出物即为非磁性产品。
8. 将排矿端容器移开，换上另一个容器，然后切断激磁电源，并用水冲洗干净管壁内的磁性产品。

9. 按以上步骤，分别调节场强为 0.08 T，0.09 T，0.1 T，0.11 T，做四次分选实验。

10. 将非磁性产品分别处理——过滤，烘干，称重，得出两产品中各自的磁性物和非磁性物，称重，将结果填入记录表中。

五、数据处理

1. 按下列各式分别计算各产品的产率、品位和回收率：

$$\gamma_{精} = \frac{m_{精}}{m_{精} + m_{尾}} \times 100\% \tag{4-4-1}$$

$$\gamma_{尾} = \frac{m_{尾}}{m_{精} + m_{尾}} \times 100\% \tag{4-4-2}$$

$$\beta_{精} = \frac{精矿中纯磁铁矿质量 \times 72.41}{m_{精}}\% \tag{4-4-3}$$

$$\beta_{尾} = \frac{尾矿中纯磁铁矿质量 \times 72.41}{m_{尾}}\% \tag{4-4-4}$$

$$\varepsilon_{精} = \frac{\gamma_{精} \cdot \beta_{精}}{\gamma_{精} \cdot \beta_{精} + \gamma_{尾} \cdot \beta_{尾}} \times 100\% \tag{4-4-5}$$

$$\varepsilon_{尾} = \frac{\gamma_{尾} \cdot \beta_{尾}}{\gamma_{精} \cdot \beta_{精} + \gamma_{尾} \cdot \beta_{尾}} \times 100\% \tag{4-4-6}$$

式中：r 为产品产率，%；β 为产品品位，%；ε 为产品回收率，%。

2. 绘制场强对品位和回收率的关系曲线，并分析曲线的准确性。

表 4-4-1 实验结果记录表

实验场强 /T	产品名称	产品中纯磁铁矿质量/g	γ 产率 /%	β 品位 /%	相对金属量 $\gamma \cdot \beta$	ε 回收率 /%
0.08	精矿 尾矿 原矿					
0.09	精矿 尾矿 原矿					
0.10	精矿 尾矿 原矿					

六、思考题

1. 为什么分选物料和水流速度相同，仅磁场强度不同，分选效果就不同？

2. 通过此次实验，你认为直接影响磁选管分选效果的主要因素有哪些？

实验 4 - 5　高梯度磁选机分选实验

一、实验目的与要求

1. 通过本实验，掌握高梯度磁选机的基本原理和操作技能；
2. 了解背景场强对产品回收率的影响。

二、基本原理

高梯度磁选机的主要特点是将铁磁性细丝置于均匀磁场中磁化到饱和时，可产生 10^5 T/m 数量级的高磁场梯度，但磁力作用范围小，因而适用于捕收细粒顺磁性颗粒。实验料浆从上部给入磁场区内的分选盒，分选盒内导磁不锈钢毛或钢板网附近磁场梯度极高，非磁性矿粒随料浆流过磁介质的缝隙排出，捕集在介质上的弱磁性矿物的细微颗粒在断磁后排出，从而使磁性和非磁性矿粒分离。

三、仪器设备与材料

1. 电磁感应小型高梯度磁选机、整流器；
2. 分选盒，不锈钢毛(或钢板网)、天平、烧杯、实验盆、牛角勺、毛刷；
3. 高岭土矿浆(旋流器溢流产品)，分散剂(六偏磷酸钠，浓度为 0.1%)。

四、实验步骤

1. 称取高岭土矿浆 24 g 为一份样(浓度为 43%)，共准备 4 份试样。
2. 分选盒按 4% 的充填率装置钢毛，然后将分选盒置于磁场中，按要求测定流过分选盒水的流速。
3. 每份试样均按 5% 的浓度配制成矿浆(从配制 5% 浓度所需洁净水中留下 100 mL 水用作冲洗烧杯用)，每份样加入浓度为 0.1% 的分散剂 8 mL，先用磁力搅拌器搅拌 3 min，然后将矿浆倒入调浆筒内，用留下的 100 mL 水洗净烧杯，再启动电动搅拌器，搅拌 3 min，使矿浆得到充分的分散。
4. 接通电源，调节激磁电流至一定值，排矿端备好盛接非磁性产品容器。
5. 以一定速度给矿，待给矿完毕后，用 500 mL 水按同样速度冲洗分选盒，然后将非磁性产品容器移开，换上磁性产品容器后，切断直流电源，用 500 mL 水冲洗干净磁性产品。
6. 将磁性产品和非磁性产品分别过滤、烘干、称重并装袋，化验样品中全铁品位。
7. 按以上步骤，分别在场强 0.8 T，0.9 T，1.0 T，1.1 T，作 4 次分选实验。

五、数据处理

1. 按表 4 - 5 - 1 要求项目将实验结果进行计算并填入记录表内。
2. 作场强与磁性产品回收率的关系曲线(场强为横坐标，磁性产品回收率为纵坐标)并进行分析。

表 4-5-1　实验结果记录表

实验序号	实验场强/T	产品名称	产品质量/g	γ 产率/%	β 品位/%	γ·β	ε 回收率/%	其他条件
1	0.8	精矿 尾矿 原矿						
2	0.9	精矿 尾矿 原矿						λ：4% C：5% V：1 cm/s D：2 kg/t
3	1.0	精矿 尾矿 原矿						
4	1.1	精矿 尾矿 原矿						

注：λ—钢毛充填率；C—矿浆浓度；V—矿浆流速；D—分散剂用量

六、思考题

1. 什么叫背景场强？

2. 钢毛附近为什么会产生高梯度磁场？

附注：

1. 分选盒钢毛(或钢板网)充填率和质量计算公式如下：

$$\phi = \frac{V_m}{V_n} = m \times \delta^{-1} \times V_B^{-1}$$

$$m = \phi \times V_B \times \delta$$

式中：ϕ 为钢毛(或钢板网)充填率；m 为钢毛(或钢板网)质量，g；V_B 为分选盒体积，cm^3；V_m 为钢毛的体积，cm^3；δ 为钢毛的密度，7.8 g/cm^3；

2. 分选盒矿浆计算公式如下：

$$v = Q \times S^{-1} \times t^{-1}$$

$$Q = v \times S \times t$$

式中：v 为流速，cm/s；S 为分选盒横截面积，cm^2；t 为时间，s；Q 为流量，mL。

实验 4 – 6　干式强磁选机分选实验

一、实验目的与要求

1. 掌握干式强磁选机操作技能；
2. 了解和掌握弱磁性矿物干式磁选的方法。

二、基本原理

强磁选机用于分选弱磁性有用成分，如各种弱磁性铁矿、锰矿、黑钨矿等。强磁选机多采用电磁磁系。125 – C3 型感应辊式强磁选机由振动给矿槽、电磁铁芯、磁极头、分选辊、精矿箱及尾矿箱等构成。磁系由 C 形电磁铁芯和一个感应辊组成。感应辊外形为齿状，上磁辊为圆弧形，下铁芯为平面。在感应辊上下方产生不均匀的磁场。选择下方的磁场为分选区（通称下部给矿）。为安装线圈方便，将铁芯分为三段。铁芯和感应辊均用电工纯铁制成，最大场强可达 1.0 T。矿样给入分选区后，磁性矿粒在磁力作用下被吸到辊上，随分选辊转动，当离开强磁场区时，在重力作用下，脱离辊进入精矿箱，非磁性矿粒不受磁力作用而进入尾矿箱。

三、仪器设备与材料

1. 125 – C3 型感应辊式强磁选机；
2. 药物天平，瓷碗，毛刷，牛角勺，矿样筛及白纸；
3. 黑钨矿，粒度为 – 0.074 ~ + 0.038 mm；石英粉，粒度为 – 0.208 ~ + 0.175 mm。

四、实验步骤

1. 称样：称取黑钨矿及石英粉各 100 g 混匀，为一份样，共准备好四份相同试样。
2. 合上磁选机的开关，作预先调试，调整给矿机振幅，使矿粒呈单层通过分选区。放置好接料容器。再将激磁电流调至所需的电流值，将准备好的矿样缓慢倒入给矿槽，进行选别。
3. 选别完毕后，切断激磁电源，分别将磁性产品和非磁性产品用毛刷刷下，分别称重，然后用 0.105 mm 的筛子对两种产品进行筛分，得出两种产品中的磁性物和非磁性物，并称重。
4. 按以上步骤，分别在场强 0.3 T，0.6 T，0.8 T，0.9 T 条件下进行实验。

五、数据处理

1. 按下列各式分别计算各产品的产率、品位和回收率

$$\gamma_{精} = \frac{m_{精}}{m_{精} + m_{尾}} \times 100\% \tag{4 – 6 – 1}$$

$$\gamma_{尾} = \frac{m_{尾}}{m_{精} + m_{尾}} \times 100\% \tag{4 – 6 – 2}$$

$$\beta_{精} = \frac{精矿中黑钨矿质量 \times 76.35}{m_{精}}\% \qquad (4-6-3)$$

$$\beta_{尾} = \frac{尾矿中黑钨矿质量 \times 76.35}{m_{尾}}\% \qquad (4-6-4)$$

$$\varepsilon_{精} = \frac{\gamma_{精} \cdot \beta_{精}}{\gamma_{精} \cdot \beta_{精} + \gamma_{尾} \cdot \beta_{尾}} \times 100\% \qquad (4-6-5)$$

$$\varepsilon_{尾} = \frac{\gamma_{尾} \cdot \beta_{尾}}{\gamma_{精} \cdot \beta_{精} + \gamma_{尾} \cdot \beta_{尾}} \times 100\% \qquad (4-6-6)$$

式中：r 为产品产率，%；β 为产品品位，%；ε 为产品回收率，%。

2. 绘制场强对品位和回收率的关系曲线，并分析曲线的准确性。

表4-6-1　实验结果记录表

实验次数	电流/A	实验场强/T	产品名称	产品中磁性矿物质量/g	γ 产率/%	β 品位/%	相对金属量 γ·β	ε 回收率/%
1	0.4	0.3	精矿					
			尾矿					
			原矿					
2	1.1	0.6	精矿					
			尾矿					
			原矿					
3	2.9	0.8	精矿					
			尾矿					
			原矿					
4	4.6	0.9	精矿					
			尾矿					
			原矿					

六、思考题

干式强磁选机分选时，哪些因素会影响分选结果？

实验 4 – 7 弱磁性铁矿石的磁化焙烧 – 磁选实验

一、实验目的与要求

1. 掌握在实验室进行小型还原焙烧实验的方法；
2. 了解弱磁性铁矿石还原焙烧的过程和条件；
3. 了解还原温度、还原时间等因素对矿石还原过程的影响。

二、基本原理

磁化焙烧用于增加弱磁性矿物(赤铁矿、褐铁矿和菱铁矿等)的磁性，按照其化学反应的不同分为还原焙烧、中性焙烧和氧化焙烧。还原焙烧是将弱磁性的赤铁矿(α – Fe_2O_3)和含水的氧化铁矿($Fe_2O_3 \cdot nH_2O$)等加热到适当温度(一般约570℃)时，与还原剂反应生成强磁性氧化铁(Fe_3O_4 或 γ – Fe_2O_3)的焙烧过程。还原焙烧过程可分为三个主要阶段：

1. 加热阶段。矿石以一定的温升速度，被加热到还原反应所需要的温度(一般为570℃)。该阶段兼有矿石脱水的作用，一般当温度超过100℃时，矿石中的游离水很快蒸发，而当温度超过200℃时，开始脱除结晶水。

2. 还原阶段。对还原阶段的要求有三个：一是要求 Fe_2O_3 充分转变为 Fe_3O_4；二是要求还原反应速度要高，避免"还原不足"和"过还原"；三是要充分利用还原剂。

常用的还原剂是 H_2、CO、C，它们与 Fe_2O_3 的反应为

$$3Fe_2O_3 + C \Longrightarrow 2Fe_3O_4 + CO \uparrow \tag{4 – 7 – 1}$$

$$3Fe_2O_3 + CO \Longrightarrow 2Fe_3O_4 + CO_2 \uparrow \tag{4 – 7 – 2}$$

$$3Fe_2O_3 + H_2 \Longrightarrow 2Fe_3O_4 + H_2O \tag{4 – 7 – 3}$$

高价氧化铁(Fe_2O_3)与还原剂发生还原反应时，将依次转变为：$Fe_3O_4 \rightarrow FeO \rightarrow Fe$，决定这一过程的主要条件是还原温度、还原时间和还原剂，三者互相制约。

3. 冷却阶段。当矿石被充分还原以后，常常需要在中性气氛中冷却到常温。当冷却到400℃以下时，矿石与空气接触，矿石可氧化成 γ – Fe_2O_3；如果在400℃以上接触空气，已还原成的 Fe_3O_4 则又按下式反应生成氧化产物：

$$4Fe_3O_4 + O_2 \longrightarrow 6\alpha – Fe_2O_3 \tag{4 – 7 – 4}$$

物料经过磁化焙烧，目的矿物由弱磁性变成了强磁性，这样就可以利用经济有效的弱磁场磁选的方法对物料进行分选。

三、仪器设备与材料

1. 具有温度自动控制系统的管状焙烧炉，磁选管；
2. 气体流量计，高温表，热电偶，调压器，秒表，煤气灯，样品盆和取样用具，天平，ϕ20 mm瓷管，小号瓷舟两个，厚壁玻璃短管数根；
3. 煤气或天然气足量(亦可采用煤炭或焦炭作还原剂)，粒度为 – 0.15 mm 的赤铁矿石200 g。

四、实验步骤

1. 依选定的矿石类型和粒度大小，自定焙烧温度、焙烧时间和还原剂的用量。

2. 实验前将炉温预热到500℃左右。

3. 称取一定量的试样（20 g）均匀地装入瓷舟中，保持料层厚度一致，放入焙烧管的中央处。

4. 将ϕ20 mm瓷管推入管状炉膛，然后推入瓷舟至中央位置。在两端塞紧带玻璃管的橡皮塞，检查热电偶插入处和玻璃管插入处的密封性。磁管的一端与煤气源相连，另一端与煤气灯和温度控制器相连，如图4-7-1所示。

5. 利用调压器将试样所在位置的炉膛温度升至570℃左右。先通入N_2（或CO_2）赶走瓷管内空气，用带余烬的火柴杆测试排气口排出的气体，确认没有氧气之后打开煤气开关，按需要的流量通入煤气，并且开始记录还原时间（还原反应进行时要保持炉内恒温）。

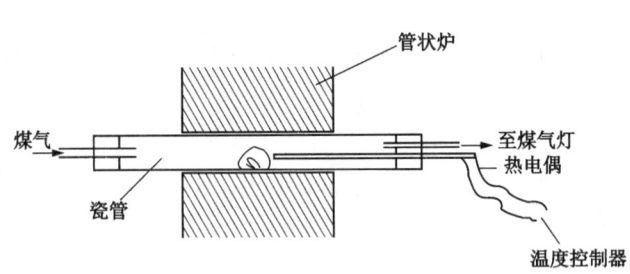

图4-7-1 还原焙烧实验示意图

6. 矿石还原时，多余煤气可用煤气灯烧掉。

7. 当还原进行到需要的时间时，关闭煤气开关，取出瓷舟，在不接触空气的情况下冷却，冷却到400℃以下后，可把试样从瓷舟中倒出，冷却至常温后用磁选管进行分选实验。

五、数据处理

将实验结果记入表4-7-1中，并对实验结果进行分析，分析所选实验条件是否适宜，如指标不理想，分析其原因，再调整实验条件，再进行重复实验。

表4-7-1 磁化焙烧实验结果

结果 条件	产率/%			品位/%			金属回收率/%			备注
	原矿	精矿	尾矿	原矿	精矿	尾矿	原矿	精矿	尾矿	
焙烧温度/℃ 焙烧时间/min										
焙烧温度/℃ 焙烧时间/min										

六、思考题

1. 弱磁性铁矿物磁化焙烧过程中会发生哪些化学变化？

2. 进行还原焙烧磁选实验时要进行哪些条件实验？

实验 4-8 矿粒的沉降实验

一、实验目的与要求

1. 掌握悬浮液沉降实验的原理;

2. 通过测定一定浓度的矿浆在不同时间的沉降高度,绘制沉降曲线,并能够用沉降曲线分析沉降过程。

二、基本原理

将悬浮液在加塞的玻璃量筒内摇匀,静置后会出现如图4-8-1所示的现象。若悬浮液中分散颗粒的尺寸不太悬殊,则筒内会迅速出现四个区。A 区为清液区,其中已无固体颗粒;B 区为沉降区(或等浓度区),整个等浓度区的浓度是均匀的,等于原矿浆减去因离析而沉降的粗粒以后的浓度;C 区为过渡区(或变浓度区),该区内愈往下颗粒愈大,浓度也愈高;D 区为压缩区,该区内固相浓度最大,由最先沉降下来的大颗粒和随后陆续沉降下来的小颗粒构成。通常,A、B 区之间的界面非常清晰,称为浑浊面,它的下沉速度代表了颗粒的平均沉降速度。其他界面则往往难以辨认。

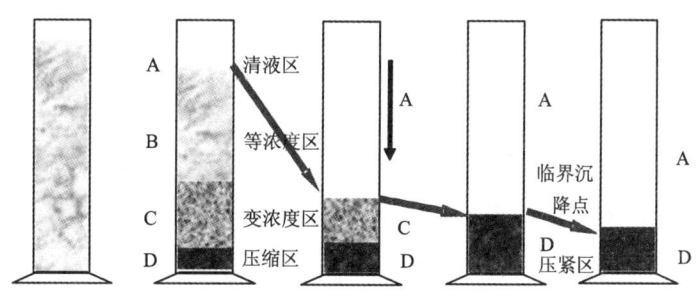

图 4-8-1 悬浮液的沉降过程

随着沉降过程的进行,A、D 两区逐渐扩大,B 区逐渐缩小以至消失。在沉降开始后的一段时间内,A、B 两区之间的界面等速向下移动,直至 B 区消失,与 C 区上界面重合为止。此阶段中 A、B 界面向下移动的速度即为该悬浮液中颗粒相对于容器壁的表观沉降速度。等浓度区 B 消失以后,A、C 界面以逐渐变小的速度下降,直至 C 区消失,此时,A 区与 D 区之间形成清晰的界面,即达到"临界沉降点"。此后便属于沉聚区的压紧过程,故 D 区又称为压紧区。压紧过程所需的时间往往占绝大部分。

三、仪器设备与材料

1. 磁力搅拌器,调速范围 250 ~ 1000 r/min;

2. 1000 mL 带塞圆柱形量筒, 100 mL 烧杯, 100 mL 容量瓶, 10 mL 移液管, 秒表, 玻璃(或塑料)搅拌棒;

3. 粒度 -0.074 mm 的石英。

四、实验步骤

1. 用普通坐标纸制成纸带，粘贴于 1000 mL 量筒外壁上，以 0 刻度为起点，置于量筒底部，单位为 mm，方向向上建立纵坐标系。

2. 称取一定量(按配制的悬浮液浓度)三份试样分别倒入 1000 mL 量筒中，注入少量清水进行润湿，搅拌，直至试样全部润湿并分散在水中为止，继续补加水量至 1000 mL。

3. 搅拌至试样充分分散，静置 5 s，开启秒表，记录悬浮液沉降情况，以清液区和等浓度区的界面高度(H)为考察对象。

4. 开始时沉降速度较快，每隔 5 s 记录一次浑浊面高度(h)，随着沉降速度变慢，记录时间间隔可以增大，最后一次读数大约是在实验开始后的 40 min 左右，具体的实验时间以压紧区沉淀物的体积不发生明显变化时为止。

5. 在记录沉降时间时，应由一人读沉降高度，一人读时间，另一人负责记录数据。

五、数据处理

1. 将实验数据填入下表中。

表 4 - 8 - 1 悬浮液沉降实验结果

悬浮液浓度	记录的点序号	时间/s	浑浊面高度/mm
5%	1		
	2		
	3		
	⋮		
	n		
	表观沉降速度/(mm·s^{-1})		
10%	1		
	2		
	3		
	⋮		
	n		
	表观沉降速度/(mm·s^{-1})		
15%	1		
	2		
	3		
	⋮		
	n		
	表观沉降速度/(mm·s^{-1})		

2.以清液区与等速沉降区的界面(浑浊面)高度(h)为纵坐标,达到相应沉降高度的时间(t)为横坐标绘制 $h-t$ 沉降曲线。

六、思考题

1.矿物颗粒沉降速度与哪些因素有关?

实验 4 – 9 干涉沉降实验

一、实验目的与要求

1. 掌握均匀粒群干涉沉降系数 n 的测定方法；
2. 观察干涉沉降中颗粒的沉降行为，加深对干涉沉降过程的认识和理解。

二、基本原理

颗粒在悬浮粒群中的沉降称为干涉沉降。此时颗粒的沉降速度除了受自由沉降时的影响因素支配外，还增加了以下一些新的影响因素。

(1)粒群中任意一个颗粒的沉降，都将导致周围介质的运动，由于存在着大量的固体颗粒，又会使介质的流动受到某种程度的阻碍，宏观上相当于增加了流体的黏性。

(2)当颗粒在有限范围的悬浮粒群中沉降时，将在颗粒与颗粒之间或颗粒与器壁之间的间隙内产生一股上升流，使颗粒与介质的相对运动速度增大。

(3)固体粒群与流体介质组成的悬浮体密度大于介质的密度，因而使颗粒所受到的浮力作用比在纯净流体介质中要大。

(4)颗粒之间的相互摩擦、碰撞，也会消耗一部分颗粒的运动动能，使粒群中每个颗粒的沉降速度都有一定程度降低。

上述因素导致颗粒的沉降速度小于自由沉降速度，其降低程度随悬浮体中固体颗粒密集程度的增加而增加，因而颗粒的干涉沉降速度并不是一定值。

将粒度均匀、密度相同的物料置于上升水流中悬浮，当上升水速一定时，物料的悬浮高度亦为一定值，物料中每个颗粒在空间的位置宏观上可认为是固定不变的。按照相对性原理，即水流为静止时，各个颗粒将以相当于水流在净断面上的上升流速 v_a 下降，所以颗粒此时的干涉沉降速度 v_{hs} 可以用 v_a 表示，即

$$v_{hs} = v_a \tag{4 – 9 – 1}$$

当水流上升速度很小时，物料层保持紧密，只有当 v_a 达到一定值后，物料才开始被整体地悬浮起来，此时流体介质的动压力恰好与物料在介质中的有效重力相等。使物料开始悬浮所需要的水流上升速度远远小于使物料中单一颗粒悬浮所需的上升流速。

当 v_a 一定时，对于质量 m 一定的均匀物料，其悬浮高度 h 也为一定值；增加物料的质量，悬浮高度亦相应增加。在一定的实验中，干涉沉降管的断面面积 A 和物料的密度 ρ_1 均为定值，所以当 v_a 一定时，悬浮体的固体体积分数 φ_B 亦为一定值，即

$$\varphi_B = (\sum m/\rho_1)/(Ah) = \sum m/(\rho_1 Ah) = 常数 \tag{4 – 9 – 2}$$

同样，悬浮体的松散度($\varphi_{B1} = 1 - \varphi_B$)也为一常数。当物料的质量 $\sum m$ 一定时，随着 v_a 的变化，其悬浮高度 h 也相应地增加或减小。

因此，物料的干涉沉降速度是单个颗粒的自由沉降末速 v_0 及其在悬浮体中的体积分数 φ_B 的函数。根据悬浮体中颗粒的受力情况和实际测定结果，可以得出干涉沉降速度的计算公式：

$$v_{hs} = v_0(1 - \varphi_B)^n = v_0 \varphi_{B1}^n \tag{4 – 9 – 3}$$

式中：n 为均匀粒群干涉沉降系数，表征物料中颗粒粒度和形状的影响，粒度越小，形状愈不规则，n 值越大，v_{hs} 值也就越小。

干涉沉降实验装置如图 4 – 9 – 1 所示。

三、仪器设备及材料

1. 干涉沉降管。

2. 秒表，塑料漏斗，小盆 6 个，量筒。

3. 石英，玻璃，煤等均匀粒群。

多角形煤　　　$d = 3 \sim 4$ mm，$\delta = 1350$ kg/m^3

玻璃球　　　　$d = 3 \sim 4$ mm，$0.5 \sim 0.6$ mm，

　　　　　　　$\delta = 2640$ kg/cm^3

多角形石英　　$d = 3 \sim 4$ mm，$2 \sim 2.5$ mm，

　　　　　　　$0.5 \sim 0.6$ mm，$\delta = 2640$ kg/cm^3

长条形石英　　$d = 3 \sim 4$ mm、$2 \sim 2.5$ mm、

　　　　　　　$0.5 \sim 0.6$ mm，$\delta = 2640$ kg/cm^3

四、实验步骤

1. 将一定量的同种物料放入干涉沉降管中。

2. 将上升水流速度 v_a 控制在一定值，用量筒量取一定时间内溢流水的体积，计算出上升水流的速度 v_a，测定悬浮层的高度 h，记入表 4 – 9 – 1 中。

3. 改变上升水流的速度，重复步骤 2。改变上升水流速度 8 次以上，通过计算获得 8 组以上的数据。

4. 改变物料的种类，按步骤 2，3 重复实验。

5. 根据测定结果绘制 $\lg v_a$ – $\lg(1 - \varphi_B)$ 图，根据数据点拟合成直线，直线的斜率就是一定粒度物料的 n 值。

五、数据处理

将实验数据记录在表 4 – 9 – 1 中，并对表中数据进行计算。根据表 4 – 9 – 1 数据，绘制 $\lg v_a$ – $\lg(1 - \varphi_B)$ 图，根据各物料的数据点拟合成直线，计算出直线的斜率，该斜率值就是一定粒度物料的 n 值。

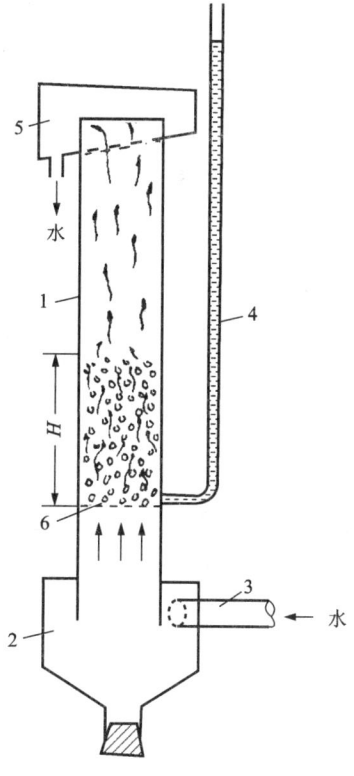

图 4 – 9 – 1　干涉沉降实验装置

1—悬浮物料用玻璃管；2—涡流管；

3—切向给水管；4—测压管；

5—溢流管；6—筛网

表 4 - 9 - 1　干涉沉降数据记录和计算表

物　料		多角形煤	多角形石英	长条形石英	玻璃球
1	上升水流速度 $v_a = V/(A \cdot t)$				
	$\lg v_a$				
	悬浮层高度 h				
	$\varphi = \sum m/(\rho_1 A h)$				
	$\lg(1 - \varphi_B)$				
2	上升水流速度 $v_a = V/(A \cdot t)$				
	$\lg v_a$				
	悬浮层高度 h				
	$\varphi = \sum m/(\rho_1 A h)$				
	$\lg(1 - \varphi_B)$				
⋮					
8	上升水流速度 $v_a = V/(A \cdot t)$				
	$\lg v_a$				
	悬浮层高度 h				
	$\varphi = \sum m/(\rho_1 A h)$				
	$\lg(1 - \varphi_B)$				

六、思考题

1. 自由沉降和干涉沉降的主要区别是什么？

2. 沉降指数 n 值的意义有哪些？

实验 4 – 10　螺旋溜槽分选实验

一、实验目的

1. 了解螺旋溜槽的结构，观察物料的螺旋溜槽分选过程；
2. 学会螺旋溜槽各设备的连接方式及实验方法。

二、基本原理

螺旋溜槽是由一个窄的长槽绕垂直轴线呈螺旋状而成，它具有较宽、较平缓的立方抛物线形槽底，槽底在纵向（沿液流方向）和横向（径向）均有相当的倾斜度。螺旋溜槽结构如图 4 – 10 – 1 所示，它是利用沿斜面流动的水流进行分选的方法。当料浆自上端给入溜槽后，料浆中不同密度的颗粒在螺旋槽面上不仅受到流体推动力（流体阻力）、重力、惯性离心力和摩擦力的作用，同时还受到横向环流中上层液流向外侧的动压力、下层液流向内侧的动压力、环流的法向分速度与紊流脉动速度所形成的动压力的作用，在这些力的作用下，料浆在沿槽流动过程中粒群将发生分层。重颗粒物料进入底层并向槽的内边缘运动，轻颗粒物料则在快速的回转运动中被甩向外边缘。这样不同密度的颗粒就在槽中展开了分带，从内边缘到外边缘颗粒的密度依次减小。在螺旋溜槽的下部用截取器沿径向截取不同部位（根据分带情况）的产物，便可以得到不同密度的产品，实现物料的按密度分选。

三、仪器设备与材料

1. $\phi600$ mm 单头螺旋溜槽一台，其主要参数见表 4 – 10 – 1；30 L 搅拌槽 1 台（给料搅拌槽），50 L 搅拌槽（缓冲搅拌槽）1 台；出口 25 mm 立式砂泵 2 台；设备示意图见图 4 – 10 – 2；
2. 制样工具一套，秒表，接样盆，天平；
3. 细粒级铁矿 10 kg，其中 –0.074 mm 粒级占 63%，品位为 38.1%。

表 4 – 10 – 1　$\phi600$ mm 螺旋溜槽主要参数

槽外径 /mm	槽内径 /mm	螺距 /mm	矩径比	系数 K	槽宽 /mm	槽高 /mm	下倾角 /(°)
600	120	360	0.6	6.1	240	38	9

四、实验步骤

1. 实际测量螺旋溜槽的主要几何参数。
2. 按图 4 – 10 – 2 所示示意图，将设备连接起来构成循环闭路。
3. 向缓冲搅拌槽中加入一定量的水。
4. 开动泵和搅拌槽。
5. 打开搅拌槽阀门，将水慢慢给入螺旋溜槽，检查泵、搅拌槽以及管路的运转情况。

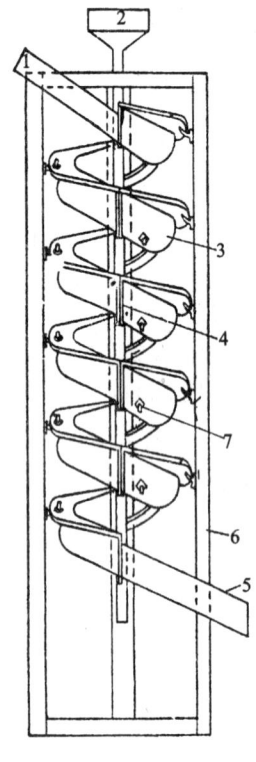

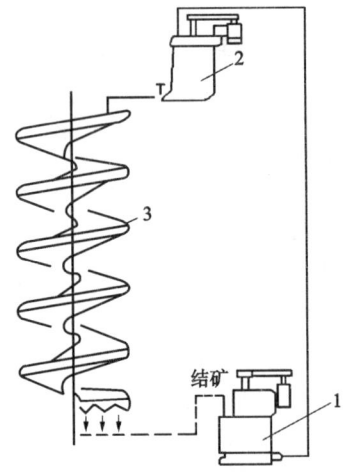

图4-10-1　螺旋溜槽结构示意图

1—给料槽；2—冲洗水导管；3—螺旋槽；4—连接法兰盘；

5—低密度产物；6—机架；7—高密度产物导出管

图4-10-2　螺旋溜槽实验设备联系图

1—砂泵；2—搅拌槽；3—螺旋溜槽

6. 调节给料搅拌槽阀门，改变溜槽的给水量，仔细观察当水量从小向大变化时，水流在螺旋溜槽横截面上的形状和尺寸的变化。

7. 确认实验系统一切正常后，将试样均匀给入缓冲搅拌槽。

8. 观察物料在螺旋溜槽上的分层分带情况，观察给料浓度由小变大的分选效果变化。

9. 待系统运行平稳后，根据物料的分带情况调整截取器的位置，将螺旋溜槽排出料分成精矿、中矿和尾矿，同时接取精矿样、中矿样和尾矿样。

10. 分别测量精矿、中矿和尾矿量，将各矿样称重后，烘干测出各干料质量。

11. 将料浆收集到缓冲搅拌槽内，并用清水将系统清洗干净。

12. 关闭泵和搅拌槽。

五、数据处理

将数据填入表4-10-2中，进行数据计算，并对实验结果进行分析。

表 4 - 10 - 2　实验结果记录表

产品	流量 /(m³·h⁻¹)	干矿量 /g	浓度 /%	处理量 /(kg·h⁻¹)	产率 /%	品位 /%	金属回收率 /%
精矿							
中矿							
尾矿							
原矿							

六、思考题

1. 螺旋溜槽和螺旋选矿机的主要区别是什么?

2. 螺旋溜槽的特点是什么?

3. 螺旋溜槽上的两种螺旋转流是什么? 各自流动特点是什么?

实验 4-11　电选机分选实验

一、实验目的与要求

1. 掌握鼓式电选机分选导体与非导体矿物的原理及分选实践操作；
2. 了解鼓式电选机的构造和高压直流电源的主要连接线路。

二、基本原理

电选是根据物料电性质（如电阻、介电常数、比导电及整流性）不同而进行分选的一种物理方法。在电场力、机械力、离心力和重力的作用下，导体矿物、非导体矿物及中等导体矿物的运动轨迹不同，因而得到分离。

如图 4-11-1 所示，电选机工作时，由于电晕电极和偏向电极（静电极）通以高压负电，于是电晕电极与辊筒之间形成电晕电场，偏向电极与辊筒之间形成静电场。入选物料经干燥后，随着辊筒首先进入电晕电场。来自电晕电极的空气负离子和电子使导体和非导体颗粒都吸附负电荷而带电，此为充电过程。导体颗粒落到辊筒面后又把电荷传给辊筒，最后导体颗粒所得的负电荷全部放完，反而又得到正电荷，于是被辊筒排斥。在电力、离心力、重力的综合作用下，其轨迹偏离辊筒进入导体产品区。同时，导体颗粒（此时带正电）进入静电场后受到偏转电极的吸引，更增大了偏离辊筒的程度。

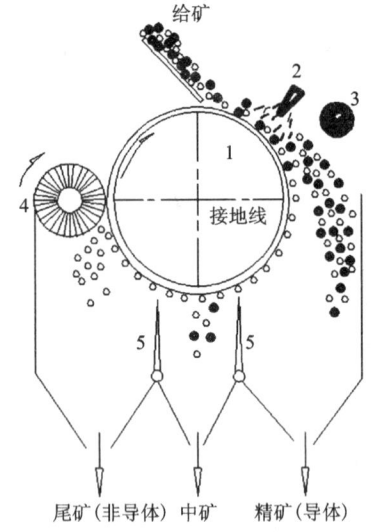

图 4-11-1　电选示意图
1—转鼓；2—电晕极；3—偏极（静电极）；
4—毛刷；5—分矿调节格板

非导体颗粒进入静电场时，由于剩余电荷多，受到辊筒的吸引力及偏向电极的排斥力大于矿粒的重力和离心力，于是吸在辊筒上。当离开静电场时，由于界面吸力的作用，它继续吸在辊筒上，直到被辊筒后面的刷子刷下进入非导体产品区。

半导体颗粒的行为介于导体颗粒与非导体颗粒之间，它带有少量的剩余电荷，在随辊筒表面运动的过程中掉落下来进入中等导体产品区。

三、仪器设备与材料

1. XDFφ250 mm×200 mm 实验研究型电选机，结构如图 4-11-1 所示；
2. 玻璃烧杯，圆瓷盘，毛刷，牛角勺，永磁块；
3. 采用典型的导体矿物（磁铁矿）及典型的非导体矿物（石英）为实验矿样，粒度均为 -0.25 ~ +0.15 mm。

四、实验步骤

1. 称取磁铁矿 20 g，石英 80 g，混合均匀为一份试样，共制备四份试样。

2. 将试样烘干后，分别给入电选机给矿槽。

3. 调节电场电压和转鼓转数到给定值 15 kV 和 100 r/min 后，开始给矿。分选完后，重复在 20 kV、25 kV 和 30 kV 条件下做三次实验。

4. 用永磁块对分选产品进行分析，即将磁铁矿从各产品中分离出来，分别将磁铁矿和石英矿称重，填写在记录表内。

五、数据处理

将实验所测得数据记录在表 4 - 11 - 1 中，并计算表中各产物的产率、品位及回收率。其中磁铁矿计算品位为：产物中纯磁铁矿的百分数（以小数表示）×72.41%。

表 4 - 11 - 1　电选实验结果数据记录表

实验电压 /kV	产品名称	产品中磁铁矿质量/g	γ 产率 /%	β 品位 /%	$\gamma \cdot \beta$	ε 回收率 /%
15	精矿					
	尾矿					
	原矿					
20	精矿					
	尾矿					
	原矿					
25	精矿					
	尾矿					
	原矿					
30	精矿					
	尾矿					
	原矿					

六、思考题

1. 为什么分选物料及分选条件相同，仅电压不同，效果不同？

2. 影响电选机分选效果的主要因素有哪些？

3. 用电选机分选矿物时，为什么给料要经烘干？

第5章 浮选实验

浮选是通过浮选药剂的作用，调整矿物表面的亲水、疏水性质，来实现对有用矿物与脉石矿物的分离。在分选过程中，通常需要了解浮选药剂的结构与性能、药剂与矿物表面作用的情况、不同药剂对矿物可浮性的影响、不同矿石浮选分离的工艺流程等等。

本章主要介绍浮选药剂临界胶束浓度测定和表面张力测定、起泡剂起泡性能测定、浮选药剂在矿物表面吸附量和吸附性能测定、纯矿物浮选、实际矿石浮选和过滤实验等。

实验 5－1　电导法测定水溶性表面活性剂的临界胶束浓度

一、实验目的与要求

1. 了解表面活性剂基本特性；
2. 掌握电导法测定表面活性剂临界胶束浓度的原理和技术。

二、基本原理

表面活性物质在临界胶束浓度（critical micelle concent ration，简写为 CMC）附近，不仅溶液的表面张力有显著的变化，其他物理性质如电导率、渗透压、蒸气压、光学性质、去污能力及可溶性等皆产生很大差异。这些现象与表面活性物质的基本性质有着密切的关系，要充分发挥表面活性物质的作用，必须使表面活性物质的浓度稍大于 CMC，所以测定表面活性物质的 CMC 显得非常重要。表面活性物质的浓度足够大时，液面上挤满一层定向排列的表面活性物质的分子，形成单分子膜，在溶液本体则形成具有一定形状的胶束（micelle），它是由几十个或几百个表面活性物质的分子，排列成疏水基向里、亲水基向外的多分子聚集体，胶束在水溶液中可以比较稳定地存在。我们把形成一定形状的胶束所需表面活性物质的最低浓度称为临界胶束浓度。CMC 不是一个确定的值，而常表现为一个窄的浓度范围。在超过临界胶束浓度的情况下，液面上早已形成聚集紧密定向排列的单分子膜，达到饱和状态。若再增加表面活性物质的浓度，只能增加胶束的个数，溶液的电导率的增加会因此而发生变化，因此利用溶液电导率的变化可以测定表面活性物质的临界胶束浓度。

三、仪器设备与材料

1. 电导率仪及电导电极，恒温水浴槽；
2. 容量瓶，烧杯，玻璃棒等；
3. 分析纯 KCl，表面活性剂十二烷基硫酸钠（$C_{12}H_{25}SO_4Na$）。

四、实验步骤

1. 用电导水或二次蒸馏水准确配制 0.01 mol/L KCl 标准溶液。

2. 取适量十二烷基硫酸钠在 80℃ 烘干 3 h，用二次蒸馏水准确配制 0.002 mol/L，0.004 mol/L，0.006 mol/L，0.007 mol/L，0.008 mol/L，0.009 mol/L，0.010 mol/L，0.012 mol/L，0.014 mol/L，0.016 mol/L，0.018 mol/L，0.020 mol/L 的 $C_{12}H_{25}SO_4Na$ 溶液。

3. 调节恒温水浴温度至 25℃ 或其他合适温度。

4. 用 0.01 mol/L KCl 标准溶液标定电导池常数。

5. 用电导仪从稀到浓分别测定上述所配各溶液的电导值。测量时用后一个溶液荡洗前一个溶液的电导池 3 次以上，各溶液测定时，必须恒温 10 min，每个溶液的电导值读数 3 次，取平均值。

6. 列表记录各溶液对应的电导。

五、数据处理

作电导值与浓度的关系图，从图中转折点处找出临界胶束浓度。

表 5 – 1 – 1　电导测定记录

浓度/(10^{-3} mol·L^{-1})	2	4	6	7	8	9	10	12	14	16	18	20
电导值												

六、思考题

1. 非离子型表面活性剂能否用电导法测定临界胶束浓度？为什么？
2. 温度对表面活性剂临界胶束浓度有什么影响？

实验 5 – 2　全自动表面张力仪测定表面张力

一、实验目的与要求

1. 掌握表面张力测定仪的基本原理和操作技能；
2. 了解表面活性剂溶液表面张力随浓度变化的规律。

二、基本原理

　　构成液体的分子，液体表面上的分子所受的力与液体内的分子会不相同。在液体内，分子所受的力是对称的、平衡的。而在表面上的分子，受液体内分子吸引而无反向的平衡力，其受到的是拉入液体内的力。该作用力试图将表面积缩小，使这种不平衡的状态趋向平衡状态。从热力学的角度分析：要将体系的表面能降至最小，这个力就称为"表面张力"，即单位面积上的自由能（J/m²），也就是形成或扩张单位面积的界面所需的最低能量。它的数值和表面张力（N/m）一致。由于习惯，常用表面张力表示表面自由能，它对液体表面的物理化学性质起着至关重要的作用。

　　表面张力测定的方法有几种，本实验采用铂金板法测定表面张力。其测定原理见图 5 – 2 – 1，当感测铂金板浸入到被测液体后，铂金板周围就会受到表面张力的作用，液体的表面张力会将铂金板尽量地往下拉。当液体表面张力及其他相关的力与平衡力达到均衡时，感测白金板就会停止向液体内部浸入。这时，仪器可测定铂金板所受的平衡作用力，并将它转化为液体的表面张力值。其作用力平衡如下式：

$$P \quad = \quad mg \quad + \quad L\sigma \cdot \cos\theta \quad - \quad sh\rho g \qquad (5-2-1)$$

平衡力 = 铂金板的重力 + 表面张力总和 – 铂金板受到的浮力

（向上）　　　　　（向下）　　　　　　　　　（向上）

式中：m 为铂金板的质量；g 为重力加速度常数（9.8 N/kg）；L 为铂金板的周长；σ 为液体的表面张力；θ 为液体与铂金板间的接触角；s 为铂金板横切面面积；h 为铂金板浸入的深度；ρ 为液体的密度。

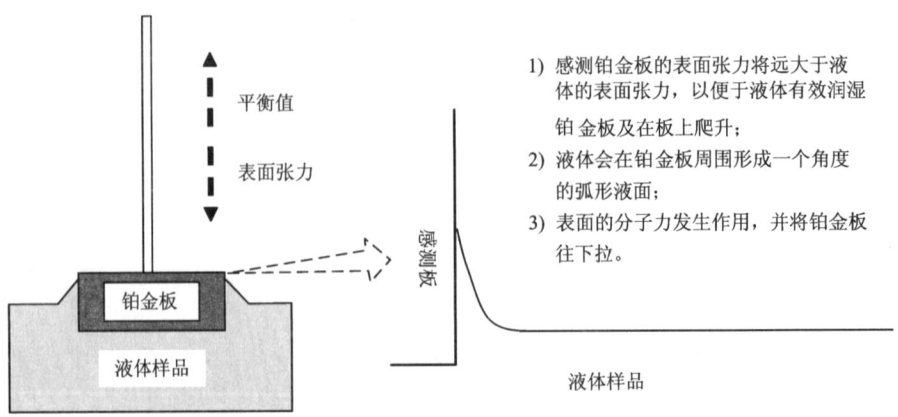

图 5 – 2 – 1　表面张力测定原理

三、仪器设备与材料

1. 表面张力仪(图 5 - 2 - 2);

2. 容量瓶,烧杯,酒精灯,电子天平等;

3. 各种表面活性剂。

四、实验步骤

1. 溶液的配制。将不同的表面活性剂配成不同浓度的溶液。

2. 分别测定不同浓度溶液的表面张力。

(1)打开仪器:接通表面张力仪电源,挂上吊钩及白金板,并按动"开/关"键,预热 30 min。

(2)清洗铂金板:

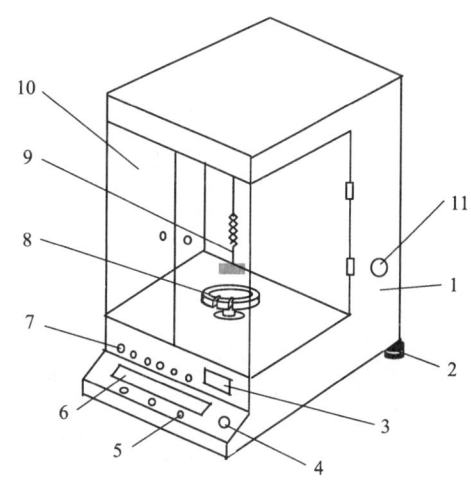

图 5 - 2 - 2　表面张力仪外形结构图

1—表面张力仪主机;2—水平调整脚;3—修正值显示;4—水平仪(水泡校准仪);5—开/关、去皮重、校正键;6—液晶显示屏(显示测得的数值部分);7—主要控制部分按键(主要有六个键:自动/手动键、向上键、向下键、停止键、修正值调整键):(设定 1, 设定 2);8—自动升降样品台;9—挂钩及铂金板;10—有机玻璃门;11—恒温水管孔

①用手拿取铂金板上挂钩,并用流水冲洗,冲洗时应注意与水流保持一定的角度,原则上尽量做到让水流洗干净板的表面且不能让水流使铂金板变形。

②用酒精灯烧铂金板,一般为与水平面呈 45° 角进行,直到铂金板变红为止,时间为 20 ~ 30 s。

③当遇有机液体或其他污染物用水无法清洗时用丙酮清洗或用 20% 盐酸加热 15 min 进行清洗。然后再用水冲洗,烧红即可。

(3)在样品皿中加入测量液体,将被测样品放于样品台上。放样品之前请一定目测一下铂金板挂的高度,如果可能会浸入样品中时,请按"向下"按键,将样品台向下。(注:在取样时,最好用移液管从待测液中部取样,并确保在取样前样品皿的干净度)

(4)观察液晶屏显示值是否为零。如果不为零,则按"去皮"按键,作清零处理。

(5)观察"手动/自动"按键处指示灯指示情况。如果是自动的,指示灯亮;如果是手动,那么灯是暗的。按动"手动/自动"按键,将表面张力仪调至自动状态。处于自动状态时,如上升期间铂金板碰到被测试样,且张力值达到修正值设定的数字(比如 5 mN),升降平台会自动停下,否则升降平台会升至最高点;如下降时则会过 15 s 后自动停下(再按下降键时会再过 15 s 后自动停下)。处于手动状态时,上升期间与自动状态一样;下降时则一直到最低点停下。

(6)按"向上键"自动测试表面张力,待显示屏的数值稳定后可以读取液晶显示屏上的表面张力值。由于本仪器感测到的值是动态表面张力值。如果样品是单纯一种物质的话,那么表面张力值将会是稳定的。(假设温度变化不大的情况下)

注意:如果被测样品中含有表面活性剂或被测样品为混合物时,表面张力值会出现一定的变化,且出现最终稳定值的时间会因样品的不同而不同。

（7）完成测试。可以按"向下"按键完成一次测值过程。如果想重复测量，则请按如下方法执行。

（8）重复测量方法：

按"向下"按键，表面张力仪样品台逐渐下降，白金板脱离被测样品后，可先按"停止"按键，然后再重新按"向上"按键进行测试，测得值后可以分析重复性效果。做重复性操作时，一定不用去理会表面张力仪显示出的残留数值，即不要做去皮动作。一般情况下，如果这个值超过 5 mN/m 时才会要求重新清洗铂金板。

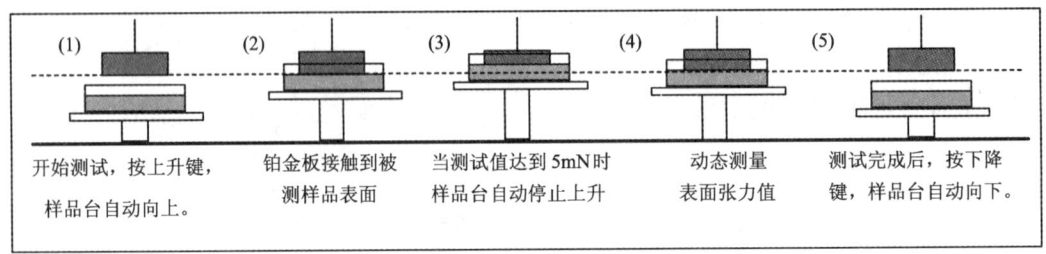

(1)	(2)	(3)	(4)	(5)
开始测试，按上升键，样品台自动向上。	铂金板接触到被测样品表面	当测试值达到5mN时样品台自动停止上升	动态测量表面张力值	测试完成后，按下降键，样品台自动向下。

图 5-2-3　表面张力测定操作步骤示意图

五、数据处理

1. 将测定的表面活性剂表面张力值和表面活性剂浓度填入表格。
2. 作浓度-表面张力图。

六、思考题

1. 表面张力测定时要注意哪些事项？
2. 说说表面张力与浓度之间的关系。

实验 5 – 3　最大气泡压力法测定溶液表面张力

一、实验目的与要求

1. 了解表面张力的性质；
2. 掌握用最大泡压法测定表面张力的原理和方法。

二、基本原理

设毛细管的半径为 r，且毛细管刚好浸入液面，则气泡由毛细管中逸出时的最大附加压力为

$$\Delta P_m = \frac{2\gamma}{r} = \Delta h \rho g \qquad (5-3-1)$$

$$\gamma = \frac{r}{2} \Delta h \rho g \qquad (5-3-2)$$

式中：Δh 为 U 形压力计所显示的液柱高差；ρ 为 U 形压力计内的液体密度；g 为重力加速度；γ 为表面张力；r 为气泡曲率半径。对于直径一定的毛细管有

$$\gamma = K \Delta h \qquad (5-3-3)$$

该式是最大泡压法测定表面张力的基本关系式。式中 K 称为仪器常效。其值可用已知表面张力的液体(如水)标定出。

三、仪器设备与材料

1. 最大气泡压力法表面张力测定装置(见图 5 – 3 – 1)；
2. 各种玻璃器皿；
3. 丁黄药，油酸钠，NaOH 等。

四、实验步骤

1. 仪器常数的标定

将毛细管 1 和试管 2 用洗液及蒸馏水洗净，要求玻璃上不挂水珠；在试管 2 中加入少量蒸馏水。装好毛细管，使其尖端刚好与液面相接触；在滴水管 5 内装入清水，缓缓打开下部活塞，使其慢慢滴水，由于系统内压力降低，压力计(汞柱可用压力表代替)则显示出压力差，毛细管 1 便会逸出气泡；气泡形成时压力差增大，待增大至气泡

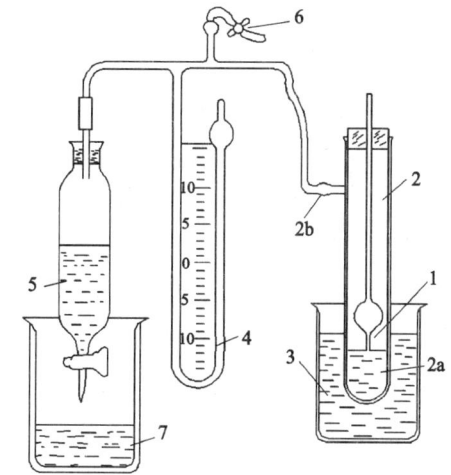

图 5 – 3 – 1　最大气泡压力法测量表面张力装置图

1—毛细管；2—有支管的玻璃试管；内装溶液 2a；支管 2b 与压力计及控压系统相连；3—恒定 2a 温度的水槽；4—双管压力计；5—滴水减压系统；6—体系压力调整夹子；7—烧杯

的曲率半径与毛细管的半径 r 相等时，压力差应为最大；此最大压力差即为 Δh，可由压力计测量出。根据实验测量出的 Δh 和温度，查出相应温度下纯水的表面张力 γ_{H_2O}，便可按式

(5-3-3)算出仪器常数 K。

2.待测溶液的测定

分别将实验开始前配制的丁黄药和油酸钠水溶液倒入试管 2 中,按照如前所述的操作方法进行测量。每换一种溶液都必须将毛细管 1 和试管 2 清洗干净。利用已得到的仪器常数,即可求出各待测溶液在实验温度下的表面张力。

实验过程中温度要相对稳定,则仪器常数可认定为恒定。

将液-气界面张力值记入表 5-3-1 中。

表 5-3-1 液-气界面张力测定记录

$T:$ _____ ℃

条件	测定次数	h_1	h_2	$\Delta h = h_1 - h_2$	$\gamma = K\Delta h$
蒸馏水	1				
	2				
	3				
	平均				
⋮	1				
	2				
	3				
	平均				

五、数据处理

将所测数据记录表中,分析三种溶液的表面张力。

六、思考题

1. 如果毛细管末端插入到溶液内部进行测量行吗?为什么?

2. 溶液的表面张力大小与物质的什么性质有关?

实验 5 – 4 起泡剂起泡性能测定

一、实验目的与要求

1. 了解起泡剂结构与起泡性能的关系；
2. 掌握起泡剂起泡性能的测定方法。

二、基本原理

起泡剂是矿物浮选的重要药剂之一，它的作用是在矿浆中形成稳定的泡沫，使疏水性的矿物吸附在泡沫上而上浮，而亲水性的矿物留在矿浆中来实现矿物的浮选分离。起泡剂是形成泡沫的必要组分，起泡剂一般均为表面活性剂，其分子结构由非极性的亲油基团和极性的亲水基团构成。有些捕收剂如十二胺，油酸钠、十二烷基硫酸钠等均具有起泡性，当这些药剂作捕收剂时可少加或不加起泡剂；而有些捕收剂没有起泡性，如黄药等，浮选时需另加起泡剂松醇油等。

起泡剂泡沫性能的好坏是起泡剂能否用于浮选体系的最重要因素之一。起泡剂的泡沫性能常通过起泡剂的起泡能力和所产生泡沫在各种条件下的稳定性来进行评价。通过测定起泡剂溶液在一定的充气条件下所形成的泡沫层高度和停止充气至泡沫破灭的时间可用来确定起泡剂的起泡性和稳定性。

三、仪器设备与材料

1. 起泡剂测定装置(如图 5 – 4 – 1 所示)；
2. 烧杯，量筒等实验用具；
3. 起泡剂：松醇油，甲基戊醇(MIBC)，十二烷基硫酸钠等。

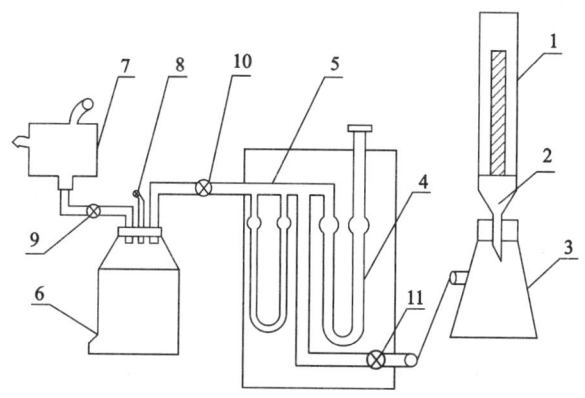

图 5 – 4 – 1　起泡剂起泡性能测定装置

1—泡沫管；2—过滤漏斗；3—锥形瓶；4—压力计；5—流量计；
6—贮气瓶；7—恒压水箱；8、9、10、11—旋转阀

四、实验步骤

1. 彻底清洗泡沫管 1，使恒压水箱 7 装满水，放掉贮气瓶 6 中的水，并关闭瓶上的阀 8。然后打开 9、10、11 等阀，使水流入气瓶 6，排出的空气经过阀 10 和流量计 5，通过阀 11 进入锥形瓶 3，最后进入泡沫管。

2. 将配好的起泡剂溶液注入泡沫管中（各种起泡剂溶液浓度均配成 20 mg/L，各为 500 mL），在注入时可用玻璃棒搅动溶液，使起泡剂分散均匀。当泡沫达到稳定高度之后，记下泡沫层的高度（mm），记下压力计的读数和水流入贮气瓶的流量（即排气量，以贮气瓶水位上升速度表示，mm/s）。

3. 测定消泡时间。关闭阀 11 和 9，此时泡沫管中的泡沫开始破灭，用秒表记下关阀 11 至泡沫完全消灭的时间，这就是消泡时间或者叫泡沫寿命。

4. 每一种起泡剂重复测量 4 次；更换起泡剂时，应重新将泡沫管彻底清洗干净。

五、数据处理

将所得实验数据记入表 5 - 4 - 1 中。

表 5 - 4 - 1　实验数据记录表

气泡剂	测定次数	泡沫层高度 /mm	压力 /Pa	流量 /(mm·s⁻¹)	泡沫寿命 /s
松醇油	1				
	2				
	3				
	4				
	平均				
⋮	1				
	2				
	3				
	4				
	平均				

六、思考题

1. 浮选时对起泡剂有哪些基本要求？

2. 常用的起泡剂有哪几类？实验所用的起泡剂属哪种类型？根据实验结果讨论所测起泡剂的特点及其差异。

实验 5 – 5　矿物表面浮选药剂吸附量测定

一、实验目的与要求

1. 掌握矿物表面浮选药剂吸附量测定的方法；
2. 了解和掌握紫外分光光度计测定矿物 – 水溶液界面吸附量测定的实验技术和操作。

二、基本原理

矿物的浮选分离是一个复杂的物理化学过程。矿物表面与各种浮选药剂水溶液的相互作用，使矿物表面性质发生变化，矿物的可浮性也会发生改变，从而通过浮选使矿物得到分离。所以说，矿物表面与水溶液中浮选药剂的作用在整个浮选过程中具有关键性作用。因此，了解和测定矿物表面浮选药剂的吸附是非常必要的。

矿物表面浮选药剂的测定，是用已知浓度和体积的药剂溶液与矿物作用后，测定残余溶液中的浓度，故称为残余浓度法。按下式计算出矿物对药剂的吸附量。

$$\Gamma = \frac{(C_0 - C)V}{1000m \cdot S_s} \tag{5 - 5 - 1}$$

式中：Γ 为矿物表面药剂的吸附浓度，m/cm^2；C_0 为浮选药剂水溶液的初始浓度，mol/L；C 为浮选药剂水溶液的残余浓度，mol/L；V 为浮选药剂溶液的体积，mL；m 为矿物的质量，g；S_s 为矿物的比表面积，cm^2/g。

三、仪器设备与材料

1. 可见 – 紫外光分光光度计，离心机；
2. pH 计，玻璃器皿，搅拌器，秒表；
3. 粒度为 – 0.038 mm 的纯矿物，浮选药剂。

四、实验步骤

1. 绘制校正曲线

在浮选剂用量范围内，配制一系列不同浓度的标准溶液，以不含试样的空白溶液作参比，测定标准溶液的吸光度，绘制吸光度 – 浓度曲线。

从校正曲线中可看出：如果吸光度 – 浓度曲线呈直线关系，说明符合比尔 – 朗伯特定律。如果吸光度 – 浓度曲线不是呈直线关系，而是曲线，则在选择溶液浓度范围时，只能选取直线部分的范围。

2. 取粒度为 – 0.038 mm 的纯矿物 1 g，在 10 mL 浮选药剂水溶液中搅拌，浮选药剂的初始浓度要比校正曲线中最高标准试液浓度大。调整好 pH 后，搅拌 5 min。

3. 将矿浆加入离心机中离心，取上层清液，加入比色皿中。

4. 在紫外光谱仪上调好选择的波长数，以不含试样的空白溶液（纯蒸馏水）作参比，把固 – 液分离得到的试样清液置于光谱仪中进行测定，获得该试样的吸光度。

5. 从校正曲线上查找该吸光度对应浓度的 C。

6.根据 C_0、C 和 V，便可按式(5-5-1)计算出矿物的吸附量。

五、数据处理

1.用表格列出在选择的波长范围内，溶液吸光度与溶液浓度的对应关系。

2.以浓度 C 为横坐标，吸光度 A 为纵坐标，画出吸光度-浓度校正曲线。

3.从校正曲线中查出对应的清液吸光度之浓度。

4.根据公式(5-5-1)，计算出矿物吸附浮选药剂的吸附浓度 Γ。

六、思考题

1.用紫外光谱法测定浮选药剂的吸附量时为什么要用参比浓度法？

2.为什么用紫外光谱法来测定混合物时，不用事先进行分离和采取有效的避免干扰的办法？

实验 5 – 6 浮选药剂在矿物表面吸附性能测定

一、实验目的与要求

1. 了解用红外光谱法测定矿物表面浮选药剂吸附性能的原理；
2. 了解和掌握红外光谱法测定矿物表面浮选药剂吸附性能的实验技术和操作。

二、基本原理

红外光谱法作为研究固体表面现象的有效方法而广泛用于浮选剂作用机理的研究中。从现有发表的各种光谱技术测定矿物 – 水溶液界面反应物性质的结果表明：红外光谱的数据是最成功和最可靠的。它能直观揭示浮选剂在矿物表面的吸附状态、反应产物及吸附量等，从而揭示浮选药剂作用的本质，进一步加深对浮选过程的了解。

红外光谱属于分子内原子振动光谱。在红外区，特别是中红外区，绝大多数的有机物和许多无机化合物的化学键振动的基频均出现在此区域内，且所有的化合物在波数为 1600 ~ 650 cm^{-1} 范围内均有互异的谱带，有如人的指纹，此区又称为"指纹区"。因此可利用红外光谱技术来测定矿物 – 水溶液界面反应物的性质。

浮选药剂按其结构分类有：非极性物质、极性物质和高分子化合物等。这些物质，在红外光谱中，都有特征吸收峰。因此，红外光谱是用来研究浮选药剂与矿物表面作用机理的重要方法之一。

三、仪器设备与材料

1. 红外光谱仪，压片机；
2. 粒度为 – 0.002 mm 的纯矿物，KBr 试剂（光谱纯），各种浮选药剂。

四、实验步骤

1. 样品的制备

（1）将要测定的纯矿物经破碎磨矿等过程磨碎至 – 0.002 mm，在磨细过程中，要保持矿物表面性质不改变；

（2）把磨好的矿样置于浮选药剂水溶液中充分搅拌，然后进行固 – 液分离，并用蒸馏水多次冲洗矿样，使残留在矿样表面上的浮选药剂水溶液被冲洗干净。

（3）将冲洗干净的矿样置于真空干燥箱中烘干，烘干过程应注意控制温度，不要使矿样表面性质发生变化；

（4）称取 0.1 ~ 0.5 g 矿样与 0.5 ~ 2.5 g KBr 化合物（光谱纯）混合均匀，然后将矿样与 KBr 混合物倒入压片机模具中进行压片，压片机压力控制在 10 kg/cm^2 以上。经压片机压制后，便得到了待测样片。

2. 红外光谱测定

（1）压制好的光片，置于红外光谱仪中进行扫描，测出纯矿物的红外光谱图；

（2）取浮选药剂水溶液置于红外光谱仪中进行扫描，测出浮选药剂的红外光谱图；

(3)用人工合成方法制备的矿物与浮选药剂作用后生成的产物,置于红外光谱仪中进行扫描,测出人工合成产物的红外光谱图;

(4)将矿样(矿物与浮选药剂作用后的)光片置于红外光谱仪中进行扫描,测出矿样的红外光谱图。

五、数据处理

将矿物、浮选剂、人工合成产物及矿样的红外光谱图进行对比分析,判断矿物与浮选药剂作用后,矿物表面对浮选药剂的吸附是物理吸附还是化学吸附(或化学反应),从而可知矿物 – 水溶液界面反应的性质。

六、思考题

1.为什么在矿样制备过程中,矿物的表面化学性质要保持稳定?

实验 5 - 7　捕收剂对矿物浮选行为的作用

一、实验目的与要求

1. 了解不同类型捕收剂在浮选中的应用；
2. 掌握纯矿物浮选实验技术。

二、基本原理

捕收剂与矿物表面作用的特点是以其分子或离子中的极性基同矿物表面作用，疏水的非极性基朝向水，使矿物表面疏水，增加可浮性，使其易于附着气泡，从而达到目的矿物与脉石矿物的分离。硫化矿浮选常用的捕收剂是烃基硫代化合物，氧化矿常用烃基酸类捕收剂；硅酸盐类矿物常用胺类捕收剂；非极性矿物使用烃油类捕收剂。

三、仪器设备与材料

1. 5～35 g MS 型挂槽式浮选机，结构见图 5 - 7 - 1 所示；

2. 矿样：方铅矿、一水硬铝石、石英和滑石等纯矿物；药剂：黄药，油酸钠，中性油，十二胺或季铵盐等。

四、实验步骤

1. 挂槽式浮选机结构如图 5 - 7 - 1 所示。首先拧紧固手轮 9，放松紧固螺杆后，从机架上取下浮选槽，清洗干净待用。然后称取试样 2 g 倒入浮选槽内，用少量水润湿矿物后，把浮选槽装回机架上，用手轻轻转动一下转轴皮带轮，目测叶轮与周围槽壁距离应相同，然后拧紧紧固手轮。

2. 然后往槽中加水至隔板的顶端，开动浮选机搅拌 1 min，使矿粒被水润湿，然后按加药顺序加入药剂进行搅拌，搅拌之后插入挡板待泡沫矿化后计时刮泡。浮选槽的插板在矿浆搅拌、加药

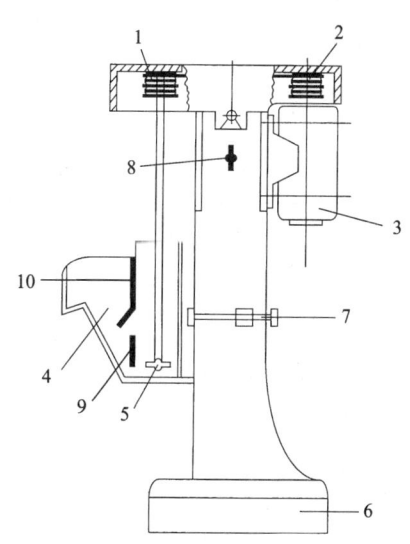

图 5 - 7 - 1　挂槽式浮选机结构图

1—皮带轮；2—内带轮；3—电动机；4—浮选槽；5—叶轮；6—支架；7—固定浮选槽的钳口；8—开关；9—隔板；10—挡板

搅拌时，不能插入浮选槽内，待加完各种药剂并达到搅拌时间后，再插入挡板，使浮选机进入搅拌充气状态，泡沫层形成后开始刮泡，浮选刮泡时，液面会下降，这时可用洗瓶加水，加水时要注意正确使用洗瓶，让射出的水冲向槽壁（用尽量少的水），一方面防止矿粒附着在浮选槽壁上，同时保持液面高度。

3. 泡沫产品刮入小瓷盆，然后经过滤、干燥、称量后，将数据填入表内。因为所用的是纯矿物，故矿样不用化验，只要称出精矿和尾矿质量，即可算出回收率。

4. 实验中要多次测定矿浆温度和 pH，注意其变化。

5.实验流程见图5-7-2。

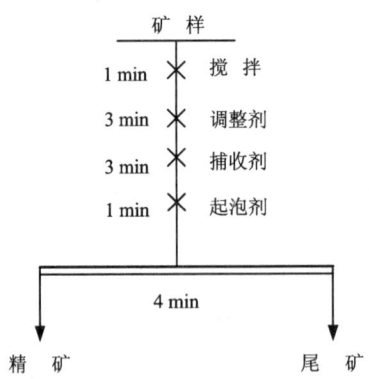

图5-7-2　浮选流程图

五、数据处理

将实验数据记入表5-7-1中，并计算回收率。

表5-7-1　实验数据记录表

浮选条件及结果 ＼ 试样	滑石 Mg(Si_4O_{10})(OH)_2	石英 SiO_2	一水硬铝石 Al_2O_3·H_2O	方铅矿 PbS
试样质量/g				
捕收剂名称和浓度/(mg·L^{-1})				
起泡剂名称和浓度/(mg·L^{-1})				
精矿质量/g				
尾矿质量/g				
合计/g				
精矿回收率/%				

六、思考题

1.请总结不同类型捕收剂在浮选中的应用。

2.捕收剂分子中烃链长度对捕收能力有何影响？

实验 5 - 8　调整剂对矿物浮选行为的影响

一、实验目的与要求

1. 了解抑制剂和活化剂的性能及其在矿物浮选中的应用；
2. 掌握纯矿物浮选的实验技能。

二、基本原理

浮选是利用矿物表面物理化学性质差异，特别是表面润湿性，常用添加特定浮选药剂的方法来扩大物料间润湿性的差别，在固 - 液 - 气三相界面有选择性地富集一种或几种目的物料，从而达到使目的矿物与废弃物料分离的选别技术。各种矿物的天然可浮性均有很大差别，利用浮选来分选各种天然可浮性不同的矿物，主要是采用浮选剂(包括捕收剂、pH 调整剂、抑制剂、活化剂等)来改变矿物的可浮性，从而使矿石中的矿物得到分离。

抑制剂的抑制作用是有针对性的，主要表现在阻止捕收剂在某些矿物表面上吸附，消除矿浆中的活化离子，防止这些矿物被活化；以及解吸已吸附在矿物上的捕收剂，使被浮矿物受到抑制。而活化剂的活化作用，与抑制剂相反，它可以：①增加指定矿物的活化中心，即增加捕收剂吸附固着的地区；②使氧化矿表面硫化，生成溶解度积很小的硫化矿薄膜，吸附黄药离子后，矿物表面疏水而易浮；③消除矿浆中有害离子，提高捕收剂的浮选活性；④消除亲水薄膜；⑤改善矿粒与气泡附着的状态。因此，如何正确使用抑制剂和活化剂，对改善矿物浮选行为、提高矿物分选指标等都非常重要。

三、仪器设备与材料

1. 挂槽式浮选机；
2. 黄铁矿纯矿物；石灰、硫酸、黄药及松醇油等。

四、实验步骤

1. 挂槽式浮选机的结构及操作

(1)挂槽式浮选机的结构如图 5 - 7 - 1 所示。首先拧紧固手轮 9，放松紧固螺杆后，从机架上取下浮选槽，清洗干净待用。然后称取试样 5 g 倒入浮选槽内，用少量水润湿矿物后，把浮选槽装回机架上，用手轻轻转动一下转轴皮带轮，使叶轮居中，然后拧紧紧固手轮；

(2)加水到浮选槽内，水的多少以加至浮选槽排矿口水平线以下 5 mm 即可；

(3)接通电源，浮选机开始转动，搅拌矿浆；

(4)按图 5 - 7 - 2 所示流程及表 5 - 8 - 1 所列加药量逐一加药到矿浆中，待全部药剂加完并达到搅拌时间后，将浮选槽插板插入槽内相应位置，准备刮泡。

2. 浮选

(1)待槽内有矿化泡沫后，用手拿刮板，匀速地将矿化泡沫刮出，盛于一容器中，即为泡沫产品——精矿；

(2)刮泡达到规定时间后，断开浮选机电源，取下插板，并冲洗干净；

（3）将浮选槽从机架上取下，把槽内矿浆倒入到另一个容器中，即为槽内产品——尾矿；

（4）分别将泡沫产品和槽内产品过滤、烘干、称重，把所得数据记入表 5 - 8 - 2 中。

表 5 - 8 - 1　实验安排表

药剂名称	实验编号及药剂用量				
	1	2	3	4	5
石灰	0	500	1000	1000	1000
硫酸	0	0	0	500	1000
黄药	50	50	50	50	50
松醇油	15	15	15	15	15

注：表中药剂用量单位为 mg/L。按浮选槽容积计算出符合表中数据的药剂加入量。

五、数据处理

根据每次实验结果——泡沫产品和槽内产品质量，按下式计算每次实验的浮选回收率，然后将数据填入表 5 - 8 - 2 内。

$$泡沫产品回收率\ \varepsilon_{精}(\%) = \frac{泡沫产品质量(g)}{泡沫产品质量(g) + 槽内产品质量(g)} \times 100\%$$

$$(5 - 8 - 1)$$

$$槽内产品回收率\ \varepsilon_{尾}(\%) = 100\% - 泡沫产品回收率\%$$

表 5 - 8 - 2　浮选实验记录表

实验次数	浮选条件	泡沫产品质量/g	槽内产品质量/g	回收率/%	
				泡沫产品	槽内产品
1					
2					
…					

六、思考题

1. 加石灰（CaO）浮选时，黄铁矿可浮性有什么变化？为什么？

2. 加硫酸（H_2SO_4）浮选时，黄铁矿可浮性有什么变化？为什么？

实验 5 - 9　矿石浮选分离实验

一、实验目的与要求

1. 了解和掌握实验室小型单槽浮选机的结构和操作；
2. 了解和掌握实际矿石浮选分离工艺过程；
3. 了解和掌握浮选药剂制度确定的基本方法。

二、基本原理

矿石的浮选分离是利用矿物表面物理化学性质差异，特别是矿物表面疏水性，通过添加不同的浮选药剂来扩大矿物间的疏水性差别，在气、液、固三相界面，疏水的矿物粘附在气泡表面上浮，亲水的矿物留在矿浆中，从而实现彼此的浮选分离。图 5 - 9 - 1 是浮选机结构图。矿石的浮选分离实验包括以下过程：

（1）磨矿，矿石粒度要达到一定的要求，其目的主要是使绝大部分有用矿物从镶嵌状态中以单体解离出来，另一目的是使泡沫能负载矿粒上浮；

（2）搅拌加药，将磨好的矿浆倒入浮选槽内，搅拌加药，使浮选药剂充分与矿粒作用；

（3）充气浮选，打开浮选机充气阀，使浮选槽内充满气泡，疏水的矿物颗粒黏附在气泡上随气泡上升，形成矿化泡沫，刮泡浮选；

（4）产品处理，浮选后的泡沫产品和槽内产品进行脱水分离；

（5）产品分析。烘干称重的产品要分别取样进行有价元素化学成分分析，用于计算各产品中金属的品位及回收率。

三、仪器设备与材料

1. XMQ - 67 型 ϕ240 mm × 90 mm 锥型球磨机、XFD - 63 型 1.5 L 单槽浮选机；

2. 秒表、玻璃器皿具；

3. 浮选药剂、-3 mm 矿样。

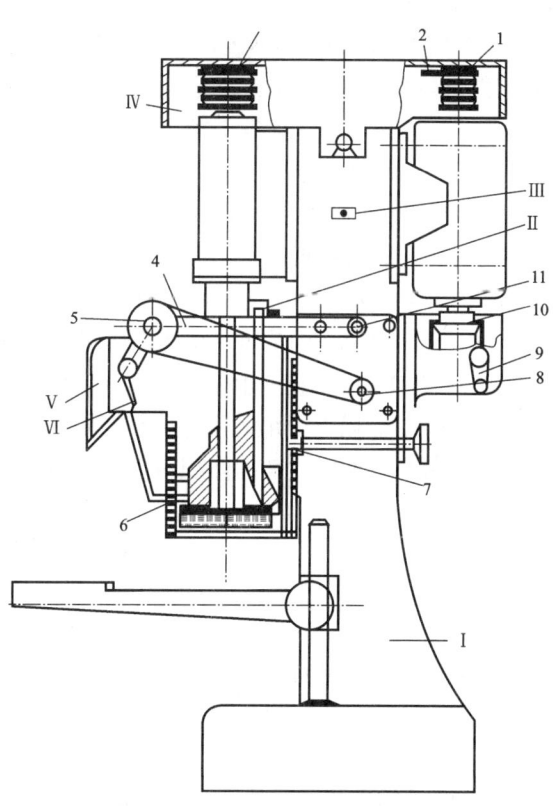

图 5 - 9 - 1　单槽浮选机结构图

Ⅰ—机架；Ⅱ—充气管；Ⅲ—控制开关；Ⅳ—皮带轮罩；Ⅴ—浮选槽；Ⅵ—刮板

1—电动机皮带轮；2—皮带；3—主轴皮带轮；4—刮板皮带；5—带动刮板的皮带轮；6—主轴；7—固定浮选槽的钳口；8—皮带；9—离合器开关；10—摩擦轮；11—鱼尾形螺母

四、实验步骤

1. 磨矿

浮选前的准备作业, 目的是使矿石中的矿物经磨细后得到充分地单体解离。

(1) 磨矿浓度的选择: 通常采用的磨矿浓度 (按质量计) 有 50%、67% 和 75% 三种, 此时的液固比分别为 1∶1、1∶2、1∶3, 因而加水量计算较简单, 如果采用其他浓度值, 则可按下式计算磨矿用水量:

$$V = \frac{100 - C}{C} \cdot m \qquad (5-9-1)$$

式中: V 为磨矿时所需添加的水量, mL; C 为要求的磨矿浓度, %; m 为矿石质量, g;

(2) 磨矿前, 开动磨机空转数分钟, 以清除磨筒内壁和钢球表面的铁锈;

(3) 把左端排矿口塞子拧紧, 按先加矿后加水的顺序把磨矿水和矿石倒入磨筒内, 拧紧右端给矿口塞子, 扳平磨机;

(4) 合上磨机电源, 按秒表计时。待磨到规定时间后, 切断电源, 打开左端排矿口塞子排放矿浆, 再打开右端给矿口塞子, 用清水冲洗塞子端面和磨筒内部, 边冲洗边间断通电转动磨机, 直至把磨筒内矿浆排干净。(注意, 在冲洗磨筒内部矿浆时, 一定要严格控制冲洗水量, 以矿浆容积不超过浮选槽容积的 80%~85% 为宜, 否则, 矿浆体积过大, 浮选槽容纳不下, 需将矿浆澄清, 抽出部分清液留作浮选补加水用, 而不能废弃)。

2. 药剂的配制与添加

浮选前, 应把要添加的药剂准备好。水溶性药剂如黄药、油酸钠、Na_2S、NaOH 等配成水溶液添加。药剂水溶液的浓度, 视药剂用量多少而定, 一般用量在 200 g/t 范围内的药剂, 可配成 0.5%~1.0% 的浓度, 用量大于 200 g/t 的药剂, 可配成 5% 的浓度。习惯上, 采用体积浓度, 即 g/mL, 而以百分值表示。0.5% 浓度, 指 100 mL 溶液中含 0.5 g 药剂, 这是专业技术文献中通用的。添加药剂的体积可按下式进行计算:

$$V = \frac{qm}{10C} \qquad (5-9-2)$$

式中: V 为添加药剂溶液的体积, mL; q 为单位药剂用量, g/t; m 为实验的矿石质量, kg; C 为所配药剂浓度, %。

非水溶性药剂, 如油酸、松醇油、中性油等, 采用注射器直接添加, 但需预先测定注射器每滴药剂的实际质量。

3. 浮选

(1) 将磨好的矿浆从容器中移入浮选槽内, 把浮选槽固紧到机架上 (注意, 在固紧浮选槽时, 槽内的回流孔一定要与轴套上的回流管准确对接)。

(2) 接通浮选机电源, 搅拌矿浆。然后按预定的药方, 依照先调整剂, 后捕收剂, 最后起泡剂的顺序把药剂加入到浮选槽内搅拌, 并用秒表计时。药剂加完并搅拌到规定时间后, 准备充气、刮泡。

(3) 从小到大逐渐打开充气调节阀门, 待槽内形成一定厚度的矿化泡沫后, 打开自动刮泡器开关, 使刮板自动刮泡。在刮泡过程中, 由于泡沫的刮出, 浮选槽内液面会下降, 这时需向浮选槽内补加一定水量, 一是可保持槽内液面稳定, 二是可用补加水冲洗轴套上和槽壁上粘附的矿化泡沫。

（4）浮选时间达到后，停止刮泡，断电。从机架上取下浮选槽，用水冲洗干净轴套、叶轮、矿浆循环孔等。

（5）分别将泡沫产品和槽内产品过滤、烘干、称重，记入表 5 - 9 - 1 中。然后用四分法或网格法分别取泡沫产品和槽内产品样品作化验用。

表 5 - 9 - 1　浮选结果记录表

产品名称	质量/g	产率 γ/%	品位 β/%	γ×β	回收率 ε/%
精矿					
尾矿					
原矿					

注：各产品之质量与原矿质量之差，不得超过原矿质量的 ±1%，若超过 ±1%，该实验得重做。

五、数据处理

按下式分别计算各产品的回收率

$$\varepsilon_{精} = \frac{\gamma_{精} \cdot \beta_{精}}{\gamma_{精} \cdot \beta_{精} + \gamma_{尾} \cdot \beta_{尾}} \times 100\%$$

$$\varepsilon_{尾} = \frac{\gamma_{尾} \cdot \beta_{尾}}{\gamma_{精} \cdot \beta_{精} + \gamma_{尾} \cdot \beta_{尾}} \times 100\%$$

式中：ε 为产品回收率，%；γ 为产品产率，%；β 为产品品位，%。

六、思考题

1. 影响浮选实验精度的因素有哪些？
2. 浮选药方包括哪些内容？

实验5-10 单泡浮选管浮选实验

一、实验目的与要求

1.熟悉单泡管的使用方法;

2.比较丁铵黑药和乙基钠黄药的浮选活性。

二、基本原理

实验室中,为避免机械夹杂及起泡剂的影响,常用单泡浮选管或真空浮选器等简单的实验装置来迅速测定矿物的可浮性和鉴定捕收剂(或有捕收剂存在下的抑制剂)的作用活性,其特点是所用试样数量可以极少。

本实验用单泡浮选管,装置如图5-10-1所示。

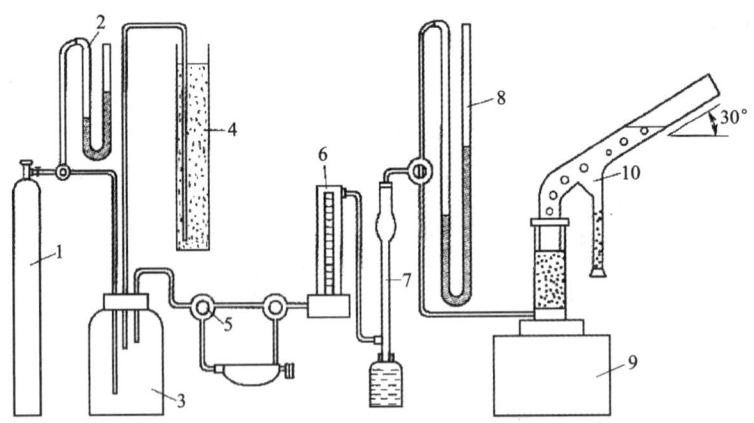

图5-10-1 单泡浮选管

1—N$_2$气瓶;2—水银测压计;3—贮气瓶;4—压力调节器;5—针阀;6—转子流量计;

7—皂膜流量计;8—水柱测压计;9—电磁搅拌器;10—单泡浮选管

其原理为:气体通过毛细管进入浮选管中形成单个气泡与搅拌悬浮的矿粒接触并附着于气泡上升到支管上方,气泡破裂后矿粒即落入支管底部被收集起来。可见矿物的回收仅是由于气泡和矿物的碰撞发生矿化现象所致。

三、仪器设备与材料

1.单泡浮选管一套;

2.100 mL烧杯5个,过滤装置,弯漏斗,1000 mL量筒,500 mL洗瓶;

3.方铅矿(-0.1~+0.074 mm),0.1%乙基钠黄药溶液及0.1%丁铵黑药溶液。

四、实验步骤

1.清洗所用仪器,按图5-10-1所示连接装置。

2.开动压气设备，使实验过程中保持恒压风源。

3.用天平称取纯样方铅矿5份，每份重1 g。实验时将一份矿样直接倒入洗净的单泡搅拌管内(勿使矿样黏附在管壁上)加蒸馏水(数量视浮选管容积而定，但每一单元实验的加水量应相同)。搅拌2 min；加入实验药剂继续搅拌2 min，(预备实验时可不加药，充气前注入蒸馏水到所需刻度，每一单元的实验及其刻度应一致)，再把导气管塞紧单泡管口，切勿漏气。

4.打开供气泡系统的调节阀门，调节气泡产生的速度(每秒2~3个气泡)，并使汞柱压力计在整个实验过程中保持一定。

5.实验过程中，矿粒粘附于气泡上浮，升到水面，气泡破裂，精矿落入到接收管底部，单泡空气由导管进入到实验前排净空气的容量器中，其空气量根据需要可用30 mL排水量，到此刻度，立即将气阀门闭死。待无空气泡发生后，将精矿放入烧杯中，干燥后称重，算出其产率，记录于表5-10-1中。

6.重新将单泡管实验系统洗净并安装好。

7.分别以药剂浓度为10 mg/L，20 mg/L，30 mg/L，40 mg/L，50 mg/L的实验条件，重复上述步骤进行。

8.以浮出产率为纵坐标，捕收剂浓度mg/L为横坐标作图。

五、数据处理

表5-10-1 实验数据记录表

捕收剂		浮出产率/%		
滴数	浓度/(mg·L^{-1})	乙基钠黄药	丁铵黑药	未加药
10				
20				
30				
40				
50				

按式(5-8-1)计算捕收剂用量和浮选产率，并绘制产率与捕收剂用量关系图。

六、思考题

比较乙基钠黄药和丁铵黑药的捕收性能，阐明原因。

实验 5－11　过滤实验

一、实验目的与要求

1. 掌握过滤问题的简化工程处理方法及过滤常数的测定；
2. 了解过滤设备的构造和操作方法；
3. 测定恒压操作下过滤常数 K、q_e 及洗涤速率。

二、基本原理

过滤是借一种能将固体物截留而让流体通过的多孔介质，将固体物从液体或气体中分离出来的过程。因此过滤在本质上是流体通过固体颗粒层的过程，所不同的是这个固体颗粒层的厚度随过滤过程的进行不断增加，因此，在势能差不变的情况下，单位时间通过过滤介质的液体也在不断下降，及过滤速度不断降低。过滤速度 u 的定义是单位时间单位过滤面积内通过过滤介质的滤液量，即

$$u = \frac{dV}{Sd\tau} = \frac{dq}{d\tau} \qquad (5-11-1)$$

式中：S 为过滤面积，m^2；τ 为过滤时间，s；V 为通过过滤介质的滤液量，m^3。

影响过滤速度的主要因素除势能差(Δp)、滤饼厚度外，尚有滤饼、悬浮液(含有固体粒子的流体)性质、悬浮液温度、过滤介质的阻力等，故难以用严格的流体力学方法处理。

由于过滤速率为流体经过固定床的表观速度 u_0，同时液体在由细小颗粒构成的滤饼空隙中的流动属于低雷诺数范围。因此，利用流体通过固定床压降的简化数学模型，寻求滤液量 q 与时间 τ 的关系，在低雷诺数下，可用康采尼(Kozeny)计算式，即

$$u = \frac{dq}{d\tau} = \frac{\varepsilon^2}{(1-\varepsilon)^2 a^2} \times \frac{1}{K'\mu} \times \frac{\Delta p}{L} \qquad (5-11-2)$$

对于不可压缩滤饼，由上式可以导出过滤速率的计算式：

$$\frac{dq}{d\tau} = \frac{\Delta p}{R\varphi\mu(q+q_e)} = \frac{K}{2(q+q_e)} \qquad (5-11-3)$$

式中：$q_e = \dfrac{V_e}{S}$，单位为 m，其中 V_e 为形成与过滤介质阻力相等的滤饼层所得的滤液量，m^3；R 为滤饼的比阻，m^3/kg；φ 为悬浮液中单位体积净液体中所带有的固体颗粒量，kg/m^3；μ 为液体黏度，$Pa\cdot s$；K 为过滤常数，m^2/s。

在恒压差过滤时，上述微分方程积分后可得

$$q^2 + 2qq_e = Kt \qquad (5-11-4)$$

由方程式(5-10-4)可计算在过滤设备、过滤条件一定时，过滤一定滤液量所需要的时间，或者在过滤时间、过滤条件一定时为了完成一定生产任务，所需要的过滤设备大小。

利用上述方程式计算时，需要知道 K，q_e 等常数，而 K，q_e 常数只有通过实验才能测定。

在用实验方法测定过滤常数时，需将方程式(5-11-4)变换成如下形式：

$$\frac{\tau}{q} = \frac{1}{K}q + \frac{2}{K}q_e \qquad (5-11-5)$$

因此实验时，只要维持操作压强恒定，计取过滤时间和相应的滤液量。以 $\frac{t}{q}-q$ 作图得一直线，读取直线斜率 $\frac{1}{K}$ 和截距 $\frac{2}{K}q_e$，求取常数 K 和 q_e，或者将 $\frac{t}{q}$ 和 q 的数据用最小二乘法求取 $\frac{1}{K}$ 和 $\frac{2}{K}q_e$ 值，进而计算 K 和 q_e 值。

三、仪器设备与材料

1. 实验装置

本过滤实验装置系由配料桶、高位槽、密封搅拌釜、卧式圆形过滤机（或立式板框过滤机）、滤液计量筒以及空气压缩机等组成。其流程如图 5-11-1 所示。

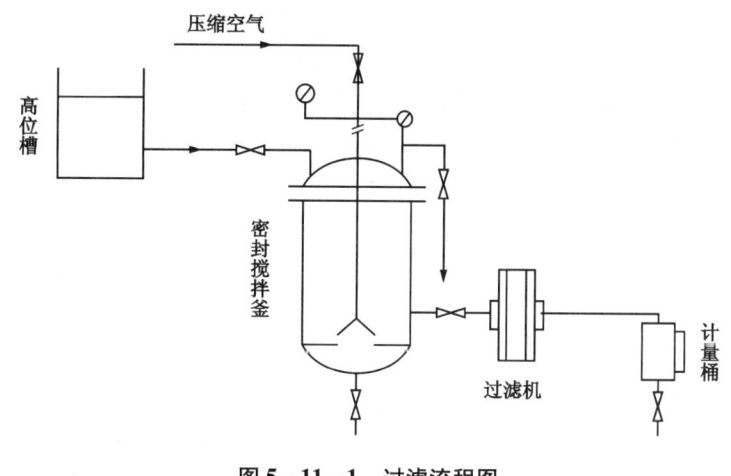

图 5-11-1 过滤流程图

2. 矿浆：3%~5% 的碳酸镁悬浮液。

四、实验步骤

1. 观察过滤机结构，注意管路连接及走向，安装滤布，滤布在装上之前要用水先浸湿，固定板框。

2. 用碳酸镁粉末配制成待过滤的料浆，其用量约占配料桶一半左右，配制（质量百分比）浓度为 3%~5%，并进行初步搅拌。将初步搅拌分散好的料浆倾入高位槽中。

3. 打开密封搅拌釜的排气阀、进料阀，通过高位槽将料浆送至密封搅拌釜中，并同时搅拌。

4. 启动密封搅拌釜的搅拌器，并一直开到实验结束。

5. 加完料后，关闭密封搅拌釜的排气阀和进料阀，打开连接密封搅拌釜与空压机的连接阀门。

6. 观察空气进入密封搅拌釜管路上的压力表，当其读数达到规定压力（如 0.2 MPa）时，打开连接密封搅拌釜与板框过滤机管路上的过滤阀门，让料浆压入板框过滤机，开始过滤。记录不同时间 t 得到的滤液量 V，每隔 1~3 min，记录计量槽液位的高度以及相应的压力表读数。

7.过滤结束后,关闭连接密封搅拌釜与板框过滤机管路上的阀门,准备洗涤。

8.高位槽中装入自来水,并依次按3、4、5、6的步骤进行操作,并记录洗涤时不同时间 τ 得到的滤液量和压力表读数。

9.过滤结束后,拆开板框过滤机,查看滤饼的形状及特点,清洗滤布、板、框。

五、数据处理

1.以累计滤液量 q 和时间 t 作图,求出 K、q_e,并写出完整的过滤方程式;

2.求出洗涤速率并和最终过滤速率比较。

六、思考题

1.过滤开始时,为什么滤液经常是浑浊的?

2.在恒压过滤中,初始阶段为什么不采取恒压操作?

3.如果滤液的黏度比较大,你考虑用什么方法改善过滤速率?

4.当操作压强增加一倍时,其 K 是否也增加一倍,要得到同样的过滤量时,其过滤时间是否缩短一半?

第 6 章 化学分离与生物浸出实验

化学浸出、溶剂萃取、离子交换、生物浸出等方法能够处理复杂贫细矿物资源。由于微生物兼有氧化、吸附、降解等作用，因而可以强化浸出过程，而且在环境与工艺控制上具有优势。

本章主要介绍萃取法分离金属离子混合溶液，离子交换法分离金属离子混合溶液，微生物的生物浸出等。

实验 6 – 1 萃取法分离 Fe^{3+}、Co^{2+}、Ni^{2+} 混合溶液

一、实验目的与要求

学习应用 P204 萃取剂分离混合金属离子中 Fe^{3+} 的基本原理和操作技术。

二、基本原理

萃取法分离金属离子与金属有机配合物的研究和发展有着密切的关系。经研究发现许多有机化合物与金属离子能形成一种环状结构的配合物，称为螯合物，形成螯合物的有机试剂称为螯合剂。用作萃取剂的螯合剂，又称螯合萃取剂。若生成的螯合物是电中性，分子中又不带有亲水性的基团时，则这种螯合物易溶于有机溶剂，而难溶于水，这样，很容易将水相中的金属离子萃入到有机溶剂中。在萃取分离过程中使用的螯合萃取剂通常是一种弱酸，如乙酰丙酮、8－羟基喹啉等。酸性含磷萃取剂，如 P204(二(2－乙基己基)磷酸酯)与金属离子形成的化合物(又称萃合物)中含有氢键组成的环状结构，因此这种化合物也可认为是螯合物。上述萃取剂从水溶液中萃取金属离子时，不同离子所需的 pH 范围是不同的，因此控制溶液的 pH 就能将金属离子分离。本实验使用的 P204 的结构式如下：

P204 是一种黏稠状液体，相对密度为 0.795(20℃)，难溶于水，但非常易溶于有机溶剂中，P204 在非极性有机溶剂如苯、煤油等中，以双分子缔合形式存在：

$$C_2H_5$$
$$C_4H_9-CH-CH_2-O \quad O \quad O-CH_2-CH-C_4H_9$$
$$P \quad P$$
$$C_4H_9-CH-CH_2-O \quad O \quad O-CH_2-CH-C_4H_9$$
$$C_2H_5 \quad C_2H_5$$

根据实验,控制水溶液 pH = 1.8 ~ 2.2 时,Fe^{3+} 几乎全部被 P204 煤油溶液萃入有机相中,所生成的萃合物是配位数为 6 的螯合物:

$$Fe^{3+}(水相) + 3(HR_2PO_4)_2(有机相) \rightleftharpoons Fe[(HR_2PO_4)_2]_3(有机相) + 3H^+(水相)$$

$$(6-1-1)$$

而溶液中的 Co^{2+},Ni^{2+} 基本上不被萃取,所以 Fe^{3+},Co^{2+},Ni^{2+} 混合溶液很容易用 P204 萃取剂将 Fe^{3+} 与 Co^{2+},Ni^{2+} 分开。

三、仪器设备与材料

1. 烧杯(50 mL),试管,分液漏斗(125 mL),P204 回收瓶,精密 pH 试纸,移液管(5 mL);

2. Fe^{3+},Co^{2+},Ni^{2+} 混合溶液,NH_4CNS(4 mol/L),NH_4F(2 mol/L),氨水(6 mol/L),HCl(4 mol/L),戊醇,镍试剂,P204 煤油溶液。

四、实验步骤

1. 用 50 mL 小烧杯取 30 mL Fe^{3+},Co^{2+},Ni^{2+} 混合溶液。

2. 混合溶液中离子的检查

从小烧杯中用移液管取 1 mL Fe^{3+},Co^{2+},Ni^{2+} 混合溶液放入试管中,加入 4 mol/L NH_4CNS 溶液 10 滴则出现深的血红色,证明有 Fe^{3+} 存在;慢慢加入 2 mol/L NH_4F 溶液使血红色消失,然后加入 1 mL 戊醇,摇动试管,静置分层后,上面戊醇层出现蓝色,证明有 Co^{2+} 存在;用吸管吸取试管下面的水相 2 ~ 3 滴放在点滴板的凹处,再加 1 ~ 2 滴 6 mol/L 氨水,最后加入 1 ~ 2 滴镍试剂则出现粉红色沉淀,证明有 Ni^{2+} 存在。

3. 萃取

用精密 pH 试纸检查小烧杯中的混合离子溶液的 pH,并用 6 mol/L 氨水小心地调整溶液的 pH,使 pH = 1.5 ~ 2,然后将其倒入 125 mL 分液漏斗中,向漏斗中再加入 30 mL P204 煤油溶液(体积比等于 1:1),塞好分液漏斗上的玻璃塞,摇动进行萃取(摇动 2 ~ 3 min)。静置分层后,将分液漏斗中下面的水相放入洁净的 50 mL 小烧杯中。取烧杯中的溶液 1 mL 放于试管中,加入 10 滴 4 mol/L,NH_4CNS 溶液观察有无血红色出现,若无血红色证明溶液中无 Fe^{3+},然后加入 1 mL 戊醇,摇动试管,分层后若戊醇层出现蓝色证明有 Co^{2+} 存在,吸取试管中的水相 2 ~ 3 滴放入点滴板凹处,再加 1 ~ 2 滴 6 mol/L 氨水和 1 ~ 2 滴镍试剂,若出现粉红色沉淀,证明有 Ni^{2+}。

4. 反萃

向分液漏斗中的有机相中加入 30 mL 浓度为 4 ~ 6 mol/L HCl 溶液进行反萃,分层后,用试管接取下面水相 1 mL,然后加入数滴 4 mol/L NH_4CNS 溶液,观察是否出现血红色,若出

现血红色证明是 Fe^{3+} 溶液,将水相放入下水槽中弃掉,有机相倒入回收瓶中。

五、思考题

用 P204 煤油溶液萃取 Fe^{3+}、Co^{2+}、Ni^{2+} 混合溶液中的 Fe^{3+} 的基本原理是什么?

六、附注

Fe^{3+}、Co^{2+}、Ni^{2+} 混合溶液的制备:取 $Fe(NO_3)_3 \cdot 9H_2O$ 1 g,$Co(NO_3)_2 \cdot 6H_2O$ 1.5 g,$Ni(NO_3)_2 \cdot 6H_2O$ 3 g 溶于 200 mL,3×10^{-2} mol/L H_2SO_4 溶液中。

实验 6–2　离子交换法分离 Co^{2+}、Ni^{2+} 混合溶液

一、实验目的与要求

学习利用阳离子交换树脂分离 Co^{2+}，Ni^{2+} 的基本原理和操作技术。

二、基本原理

离子交换法没有萃取法简单、速度快，但离子交换法的分离效率高，特别适合于性质相似的金属离子的分离。分离原理主要是利用离子交换树脂对不同离子的交换能力和金属离子配合物稳定性的差异来实现的。如将 Co^{2+}，Ni^{2+} 混合溶液加入到装有铵型阳离子交换树脂的交换柱中，由于树脂对 Co^{2+}，Ni^{2+} 的交换能力大于铵，因而 Co^{2+}，Ni^{2+} 与树脂的 NH_4^+ 进行交换而被吸附在柱的最上部，然后用柠檬酸铵溶液由上面加入进行淋洗，由于柠檬酸根与 Co^{2+}，Ni^{2+} 能形成稳定的配合物，则 Co^{2+}，Ni^{2+} 从树脂上解析，由柱上流下，但由于两种配合物的稳定常数不同（ $CoCit^-$，$\beta = 3.16 \times 10^{12}$；$NiCit^-$，$\beta = 1.995 \times 10^{14}$），所以 Ni^{2+} 首先由柱上流下，而后 Co^{2+} 才流出，这样就能获得纯 Co^{2+} 和 纯 Ni^{2+} 溶液，而达到分离的目的。

这个实验用铵型阳离子交换树脂而不是用 H 型的原因是由于柠檬酸是三元弱酸，柠檬酸根易与 H^+ 结合，则与 Co^{2+} 和 Ni^{2+} 生物配合物的效果差而达不到很好的分离目的。离子交换法使用的配合剂习惯上也称为淋洗剂。

三、仪器设备与材料

1. 离子交换装置（见图 6–2–1）；
2. 烧杯（50 mL），试管，量筒（10 mL，50 mL），滴液漏斗（150 mL），点滴板，铁台，铁夹，铁环，Ni^{2+} 回收瓶，Co^{2+} 回收瓶，精密 pH 试纸，秒表；
3. Co^{2+}，Ni^{2+} 混合溶液，柠檬酸铵溶液，铵型阳离子交换树脂。

四、实验步骤

清洗十几支试管放在试管架上以备盛接流出液，1 支试管用 10 mL 量筒加入 10 mL 去离子水以便盛接流出液时作体积比较，用量筒量取 20 mL pH = 4~5 的 Co^{2+}，Ni^{2+} 混合溶液以备后用。

实验装置如图 6–2–1 所示，玻璃离子交换柱内径为 1 cm，长 60 cm，其上有一直径为 3.5 cm，长为 3.5 cm 的敞口管，下面接一个二通玻璃活塞。在交换柱上面放一个 150 mL 滴液漏斗。

取少许玻璃毛由交换柱上口推入柱的底部，然后向柱中加入去离子水，由交换柱上口慢慢加入铵型阳离子交换树脂使树脂慢慢沉积到柱中至敞口管下部为止。向滴液漏斗中加入 150 mL 柠檬酸铵溶液。轻轻打开交换柱下面的玻璃活塞使柱中水逐滴滴下，然后用秒表和 10 mL 小量筒调节流速为 4~5 mL/min，然后用烧杯盛流出液，当柱中水流至树脂表面时，将量筒中的 20 mL pH 4~5 的 Co^{2+}，Ni^{2+} 混合溶液加入交换柱中，当混合溶液流至树脂表面时，由上面滴液漏斗向交换柱中加入柠檬酸铵溶液进行淋洗，此时用试管盛接流出液，每管

10 mL。第 1 支试管为无色溶液可弃掉，第 2 支试管为淡绿色开始保留，如此连续用试管每 10 mL 接 1 次，则可见到各试管的溶液按顺序出现淡绿色，绿色，淡绿色，淡粉色，粉色，淡粉色。大约第 10 支试管已近无色，就不再用试管接流出液，让流出液流入烧杯中。此时柠檬酸铵已将近流完，再向滴液漏斗中加入 50 mL 柠檬酸铵溶液继续淋洗，柠檬酸铵溶液流完后向滴液漏斗中加入 50 mL 去离子水用水淋洗，水流完后(不要使树脂露出水面)，关闭交换柱下面的玻璃活塞(柱中的树脂可进行第二次交换用)。

将上面试管中的绿色溶液混合倒入 Ni^{2+} 回收瓶，粉色溶液混合倒入 Co^{2+} 回收瓶，绿色粉色之间的 2 支试管为混合溶液可弃掉。

五、思考题

简述用离子交换法分离 Co^{2+}，Ni^{2+} 混合溶液的基本原理。

六、附注

1. 柠檬酸铵溶液的制备。先配制 50 g/L 的柠檬酸溶液，然后用 1∶1 氨水调柠檬酸溶液的 pH 至 4~5 即可使用。

2. 铵型阳离子交换树脂的制备。将 H 型阳离子交换树脂沉积到交换柱中，调流速为 6~7 mL/min，然后用 0.5 mol/L NH_4Cl 溶液淋洗至流出液加甲基橙指示剂显橙黄色，然后用去离子水 50 mL 淋洗后使用。因时间关系此步不做。实验时可用大型交换柱制取。

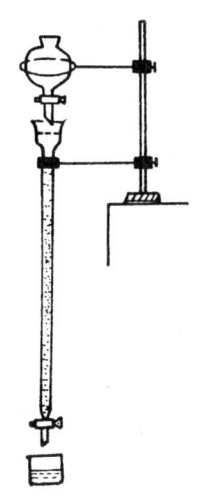

图 6-2-1　离子交换装置

实验 6 – 3　从含铜生物浸出液中萃取铜

一、实验目的与要求

了解铜萃取的原理，并掌握萃取工艺的基本操作。

二、基本原理

铜矿石生物浸出得到的是浓度较低的硫酸铜溶液，通过萃取，可将硫酸铜浓度提高数十倍，达到电积法生产电解铜的要求。整个工业过程中，萃取剂的萃取性能具有关键的作用。一般从铜矿中提取铜所使用的萃取剂包括：肟类、β – 二酮类、三元胺类和复配类等。

其中萃取剂 Lix984 具有高效分离铜的特点因而被广泛使用。它是目前最典型的复配类萃取剂代表，是体积比为 1∶1 的 Lix860（醛肟）和 Lix62（酮肟）在高闪点煤油中的混合物。该种混合物有协萃作用，兼有醛肟的萃取能力和动力学方面的优点，又有酮肟的优良反萃取和物理性能。其活性物质为 2 – 羟基 – 5 – 壬基乙酰苯酮肟和 2 – 羟基 – 5 – 十二烷基水杨醛肟，结构式中的萃取反应官能团为羟基（—OH），肟基（＝N—OH）。萃取铜的基本反应为：

$$Cu^{2+} + 2HR \Longrightarrow CuR_2 + 2H^+ \tag{6-3-1}$$

$$Cu^{2+} + 4HR \Longrightarrow CuR_2 \cdot 2HR + 2H^+ \tag{6-3-2}$$

三、仪器设备与材料

1. 振荡器，日立 Z – 8000 塞曼原子分光光度计，pH 计；
2. 萃取剂 Lix984，稀释剂为 260#工业磺化煤油，稀硫酸，NaOH，去离子水。

四、实验步骤

1. 生物浸出液中的铜离子浓度测定

实验原料为实验室生物浸出铜矿的浸出液，用稀硫酸或 NaOH 调 pH 到 2.5，用原子吸收法测定铜离子浓度。

2. 萃取剂浓度对萃取行为的影响

用煤油分别配制 5%、10% 和 15% 的 Lix984 萃取剂。取 3 个 250 mL 分液漏斗，分别加入 5%、10% 和 15% 的 Lix984 萃取剂 100 mL，再向每个分液漏斗加入 100 mL 浸出液，将分液漏斗放置到振荡器上振荡混合 5 min，然后静止分层。测定萃余液（水相）中铜离子浓度。

3. 相比对萃取效果的影响

相比指在一个萃取体系中，有机相（O）与水相（A）的体积比，以 O/A 表示。

取 3 个 250 mL 分液漏斗，分别加入 70 mL、105 mL 和 140 mL 10% 的萃取剂。再分别加入 140 mL、105 mL 和 70 mL 的浸出液，使 3 个分液漏斗中的相比分别为 1∶2、1∶1 和 2∶1。将分液漏斗放置到振荡器上振荡混合 5 min，然后静止分层。测定萃余液（水相）中铜离子浓度。

4. 浸出液 pH 值对萃取效果的影响

用稀硫酸和氢氧化钠将浸出液的 pH 分别调到 1.0、1.5 和 2.5，取 3 个 250 mL 分液漏斗，分别加入 10% 的 Lix984 萃取剂 100 mL，再向每个分液漏斗中加入 100 mL 浸出液，将分液漏斗放置到振荡器上振荡混合 5 min，然后静止分层。测定萃余液(水相)中铜离子浓度。

五、数据处理

萃取率 E_{Me} 指被萃物(Me)进入有机相中的量占萃取前料液中被萃物(Me)总量的百分比。它表征萃取平衡时萃取剂的实际萃取效果。

$$E_{Me} = \frac{C_0 - C}{C_0} \times 100\% \qquad\qquad (6-3-3)$$

式中：C_0 为溶液萃取前被萃物(Me)浓度；C 为溶液萃取后被萃物(Me)浓度。

根据以上公式，分别计算各实验的萃取率，比较不同的萃取剂浓度、相比和浸出液 pH 对萃取效果的影响。

六、思考题

1. 萃取法的原理是什么？
2. 铜萃取的原理是什么？

实验 6－4 黄铜矿的生物浸出

一、实验目的与要求

1. 了解嗜酸氧化亚铁硫杆菌和氧化硫硫杆菌的生长规律；
2. 了解黄铜矿生物浸出的原理。

二、基本原理

目前已知的浸矿细菌有很多种，嗜酸氧化亚铁硫杆菌（*Acidithiobacillus ferrooxidans*）被认为是酸性环境中浸矿的主导菌种。该菌主要代谢是通过氧化 Fe^{2+} 为 Fe^{3+} 而获得能量，亦可氧化硫化矿物、元素硫等，该菌种适宜生长的 pH 为 2.0～3.5，温度为 28～35℃。

嗜酸氧化硫硫杆菌（*Acidithiobacillus thiooxidans*）不能氧化亚铁离子，但能够生长在元素硫及一些可溶性硫化合物中，将浸出过程中产生的元素硫氧化。研究认为嗜酸氧化硫硫杆菌能增强嗜酸氧化亚铁硫杆菌的浸矿作用。

本实验主要考察这两种细菌混合浸出黄铜矿的效果。

三、仪器设备与材料

1. 摇床，超净工作台，灭菌锅，显微镜，电子天平，离心机，日立 Z－8000 塞曼原子分光光度计；

2. $(NH_4)_2SO_4$，KCl，K_2HPO_4，$MgSO_4 \cdot 7H_2O$，$Ca(NO_3)_2$，1:1 的 H_2SO_4，$FeSO_4 \cdot 7H_2O$，单质硫；粒度小于 0.074 mm 的黄铜矿单矿物；菌种：嗜酸氧化亚铁硫杆菌、嗜酸氧化硫硫杆菌。

四、实验步骤

1. 培养基制备

本实验所需的培养基是缺铁 9K 培养基，此培养基的成分是（g/L）：$(NH_4)_2SO_4$ 3 g，KCl 0.1 g，K_2HPO_4 0.5 g，$MgSO_4 \cdot 7H_2O$ 0.5 g，$Ca(NO_3)_2$ 0.01 g，溶于蒸馏水 1000 mL，用 H_2SO_4（1:1）（浓 H_2SO_4：蒸馏水 = 1:1）调节 pH 至 2.0。

将制备好的培养基分装到 250 mL 锥形瓶中，每个瓶中分装 50 mL（或 150 mL），用 8 层纱布包好，121℃灭菌 25 min，冷却后备用。

2. 菌种活化

向装有 50 mL 培养基的瓶中加入 2 g $FeSO_4 \cdot 7H_2O$ 粉末摇匀，再加入 2 mL 嗜酸氧化亚铁硫杆菌，于恒温（30℃）、150 r/min 左右的摇床中培养至培养基变成红棕色。

向另一个装有 50 mL 培养基的瓶中加入 0.5 g 单质硫粉末，再加入 2 mL 嗜酸氧化硫硫杆菌，于恒温（30℃）、150 r/min 左右的摇床中培养，当培养基的 pH 下降到 1 左右时停止培养备用。

3. 菌种扩大培养

向 4 个装有 150 mL 培养基的瓶中加入 6 g $FeSO_4 \cdot 7H_2O$ 粉末摇匀，再加入活化好的嗜酸氧化亚铁硫杆菌 5 mL，于恒温(30℃)、150 r/min 的摇床中培养至棕红色。

向 4 个装有 150 mL 培养基的瓶中加入 1.5 g 单质硫粉末，再加入活化好的嗜酸氧化硫硫杆菌 5 mL，于恒温(30℃)、150 r/min 的摇床中，培养到溶液的 pH 为 1 左右。

4. 菌种的收集

(1)在超净工作台上，将培养好的嗜酸氧化亚铁硫杆菌进行过滤。

(2)将滤液分多次倒入离心管中。每一次平衡对称放入离心机中，以 10000 r/min 转速离心 20 min。然后弃上清液。重复上述操作，得到细菌沉淀。

(3)为除去细菌沉淀中杂质，向沉淀中加入 10 mL 无菌培养基，平衡对称放入离心机中以 10000 r/min 转速离心 20 min，弃上清液。

(4)用无菌培养基悬浮细菌，然后将几个离心管中细菌沉淀汇总到一起后用血细胞计数板计数，再用无菌培养液稀释到 5×10^9 个/mL。

(5)嗜酸氧化硫硫杆菌用上述 4 中的(1)～(4)同样方法收集。

5. 浸矿实验

浸矿实验共分四个体系(每个体系三个平行样)，具体如下：

(1)向装有 150 mL 培养基的瓶中加入黄铜矿 2 g，不加菌作为对照样。

(2)向装有 150 mL 培养基的瓶中加入黄铜矿 2 g，再加入 2 mL 嗜酸氧化亚铁硫杆菌。

(3)向装有 150 mL 培养基的瓶中加入黄铜矿 2 g，再加入 2 mL 嗜酸氧化硫硫杆菌。

(4)向装有 150 mL 培养基的瓶中加入黄铜矿 2 g，再加入 2 mL 嗜酸氧化亚铁硫杆菌和 2 mL 嗜酸氧化硫硫杆菌。

所有锥形瓶放入 30℃恒温 150 r/min 的摇床上浸矿。

6. 浸矿过程中参数测定

每 3 天取样一次。将锥形瓶从摇床中取出，静止 10 min，取上清液 10 mL 用于参数测定，再向瓶中加入 10 mL 无菌培养基。

(1)用酸度计测定溶液的 pH。

(2)用显微镜计数法测定细菌浓度。

(3)用原子吸收光谱法测定 Cu^{2+} 浓度。所用仪器为日立 Z-8000 塞曼原子分光光度计。

五、数据处理

以时间为横坐标，实验所测得的数据为纵坐标进行绘图。将四个体系数据进行对比，分析两种细菌的浸矿效果。

六、思考题

生物浸出黄铜矿时为什么采用混合细菌进行培养？

实验 6 – 5 辉铜矿的生物浸出

一、实验目的与要求

1. 了解嗜酸氧化亚铁硫杆菌生长规律；
2. 了解辉铜矿生物浸出的原理；
3. 了解能源物质的添加对嗜酸氧化亚铁硫杆菌浸出辉铜矿的影响。

二、基本原理

生物浸出是在湿法冶金的基础上，利用微生物的新陈代谢作用或其产物对浸出进行强化的工艺。浸矿微生物可以直接或间接地参与金属硫化矿或氧化物的氧化和溶解过程。目前已知的浸矿细菌有很多种，它们在有氧的条件下，通过氧化硫化矿、铁离子、单质硫等获得能量，并通过固定碳或其他有机营养物生长。生物浸出中应用的主要是化能自养微生物，它们可从无机物的氧化过程中获得能量，并以二氧化碳作为主要碳源和以无机含氮化合物作为氮源合成细胞物质。主要有：嗜酸氧化亚铁硫杆菌（*Acidithiobacillus ferrooxidans*），喜温硫杆菌（*Acidithiobacillus caldus*）等。

在露天铜矿、表外矿和其他低品位矿石的浸出中，经常遇到辉铜矿和铜蓝这些次生硫化铜矿。据文献报道，在室温下辉铜矿的浸出过程经过如下两个步骤：

$$Cu_2S + Fe_2(SO_4)_3 = CuSO_4 + CuS + 2FeSO_4 \quad\quad (6-5-1)$$

$$CuS + Fe_2(SO_4)_3 = CuSO_4 + S + 2FeSO_4 \quad\quad (6-5-2)$$

在辉铜矿氧化浸出过程中，随着铜离子的不断浸出，会形成类似于铜硫固溶体的固相产物，其铜硫比逐渐降低，直到最后生成铜蓝。

嗜酸氧化亚铁硫杆菌以硫酸亚铁和单质硫等为能源进行生长，在用该菌进行生物浸矿时，添加这两种能源物质是否能提高浸矿效率是本次实验的主要目的。

三、仪器设备与材料

1. 摇床，超净工作台，灭菌锅，显微镜，电子天平，离心机；
2. $(NH_4)_2SO_4$，KCl，K_2HPO_4，$MgSO_4 \cdot 7H_2O$，$Ca(NO_3)_2$，$H_2SO_4(1:1)$（浓 H_2SO_4：蒸馏水 = 1:1），$FeSO_4 \cdot 7H_2O$，单质硫；粒度小于 0.074 mm 的辉铜矿单矿物；菌种：嗜酸氧化亚铁硫杆菌。

四、实验步骤

1. 培养基制备

本实验所需的培养基是缺铁 9K 培养基，此培养基的成分是（g/L）：$(NH_4)_2SO_4$ 3 g，KCl 0.1 g，K_2HPO_4 0.5 g，$MgSO_4 \cdot 7H_2O$ 0.5 g，$Ca(NO_3)_2$ 0.01 g，溶于蒸馏水 1000 mL，用 1:1 H_2SO_4 调节 pH 至 2.0。

将制备好的培养基分装到 250 mL 锥形瓶中，每个瓶中分装 50 mL 或 150 mL，用 8 层纱布包好，121℃灭菌 25 min，冷却后备用。

2. 嗜酸氧化亚铁硫杆菌的活化

向装有 50 mL 培养基的瓶中加入 2 g $FeSO_4 \cdot 7H_2O$ 粉末摇匀,再加入 2 mL 嗜酸氧化亚铁硫杆菌,于恒温(30℃)、150 r/min 左右的摇床中培养至培养基变成红棕色。

3. **嗜酸氧化亚铁硫杆菌的扩大培养**

向 4 个装有 150 mL 培养基的瓶中加入 6 g $FeSO_4 \cdot 7H_2O$ 粉末摇匀,再加入活化好的嗜酸氧化亚铁硫杆菌 5 mL,于恒温(30℃)、150 r/min 的摇床中培养至棕红色。

4. 菌种收集

(1)在超净工作台上,将培养好的细菌进行过滤。

(2)将滤液分多次倒入离心管中,每一次平衡对称放入离心机中,以 10000 r/min 转速离心 20 min,弃上清液;重复上述操作,得到细菌沉淀。

(3)为除去细菌沉淀中杂质,向沉淀中加入 10 mL 无菌 9K 培养基,平衡对称放入离心机中,以 10000 r/min 转速离心 20 min。弃上清液。

(4)用无菌 9K 培养基悬浮细菌沉淀,然后将几个离心管中细菌沉淀汇总到一起。用血细胞计数板计数,再用无菌培养基稀释到 5×10^9 个/mL。

5. 浸矿

浸矿实验共分 4 组(每组 3 个平行样),具体如下:

(1)向 2 个装有 150 mL 培养基的瓶中加入辉铜矿矿粉 2 g,一个瓶不加菌作为对照,另一个瓶中加入 2 mL 细菌。

(2)向 2 个装有 150 mL 培养基的瓶中加入 4 g/L $FeSO_4 \cdot 7H_2O$ 摇匀,再加入辉铜矿矿粉 2 g,一个瓶不加菌作为对照,另一个瓶中加入 2 mL 细菌。

(3)向 2 个装有 150 mL 培养基的瓶中加入 0.3 g/L 单质硫摇匀,再加入辉铜矿矿粉 2 g,一个瓶不加菌作为对照,另一个瓶中加入 2 mL 细菌。

(4)向 2 个装有 150 mL 培养基的瓶中加入 4g/L $FeSO_4 \cdot 7H_2O$ 和 0.3 g/L 单质硫摇匀,再加入辉铜矿矿粉 2 g,一个瓶不加菌作为对照,另一个瓶中加入 2 mL 细菌。

所有锥形瓶放入 30℃ 恒温 150 r/min 的摇床上浸矿。

6. 浸矿过程中参数测定

每 2 天取样一次。将锥形瓶从摇床中取出,静止 10 min,取上清 10 mL 用于参数测定,再向瓶中加入 10 mL 无菌 9K 培养基。

(1)用酸度计测定溶液的 pH。

(2)用显微镜计数法测定菌浓度。

(3)用原子吸收光谱法测定 Cu^{2+} 浓度。所用仪器为日立 Z - 8000 塞曼原子分光光度计。

五、数据处理

以时间为横坐标,实验所测得的数据为纵坐标绘图。每组加菌的数据与无菌数据进行对比,分析嗜酸氧化亚铁硫杆菌浸矿效果。另外,对四组实验数据进行横向比较,得出最好的浸矿效果。

六、思考题

分析浸矿体系中加入不同能源物质对浸矿效果的影响。

实验 6 - 6   铁闪锌矿的生物浸出

一、实验目的与要求

1. 了解中度嗜热铁氧化菌生长规律；
2. 了解铁闪锌矿生物浸出的原理。

二、基本原理

嗜酸氧化亚铁硫杆菌(*Acidithiobacillus ferrooxidans*)是长期以来硫化矿生物浸出实验研究和工业实践中使用最多的一种细菌，虽然这种常温菌种具有处理含锌、镍和钴等硫化矿的潜力，但与其他湿法冶金技术相比浸矿动力学较慢，因此其工业应用受到限制。近 20 年来，又先后从地热环境、硫化矿、煤矿废石堆以及工业浸出堆分离到中度嗜热嗜酸菌，其最佳生长温度为 50℃ 左右，这些细菌是酸热环境中起重要地球化学作用的微生物类群。研究表明，由于中度嗜热嗜酸菌能在较高温度下氧化 Fe^{2+} 和硫化矿物，在从硫化矿提取金属特别是从难选矿石回收金属方面展现出了潜在的应用前景。最近，中国科学院微生物研究所和中南大学也分离出几株中度嗜热浸矿细菌。本实验采用嗜酸氧化亚铁硫杆菌和中度嗜热浸矿细菌分别浸出铁闪锌矿，比较它们的浸矿效果。

三、仪器设备与材料

1. 高温摇床，超净工作台，灭菌锅，显微镜，电子天平，离心机；
2. 试剂：$(NH_4)_2SO_4$；KCl；K_2HPO_4；$MgSO_4 \cdot 7H_2O$；$Ca(NO_3)_2$；1:1 H_2SO_4（浓 H_2SO_4：蒸馏水 =1:1）；$FeSO_4 \cdot 7H_2O$；单质硫；乙酸 - 乙酸钠缓冲溶液（pH 5.5 ~ 6，称取 200 g 结晶乙酸钠，用水溶解后，加入 10 mL 冰乙酸，用水稀释至 1 L，摇匀）；EDTA 标准溶液（1.4954 mol/L）；硫代硫酸钠溶液（100 g/L）；氨水（1:1）（浓氨水：蒸馏水 =1:1）；盐酸（1:1）（浓盐酸：蒸馏水 =1:1）；二甲酚橙指示剂（5 g/L）；甲基橙指示剂（1 g/L）；
3. 矿样：小于 0.074 mm 的铁闪锌矿的单矿物；菌种：嗜酸氧化亚铁硫杆菌；中度嗜热铁氧化菌。

四、实验步骤

1. 培养基制备

本实验所需的培养基是缺铁 9K 培养基，此培养基的成分是（g/L）：$(NH_4)_2SO_4$ 3 g，KCl 0.1 g，K_2HPO_4 0.5 g，$MgSO_4 \cdot 7H_2O$ 0.5 g，$Ca(NO_3)_2$ 0.01 g，溶于蒸馏水 1000 mL，用 H_2SO_4（1:1）调节 pH 至 2.0。

将制备好的培养基分装到 250 mL 锥形瓶中每个瓶中分装 50 mL 或 150 mL，用 8 层纱布包好，121℃ 灭菌 25 min，冷却后备用。

2. 菌种的活化

向装有 50 mL 培养基的瓶中加入 2 g $FeSO_4 \cdot 7H_2O$ 摇匀，再加入 2 mL 嗜酸氧化亚铁硫杆菌，于恒温（30℃）150 r/min 左右的摇床中培养至培养基变成红棕色。

向装有 50 mL 培养基的瓶中加入 2 g $FeSO_4 \cdot 7H_2O$ 和 0.5g/L 酵母粉摇匀，再加入 2 mL 中度嗜热铁氧化菌，于恒温(50℃)150 r/min 左右的摇床中培养至培养基变成红棕色。

3. 扩大培养

向 4 个装有 150 mL 培养基的瓶中加入 6 g $FeSO_4 \cdot 7H_2O$ 摇匀，再加入活化好的嗜酸氧化亚铁硫杆菌 5 mL，于恒温(30℃)150 r/min 的摇床中培养至棕红色。

向 4 个装有 150 mL 培养基的瓶中加入 6 g $FeSO_4 \cdot 7H_2O$ 和 0.5 g/L 酵母粉摇匀，再加入 2 mL 中度嗜热铁氧化菌，于恒温(50℃)150 r/min 左右的摇床中培养至培养基变成红棕色。

4. 菌种收集

(1)在超净工作台上，将培养好的嗜酸氧化亚铁硫杆菌过滤。

(2)将滤液分多次倒入离心管中，每一次平衡对称放入离心机中，以 10000 r/min 转速离心 20 min，弃上清液，得到细菌沉淀。

(3)为除去细菌沉淀中杂质，向沉淀中加入 10 mL 无菌 9K 培养基，平衡对称放入离心机中，以 10000 r/min 转速离心 20 min。弃上清液。

(4)用无菌 9K 培养基悬浮细菌沉淀，然后将几个离心管中细菌沉淀汇总到一起。用血细胞计数板计数，再用无菌培养基稀释到 5×10^9 个/mL。

(5)中度嗜热铁氧化菌用上述 4 中的(1)~(4)同样方法收集。

5. 浸矿

浸矿实验共分 2 组(每组 3 个平行样)，具体如下。

(1)向 2 个装有 150 mL 培养基的瓶中加入铁闪锌矿矿粉 2 g，一个瓶不加菌作为对照，另一个瓶中加入 2 mL 嗜酸氧化亚铁硫杆菌细菌，于恒温(30℃)150 r/min 的摇床中培养。

(2)向 2 个装有 150 mL 培养基的瓶中加入铁闪锌矿矿粉 2 g，一个瓶不加菌作为对照，另一个瓶中加入 2 mL 中度嗜热铁氧化菌，于恒温(50℃)150 r/min 的摇床中培养。

6. 浸矿过程中参数测定

每 2 天取样一次。将锥形瓶从摇床中取出，静止 10 min，取上清 1 mL 用于参数测定。再向瓶中加入 1 mL 无菌 9K 培养基。

(1)用酸度计测定溶液的 pH。

(2)用显微镜计数法测定菌浓度。

(3)浸出液中 Zn^{2+} 离子浓度用 EDTA 络合滴定法测量。取 10 mL 试液于 250 mL 锥形瓶中，滴加 1 滴氨水(1:1)，再滴加 1 滴甲基橙指示剂，用盐酸(1:1)中和至甲基橙变红，然后加数滴氨水(1:1)，使其刚变黄，加入 15 mL 乙酸 – 乙酸钠缓冲溶液，再加 2~3 mL 硫代硫酸钠溶液，摇匀。加入 1 滴二甲酚橙指示剂，用 EDTA 标准溶液滴定使溶液由酒红色变为亮黄色，即为终点，得到 EDTA 的消耗量 V。

五、数据处理

1. Zn^{2+} 浓度计算

$$C_{Zn} = 1/2fV$$

式中：C_{Zn} 为测得的溶液中的锌离子浓度，g/L；f 为 1.00 mL EDTA 标准溶液相当于锌的质量，g/mL。

2. 以时间为横坐标，实验所测得的 Zn^{2+} 浓度为纵坐标绘图。

3. 分析结果：将接种细菌的浸出体系与无菌样对照比较，氧化亚铁硫杆菌和中度嗜热铁氧化菌浸出铁闪锌矿效果进行比较。解释接种不同细菌时浸出体系中 pH 和细菌浓度的变化原因。

六、思考题

1. 分析浸矿体系中加入不同能源物质对浸矿效果的影响。

实验 6 – 7　含金氧化矿全泥氰化浸出

一、实验目的与要求

1. 掌握实验室氰化浸出实验方法；
2. 掌握氰化浸出实验氰化钠、氧化钙浓度测定方法；
3. 掌握金氰化浸出基本原理。

二、基本原理

全泥氰化浸出是以碱金属氰化物 NaCN、KCN 水溶液作溶剂浸出金、银矿石中的金、银，然后再从浸出液中提取金、银的一种方法。

在有氧存在的条件下，金、银与氰化物在水中可以生成稳定的络合物离子 $Au(CN)_2^-$、$Ag(CN)_2^-$。金在氰化浸出过程中的化学反应是：

$$4Au + 8NaCN + O_2 + 2H_2O \longrightarrow 4NaAu(CN)_2 + 4NaOH \qquad (6-7-1)$$

其反应分两步进行：

$$2Au + 4NaCN + O_2 + 2H_2O \longrightarrow NaAu(CN)_2 + 2NaOH + H_2O_2 \qquad (6-7-2)$$

$$2Au + 4NaCN + H_2O_2 \longrightarrow 2NaAu(CN)_2 + 2NaOH \qquad (6-7-3)$$

氰化浸金过程从热力学角度分析，通过电位 – pH 图可以确定浸金的理论最佳 pH 为 9.4。工业上一般控制溶液 pH 为 10 ~ 11，以防 HCN 的产生，保持氰化溶液的稳定性。氧的氧化能力在热力学上是足够的，同时生成的过氧化氢可促进金的溶解。因此浸金反应的推动力，取决于氧化剂的还原反应和金溶解反应的电位差。这说明氧在浸金中起着重要作用。

从氰化浸金动力学方面，或从电化学腐蚀方面，金在溶液中的浸出速度与矿物表面上吸附的 O_2 和 CN^- 浓度有关，浸出速度与 CN^-、O_2 的浓度有如下关系：$[CN^-]/[O_2] = 6$，这表明氰化物和氧的浓度是决定浸出速度的两个主要因素。因此浸出液中氰化物浓度通常保持在 0.02% ~ 0.15% 范围内，同时用石灰作保护碱，控制 pH 在 10 ~ 11 范围内。为了准确地测定和控制氰化矿浆的碱度，常用酸碱滴定法检测游离 CaO 的浓度，并使之维持在 0.01% 与 0.03% 之间。

为了保证矿浆中具有稳定的氰化物和氧化钙浓度，实验中必须常对氰化液进行检验测定。

1. 游离氰化物的测定

在碱性介质中，以碘化钾作指示剂，用硝酸银标准液滴定，形成 $Ag(CN)_2^-$ 络合物，过量的银离子与碘化钾生成黄色的碘化银沉淀，即为终点。

$$AgNO_3 + 2NaCN \longrightarrow NaAg(CN)_2 + NaNO_3 \qquad (6-7-4)$$

$$AgNO_3 + KI \longrightarrow AgI\downarrow + KNO_3 \qquad (6-7-5)$$

硝酸银标准溶液的制备方法是：称取 110℃ 干燥的硝酸银 1.734 g 溶于水中，移入 1 L 棕色容量瓶中，用蒸馏水稀释至刻度，摇匀置于暗处，消耗此溶液 1 mL 即为消耗 1 mg NaCN。

用移液管量取 10 mL 浸出试液于烧杯中，加 5% 碘化钾溶液 5 滴，用硝酸银标准液滴定至黄色混浊出现为终点。滴定所消耗的硝酸银标准液的毫升数乘 0.01% 即为试液中 NaCN 的百分比浓度，或毫升数乘 1/10000 即为 NaCN 的万分浓度。

2. 保护碱的测定

试液的碱性主要来源于游离氰化物和石灰 CaO，所谓保护碱是指游离氧化钙的含量。因此测定时应先用硝酸银将游离氰化物的碱抵消，然后用酚酞做指示剂，以草酸滴定氧化钙：

$$AgNO_3 + 2NaCN \Longrightarrow NaAg(CN)_2 + NaNO_3 \qquad (6-7-6)$$

$$H_2C_2O_4 \cdot 2H_2O + CaO \Longrightarrow CaC_2O_4 + 3H_2O \qquad (6-7-7)$$

草酸标准液的制备方法是：称取 2.241 g 草酸，溶于经煮沸后冷却的蒸馏水中，再移入 1 L 容量瓶中，并用水稀释至刻度，摇匀。此溶液 1 mL 约含 1 mgCaO。

分析方法：将前面滴定完氰化物的试液加入 1% 的酚酞指示剂 2~3 滴，用草酸标准溶液滴定至红色消失即为终点。消耗的草酸标准液的毫升数乘 0.01% 即为试液中 CaO 的百分浓度，或毫升数乘 1/10000 即为 CaO 万分浓度。

三、仪器设备与材料

1. XJT-80 型浸出搅拌机，球磨机，pH 计，滴定管，500 mL 量筒，50 mL 注射器，10 mL 移液管，150 mL 烧杯 2 个，洗瓶，吸耳球；

2. 氰化钠，氧化钙，硝酸银，草酸，碘化钾，酚酞；

3. 500 g 粒度为 -1 mm 含金氧化矿。

四、实验步骤

1. 检查球磨机、浸出搅拌槽运转是否正常，并清洗干净。

2. 配置浓度为 5% 的 NaCN 溶液 200 mL，称好按流程要求计算出的 CaO 量。

3. 将制备好的草酸、硝酸银标准液分别用指定小烧杯加入到滴定管中以备滴定用。

4. 称取粒度 -1 mm 500 g 含金原矿样，以磨矿浓度为 65% 在球磨机中磨矿 15 min（一般要磨到 -0.074 μm 在 75% 以上），矿浆倒出后供浸出使用。

5. 将矿浆置入浸出槽中，待矿浆沉降后用注射器吸出多余的清水，使液面控制在所要求的矿浆浓度刻度（35%）。

6. 升起浸出槽立轴，将浸出槽置于轴下，再降下立轴，关紧立轴，开动电机使叶轮旋转形成漩涡，空气则被吸入漩涡中，使矿浆中溶解一定量的空气。

7. 加药顺序为：先加调整剂 CaO 搅拌 2 min 后再加 NaCN。浸出 10 min、120 min 后检测游离 NaCN、CaO 浓度以及矿浆 pH，并记录下来。浸出终了时再检测一次药剂浓度、pH。

8. 浸出终了后将浸出液吸出，浸渣经三次洗涤后，烘干、取样、化验。

氰化法浸金的流程如图 6-7-1 所示。

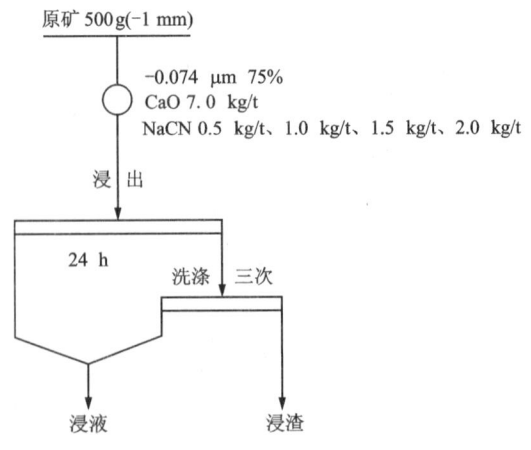

图 6-7-1 氰化浸金流程图

五、数据处理

氰化浸出 10 min、120 min 和 24 h 后检测游离 NaCN、CaO 浓度以及矿浆 pH 记入表 6 – 7 – 1 中。

表 6 – 7 – 1　浸出过程中各溶液残留 NaCN、CaO 浓度和 pH

项目 ＼ 浸出时间	10 min	120 min	24 h
［CaO］			
［NaCN］			
pH			

根据原矿及渣的化验品位计算浸出率，并将其他各数据填入表 6 – 7 – 2 中。

表 6 – 7 – 2　氰化物用量与浸出率的关系

NaCN 浓度 /%	NaCN 用量 /(kg·t^{-1})	原矿品位 Au/(g·t^{-1})	浸渣品位 Au/(g·t^{-1})	浸出率 /%

对数据进行分析，找出适宜的药剂用量、浸出时间和 CaO 用量等，以及在适宜的实验条件下可获得的最佳指标。

六、思考题

1. 浸出过程中测定 NaCN、CaO 浓度以及矿浆 pH 有何意义？
2. 金氰化浸出的原理是什么？

第7章　铁矿造块实验

造块是利用水和黏结剂作介质将粉末状固体物料制备成具有一定形状和机械强度的块状物料的过程。铁矿造块主要有烧结法、球团法、压团法三种。烧结法是将粉状物料进行高温加热，在不完全熔化的条件下烧结成块的方法；所得产品称为烧结矿，外形为不规则多孔状。球团法是将细粒物料在加水和黏结剂条件下在专门造球设备上滚动制成生球，然后再经焙烧固结的方法，所得产品称为球团矿，外观呈球形，粒度均匀。压团法是将粉状物料在一定外压力作用下在模具内受压，形成形状和大小一定的团块的方法。

本章主要介绍烧结实验法（烧结料混合、制粒与透气性测定、抽风烧结实验、烧结矿物理性能检测实验）和球团实验法（铁精矿成球性能检测实验、造球实验、氧化球团焙烧实验）。

实验7-1　烧结料混合、制粒与透气性测定

一、实验目的与要求

1. 掌握烧结料混合制粒实验的方法；
2. 掌握影响烧结料混合制粒效果的主要因素；
3. 掌握测定烧结混合料透气性指数的基本原理和方法。

二、基本原理

混合与制粒是烧结工艺的一个重要过程，对烧结产、质量指标有显著影响。制粒效果通常采用透气性指数来评价。透气性指数是料层单位面积风量与压力降和料层高度之间的关系，是衡量烧结混合制粒效果的一个参数。通过沃伊斯（E. W. Voice）公式（公式7-1-1）计算烧结透气性指数。

$$J. P. U = \frac{Q_{\mathrm{F}}}{S} \left(\frac{h}{\Delta P} \right)^{0.6} \tag{7-1-1}$$

式中：$J. P. U$ 为透气性指数；Q_{F} 为通过料层的风量，$\mathrm{m^3/s}$；S 为装料杯面积，$\mathrm{m^2}$；h 为装料高度，m；ΔP 为抽风负压，Pa。

三、仪器设备与材料

1. 电子天平；
2. 圆筒混合机；
3. 透气性测定装置（如图7-1-1所示）；
4. 铁矿石、熔剂、燃料等。

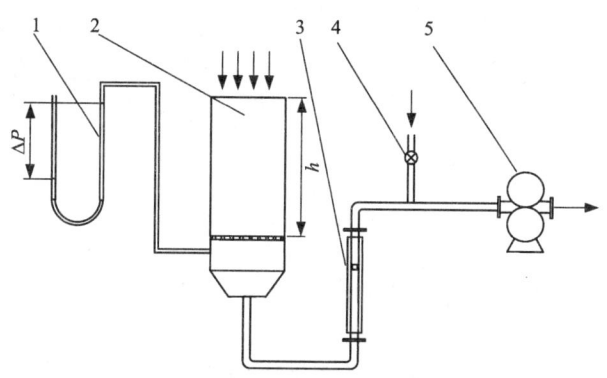

图 7 - 1 - 1　烧结料透气性测定装置示意图

1—压差计；2—实验杯；3—流量计；4—调节阀；5—抽风机

四、实验步骤

1. 配料、混合和制粒

按烧结料配比要求，分别称取铁矿、熔剂、燃料等，倒在光滑、干净的橡胶板或铁板上，采用移锥法将原料混合均匀，一般要求移锥 3 ~ 5 次。从堆好锥的顶部耙开，将根据设定值预先计算好的加入水量加入原料锥中，再采用移锥法将原料混合均匀。然后将其加入到 ϕ600 mm×300 mm 圆筒混合机中进行混合制粒，制粒时间为 3 min。制粒过程完成后，从混合机中倒出混合料，用样品盘装好用于后续测试。

2. 混合料透气性指数测定

将制粒后的烧结混合料装入 ϕ100 mm×200 mm 实验杯中（切记：不可摇动或压实），启动抽风机，通过调节阀调节抽风流量至 10 m³/h，记录压差计读数 ΔP，根据沃伊斯（E. W. Voice）公式计算混合料的透气性指数。该测定过程重复三次，要求误差小于 5%，取平均值作为本次实验的最终结果。

3. 混合料粒度组成测定

将筛孔分别为 8 mm、5 mm、3 mm、1 mm 和 0.5 mm 的标准筛从上至下叠放好，称取 1000 g 制粒后的烧结混合料倒入 8 mm 筛网上，用手轻轻筛分（以不破坏制好的颗粒为准），然后分别称量各粒级的质量，计算出烧结混合料的粒度组成。重复三次，要求误差小于 5%，最后三次实验的平均值作为最终实验的结果。

五、数据处理

1. 计算混合料的透气性指数，并分析影响混合料透气性的影响因素。

表7-1-1　混合料透气性测定数据记录表

实验序号	通过料层的风量 $Q/\text{m}^3 \cdot \text{min}^{-1}$	装料杯直径 D/m	装料高度 h/m	抽风负压 $\Delta P/\text{Pa}$	透气性指数 $J.P.U$	透气性指数 $J.P.U$ 平均值
1						
2						
3						

2.计算混合料各粒级所占百分含量和平均粒径,并对其进行分析。

表7-1-2　混合料粒度组成数据记录表

粒级 /mm	第1次筛分结果		第2次筛分结果		第3次筛结果		平均含量 /%
	质量/g	含量/%	质量/g	含量/%	质量/g	含量/%	
+8							
-8 +5							
-5 +3							
-3 +1							
-1 +0.5							
-0.5							
合计							
算术平均粒径 /mm							

六、思考题

1.影响混合料制粒效果的因素有哪些?

2.影响混合料透气性的因素有哪些?采取哪些措施可以改善混合料的透气性?

实验 7 - 2 抽风烧结实验

一、实验目的与要求

1. 熟悉烧结实验设备与工艺流程；
2. 掌握烧结实验的基本方法和操作技能；
3. 掌握影响烧结过程的主要操作参数。

二、基本原理

烧结是将含铁粉料、熔剂、燃料经高温加热，在不完全熔化的条件下烧结成块状炉料的过程，所得产品称为烧结矿，外形为不规则多孔状固体。烧结过程是一个复杂的物理化学反应过程，存在着气-固-液三相反应，包括水分的蒸发与凝结、燃料的燃烧、碳酸盐的分解、铁氧化物的还原及氧化、硫的氧化等反应。从矿物学来看，烧结包括固相反应—液相反应—冷凝固结的过程。烧结过程的特点是这些反应在较短时间内完成。

本实验采用抽风法进行烧结，在烧结过程中，烧结料层从上到下可分为烧结矿带、燃烧带、干燥预热带、水汽冷凝带（也叫过湿带）和原始烧结料带五个带（如图7-2-1所示）。

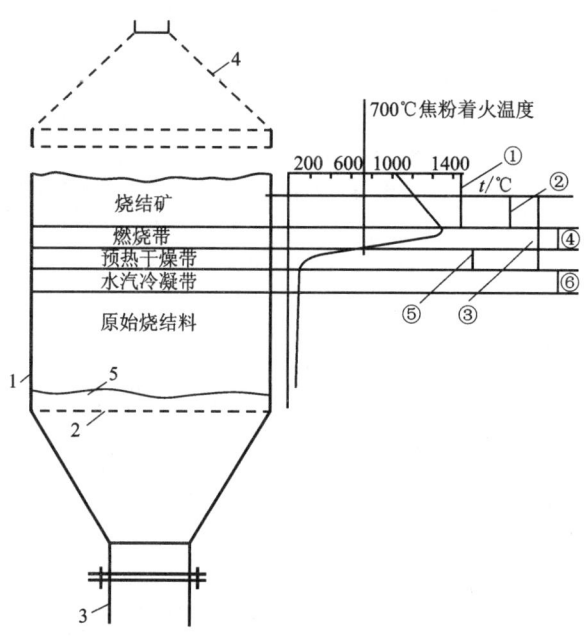

图7-2-1 烧结过程示意图

1—烧结杯；2—炉箅；3—废气出口；4—点火器；5—铺底料

各带区的主要反应为：

①烧结矿带：烧结矿的冷却与再氧化过程；

②靠近燃烧带的烧结矿带：熔体结晶；

③干燥预热带、燃烧带与靠近燃烧带的烧结矿带：固相反应，氧化还原，原铁的氧化物、碳酸盐、硫化物的分解；

④燃烧带：燃料燃烧，液相熔体生成，高温分解；

⑤干燥预热带：挥发，分解，氧化还原，水分蒸发；

⑥水分冷凝带：水汽冷凝。

三、仪器设备与材料

1. 烧结实验装置如图 7 - 2 - 2 所示。烧结杯尺寸：φ100 mm × 500 mm。

2. 10 ~ 16 mm 的成品烧结矿，混合制粒后的烧结混合料。

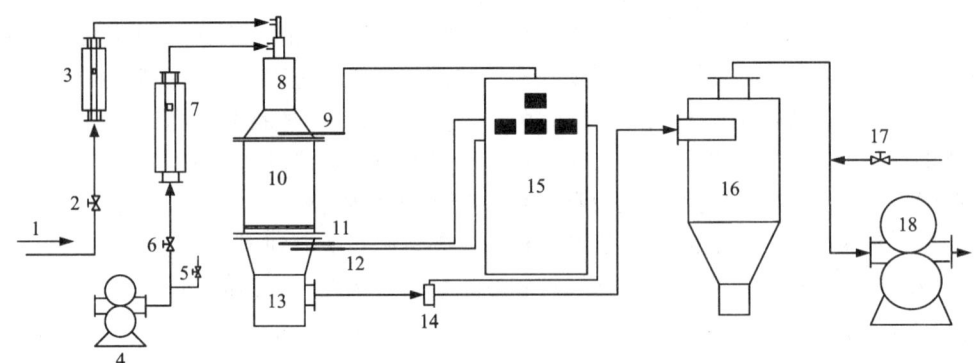

图 7 - 2 - 2　烧结实验装置示意图

1—天然气；2—天然气流量调节阀；3—天然气流量计；4—助燃风机；5—助燃风放散调节阀；6—助燃风流量调节阀；7—助燃风流量计；8—点火器；9—点火测温热电偶；10—烧结杯；11—烧结废气测温热电偶；12—烧结负压测定；13—烧结真空；14—烧结废气流量测定；15—仪表柜；16—旋风除尘器；17—抽风放散调节阀；18—烧结抽风机

四、实验步骤

1. 铺底料：称取 10 ~ 16 mm 的成品烧结矿 500 g，均匀布入烧结杯炉箅条上。

2. 布料：将已经混合制粒后的烧结混合料顺着烧结杯壁慢慢布入烧结杯中，布满烧结杯后刮平，采用压料器将烧结料压实，直至料面距杯顶约 20 mm。

3. 点火器升温：打开助燃风机放散阀，启动助燃风机，按下电子点火器按钮，缓慢开启天然气阀门至点火器点燃。调节天然气流量和助燃风量，一般风和天然气之比按 12∶1 调节，将点火温度升至(1100 ± 50)℃。

4. 烧结点火：打开烧结抽风风机放散阀，开启烧结抽风风机，通过调节放散阀将烧结负压调至点火要求的负压(- 5 kPa)，然后将点火器移到烧结杯正上方，开始点火并计时，点火时间 1 min。点火完成后，减少天然气和空气量使点火器温度降低到(950 ± 50)℃保温 1 min。保温结束后先关闭天然气阀门，再打开助燃风放散阀并关闭助燃风机。

5. 烧结：保温结束后移走点火器，调节抽风风机放散阀至烧结要求的负压(- 10 kPa)。在烧结过程中要求每分钟记录一次烧结负压(kPa)、废气流量(m³/h)和废气温度(℃)。烧结废气温度开始上升后每 15 s 记录一次数据。烧结废气温度达最高点后，视为混合料烧结过程完成。从点火开始至废气温度达到最高点所用的时间，要即为烧结时间。

6.冷却：混合料烧结完成后，调节放散阀至冷却要求的负压(−5 kPa)，冷却3 min，然后打开烧结抽风风机放散阀，关闭烧结风机，倒出烧结饼并称重。

五、数据处理

1.根据表7−2−1中记录的数据绘制时间−烧结负压曲线、时间−烧结废气流量曲线、时间−烧结废气温度曲线，并分析实验结果。

表7−2−1　烧结实验数据记录表

装料高度/mm		装料量/kg	
点火温度/℃		点火时间/min	
保温温度/℃		保温时间/min	
烧结终点时间/min		最高废气温度/℃	
垂直烧结速度/(mm·min^{-1})		烧结饼质量/kg	
烧结时间/min	烧结负压/kPa	废气温度/℃	废气流量/(m^3·h^{-1})
0			
1			
2			
3			
...			

2.根据公式7−2−1计算垂直烧结速度，分析影响垂直烧结速度的因素。

$$V_\perp = h/t \tag{7-2-1}$$

式中：$V_\perp$为垂直烧结速度，mm/min；h为烧结原始料层高度，mm；t为烧结时间，min。

六、思考题

1.影响垂直烧结速度的因素有哪些？

2.烧结料层可以分为哪五个带？各个带的透气性有何差异？

实验 7 – 3 烧结矿物理性能检测实验

一、实验目的与要求

1. 掌握烧结矿主要物理性能检测方法；
2. 掌握烧结矿主要物理性能评价方法；
3. 熟悉烧结矿物理性能检测设备与操作方法。

二、基本原理

烧结矿检测方法是按照国家标准(YB/T—006—91)进行。主要有以下产、质量指标：

1. 烧结矿粒度组成：以筛分后各粒级烧结矿的质量占总烧结矿质量的百分含量来表示。

2. 烧结矿成品率

$$成品率 = \frac{+5 \text{ mm 成品烧结矿质量} - 铺底料质量}{烧结矿质量 - 铺底料质量} \times 100\% \qquad (7-3-1)$$

3. 烧结利用系数

$$利用系数 = \frac{+5 \text{ mm 成品烧结矿质量} - 铺底料质量}{烧结杯面积 \times 烧结时间} \qquad (7-3-2)$$

4. 烧结矿转鼓强度

$$转鼓强度 \ T = \frac{m_1}{m_0} \times 100 \qquad (7-3-3)$$

$$抗磨强度 \ A = \frac{m_0 - (m_1 + m_2)}{m_0} \times 100\% \qquad (7-3-4)$$

式中：m_0 为入鼓试样质量，kg；m_1 为转鼓后 $+6.3$ mm 粒级质量，kg；m_2 为转鼓后 $-6.3 \sim +0.5$ mm 粒级质量，kg。

三、仪器设备与材料

1. 落下强度实验装置(烧结矿自 2 m 高度处自由落下 3 次)；

2. 多层往复筛(3 min 的时间内往复 180 次)，筛孔尺寸分别为 40 mm × 40 mm、25 mm × 25 mm、16 mm × 16 mm、10 mm × 10 mm、5 mm × 5 mm；

3. 1/5 标准转鼓(8 min 的时间内旋转 200 转)；

4. 6.3 mm 方孔筛，0.5 mm 标准筛；

5. 已经烧结好的烧结饼。

四、实验步骤

1. 烧结饼落下实验

将烧结饼称量后放入落下强度测定装置提升篮中，开启除尘装置后，打开落下强度测定装置电源，将落下强度测定装置自动/手动按钮旋到自动位置，再按下启动按钮，系统自动将烧结矿提升 2 m 高落下，往复落下 3 次后停下，取出烧结矿，待后续测定。

2. 粒度组成、成品率和利用系数

检查筛板，筛板由上至下按筛孔大小，从大到小叠放整齐，最下层放置无孔盘，扣上卡扣，关好前门。将落下强度测定后的烧结矿分成两份，其中一份称重后放入到多层筛中，起动往复筛电源，筛分 3 min。打开前门，解开卡扣，分别取出筛板，倒出试样，分别称量各粒级的质量，计算粒度组成、成品率和利用系数。

3. 转鼓强度测定

打开转鼓强度实验机的鼓门窗口(如窗口不是在正前方位置，则用 Z 型手摇柄转动实验机至窗口合适位置)，取出烧结矿粒度组成测定后的 10 ~ 16 mm、16 ~ 25 mm 和 25 ~ 40 mm 三个粒级的烧结矿，按其质量比例配取 3 kg，放入转鼓强度实验机中，关紧窗门，确认 Z 型手摇柄取出后，启动实验机按钮，实验机开始运转 8 min。停止后，打开窗门，用 Z 型手摇柄转动实验机，将窗口转至最低部，将试样倒入接料盘中。再将接料盘中的试样倒入鼓后筛中，启动电源，往返摇筛 3 min。鼓后筛停止后用 Z 型手摇柄转动筛板，倒出试样，称重。将 −6.3 mm 粒级再用 0.5 mm 标准筛手工筛分 30 次，分别称量筛上与筛下物的质量，计算出烧结矿的转鼓强度与抗磨强度。

五、数据处理

1. 计算烧结矿各粒级所占百分含量，并对其进行分析；

表 7 − 3 − 1　烧结矿物理性能检测数据记录表

烧结饼质量/kg		筛分前烧结矿质量/kg	
	粒级/mm	质量/kg	含量/%
筛分结果	+40		
	−40 +25		
	−25 +16		
	−16 +10		
	−10 +5		
	−5		
	总计		
烧结杯直径/m		烧结时间/min	
成品率/%		利用系数/(t·m^{-2}·h^{-1})	
转鼓装料	粒级/mm	含量/%	装料量
	−40 +25		
	−25 +16		
	−16 +10		
转鼓后 +6.3 mm 粒级质量/kg		转鼓后 −6.3 mm +0.5 mm 粒级质量/kg	
转鼓强度/%		抗磨强度/%	

2.计算烧结矿的成品率，对其进行评价，并分析其影响因素；

3.计算烧结利用系数，对其进行评价，并分析其影响因素；

4.计算烧结矿的转鼓强度与抗磨强度，对其进行评价，并分析其影响因素。

六、思考题

1.如何评价烧结矿的物理性能？

2.如何提高烧结矿的转鼓强度？

实验7-4　铁精矿静态成球性指数测定

一、实验目的与要求

1. 了解铁精矿最大分子水的测定原理与测定方法；
2. 了解铁精矿最大毛细水的测定原理和测定方法；
3. 检测铁精矿最大分子水和最大毛细水，计算静态成球性指数。

二、基本原理

铁精矿成球性能好坏，常用静态成球性指数 K 来表示。静态成球性指数 K 是综合反映物料粒度、粒度组成、比表面积和亲水性能的参数。K 越大，成球性能越好。K 值越小，成球性能越差。K 值可用下列经验公式来计算：

$$K = \frac{W_\text{分}}{W_\text{毛} - W_\text{分}} \tag{7-4-1}$$

式中：$W_\text{分}$ 为最大分子水，%；$W_\text{毛}$ 为最大毛细水，%。

三、仪器设备与材料

1. 最大分子水测定装置(见图7-4-1)，压模规格：$\phi 60\ \text{mm} \times 100\ \text{mm}$；
2. 液压压力机，最大压力不低于3t；
3. 电热鼓风干燥箱；
4. 容量法最大毛细水测定装置(见图7-4-2)；
5. 铁精矿

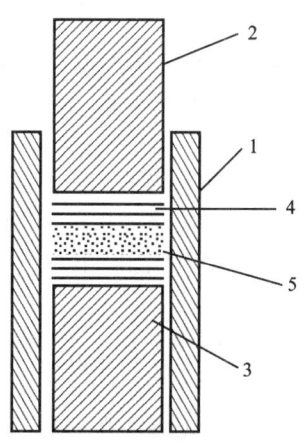

图7-4-1　最大分子水测定装置

1—套筒；2—上压塞；3—下压塞；
4—20层滤纸；5—试样

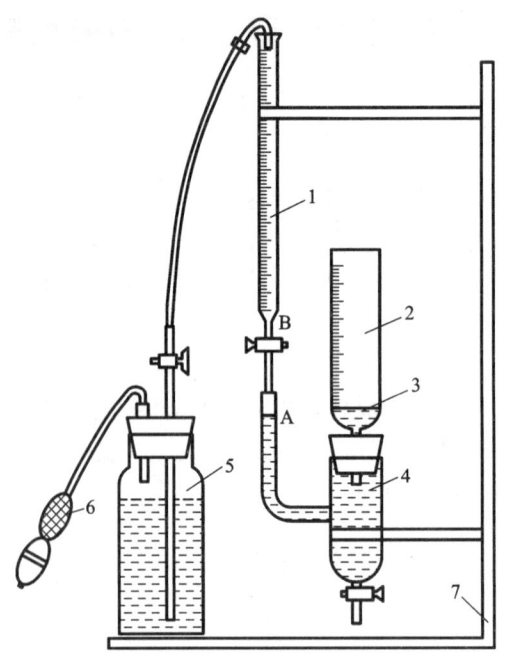

图7-4-2 最大毛细水测定装置

1—滴定管；2—玻璃装料器；3—筛板；4—玻璃贮水器；5—水瓶；6—打气球；7—支架

四、实验步骤

1. 测定最大分子水

(1)取准备好的原料500 g，盛于盘内，加水润湿至饱和状态，静置2 h，使颗粒表面得以充分湿润；

(2)如图7-4-1所示，将下压塞3放入压模1中，并将20张直径为60 mm的滤纸放于下压塞上，将已准备好的试样放在压模内的滤纸上，铺平，其量为试样受压后厚度不超过2 mm为宜；

(3)再在试样上加20张滤纸，再放上上压塞2；

(4)将装有试样的压模放在液压机上，以65.5 kg/cm² 的压力，加压5 min，压后取出试样称重其质量为 m_1。然后将试样于(110±5)℃温度下烘干至恒量，其质量为 m_2。按下式计算试样的最大分子水：

$$W_分 = \frac{m_1 - m_2}{m_1} \times 100\% \qquad (7-4-2)$$

式中：$W_分$ 为试样的最大分子水，%；m_1 为试样加压后的质量，g；m_2 为试样干燥后的质量，g。

(5)按上述步骤重复实验3次，测定误差不超过0.5%。实验中，滤纸不得重复使用，所测试样的最大分子水取3次测量的平均值。

2. 测定最大毛细水

(1)按图7-4-2检查仪器各部装配是否稳妥，滴定管阀门应处于截止位置。

(2)在装料器和筛板上涂一薄层石蜡，将筛板放进装料器中，在筛板上铺两层滤纸，然后将干的试样(100 g)以松散状态装入装料器中,装料过程中不可摇动或压实,装料高度为100 mm,记下装入的干试样质量$m_干$。

(3)向贮水器中注入蒸馏水,当其水面升至与筛板下缘在同一水平面时,试样开始吸水,记录试样开始吸水时间t_1与滴定管水面读数h_1。

(4)试样吸水后,基准线的水位逐渐下降,及时打开滴定管阀门。放出蒸馏水,以保持基准线的水位稳定于刻度处,即放水速度与试样吸水速度一致,直至试样不再吸水为止,记下结束时间t_2及滴管水面高度h_2。

(5)按公式(7-4-3)和公式(7-4-4)计算试样最大毛细水含量和毛细水迁移速率。

$$W_毛 = \frac{m_水}{m_干 + m_水} \times 100\% \qquad (7-4-3)$$

式中:$W_毛$为试样之最大毛细水,%;$m_水$为试样吸水量,g;$m_干$为干试样质量,g。

$$V = \frac{h}{t} \qquad (7-4-4)$$

式中:V为毛细水迁移速率,mm/min;t为试样吸水时间,min;h为试样料层高度,mm。

(6)重复测量3次,测定误差不超过2%,取3次平均值作为试样毛细水测量值。

五、数据处理

将实验结果记录在表7-4-1和表7-4-2中,计算试样的最大分子水、最大毛细水、毛细水迁移速率和静态成球性指数,根据K大小对所测原料进行成球性能分析。

表7-4-1 最大分子水测定数据记录表

实验次数	试样加压后的质量 m_1/g	试样干燥后的质量 m_2/g	试样的最大分子水 $W_分$/%	最大分子水 $W_分$ 的平均值
第1次				
第2次				
第3次				

表7-4-2 最大毛细水测定数据记录表

实验次数	干试样的质量 $m_干$/g	吸水开始滴定管读数 h_1/mL	吸水结束滴定管读数 h_2/mL	试样吸水量 $m_水$/g	试样开始吸水时间 t_1/min	试样结束吸水时间 t_2/min	试样的最大毛细水 $W_毛$/%	毛细水迁移速率 V/(mm·min^{-1})	最大分子水 $W_毛$ 的平均值/%	毛细水迁移速率 V 的平均值/(mm·min^{-1})
1										
2										
3										

六、思考题

1. 什么是原料最大分子水？影响原料最大分子水的因素有哪些？
2. 什么是原料最大毛细水？影响原料最大毛细水的因素有哪些？

实验 7 – 5 造球实验

一、实验目的与要求

1. 掌握物料成球的基本理论知识,认识物料造球的各个阶段;
2. 掌握水分、物料性质及添加剂对造球过程的影响;
3. 掌握生球质量评价指标及评价方法;
4. 掌握造球及生球物理性能检测方法。

二、基本原理

实验室细磨铁精矿的造球,可分为球核形成、母球长大和生球紧密三个阶段。

1. 球核形成

在造球机转动过程中,以滴状水加到铁精矿中进行不均匀点滴润湿,使铁精矿局部持水达到毛细水含量阶段,细粒铁精矿借助毛细力作用被拉向水滴的中心,形成小聚合体,在造球机中受到滚动作用而形成母球。

2. 母球长大

母球长大的条件是其表面的水分含量接近于适宜的毛细水含量,母球在球盘中继续滚动,被进一步压密,使毛细管形状与尺寸改变,从而将过剩的毛细水挤到球团表面上来,母球表面过湿,进而粘附润湿程度低的铁矿颗粒,使母球继续长大。此时,需往母球表面喷雾状水,使母球表面进一步粘附矿粒而长大。母球长大阶段需要及时喷水和加料,不断循环使母球长大成球团。

3. 生球紧密

生球在长大的同时,由于滚动与搓动的机械力作用,生球内的颗粒发生选择性的接触面积最大排列,使生球内的矿石颗粒彼此靠近,当生球长大到 12 mm 左右时,停止加水加料,让生球继续滚动,利用造球机所产生的机械力,挤出生球内多余的水分,并为润湿程度低的矿石颗粒所吸收。这样生球能进一步紧密,提高生球的机械强度。

三、仪器设备与材料

1. 圆盘造球机;
2. 生球抗压强度测定装置,生球落下强度测定装置,生球爆裂温度测定装置(见图7 – 5 – 1);
3. 铁精矿和膨润土。

四、实验步骤

1. 配料

称取 4 kg 铁精矿,倒在混料盘内。按铁精矿干料量的 1% ~ 2% 配加膨润土,再加适量水分,按"移锥法"充分混匀三次。

2. 造母球

启动圆盘造球机,将造球机转速调至 28 ~ 30 r/min,取混合料 200 g 左右加入造球盘中,

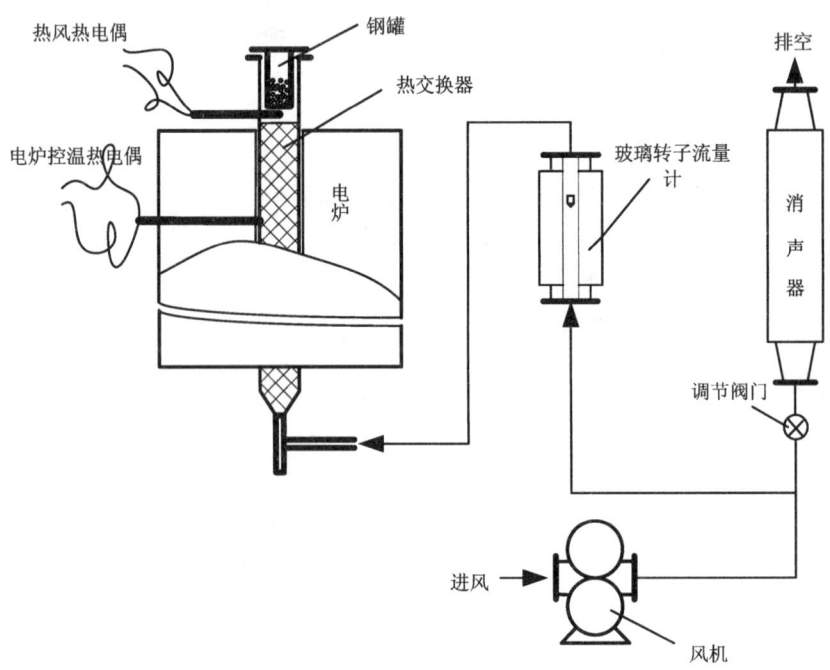

图 7 - 5 - 1   生球爆裂温度测定装置示意图

以滴状水形式慢慢地将水加到混合料表面,这时混合料在造球机圆盘内形成球核,成核过程中要随时将粘在圆盘上的物料刮起,并将较大的母球打碎,经过 2 ~ 3 min 的滚动,又小又光滑又圆又硬的母球就形成了。造母球的关键环节是加"过湿水"和及时"刮料"、"打碎",加水少则母球难以形成且强度不大。

3. 母球长大

不断往母球表面上喷加雾状水,同时往已润湿的母球表面加物料,使母球不断长大。在母球长大过程中,密切注视球团长大的情况,细心加水、加料,当球团长大到 12 mm 左右时停止加料、加水。母球长大的关键环节是"料到位、水及时",同时要打碎异常长大的球团。

4. 生球紧密

停止加水加料后,生球在造球盘内再继续转动 2 min,使生球得以紧密,然后用小铁铲取出生球。出球时,不需关机,用料铲迎着生球运行方向将球铲出,注意不要将球打碎。生球取出后必须用密封袋装好,留作后续实验用。

5. 生球水分

取生球 500 g,压碎后放入鼓风干燥箱内,在 105 ~ 110℃下烘 2 h,取出称量,然后放入烘箱 0.5 h,取出称量,反复数次至恒重 m_t,计算生球水分 w。

$$w = \frac{m_0 - m_t}{m_0} \times 100\%$$

式中:w 为生球水分,%;m_0 为烘干前生球质量,g;m_t 为烘干后生球的质量,g。

6. 生球落下强度测定

取 10 个合格生球分别在生球抗压测试仪上进行落下强度(自 500 mm 高处自由落下)的

测定，测量后取平均值，为生球的落下强度。生球落下强度测定的关键是选取"等粒径球"，即选取相同粒径大小的生球进行测定。

7. 生球抗压强度测定

取10个合格生球(10~16 mm)分别在生球抗压强度测试仪上，测定生球的抗压强度，取平均值为生球的抗压强度。

8. 生球粒度组成

称取造好的生球3 kg，用5 mm、8 mm、10 mm、15 mm、20 mm、25 mm圆孔套筛进行筛分，测定各粒级的百分含量。

9. 生球爆裂温度测定

实验前先检查爆裂温度测定装置是否正常，然后接通电源，启动电炉，设定控制温度为500℃，电炉正常工作。

当电炉温度达到500℃后，启动风机，通过调节阀门使冷态送风量达到10 m³/h(风速约为1.5 m/s)，观察热风温度是否达到实验所需的温度，如果没达到，则需继续升高电炉温度，热风温度超过则需降低炉温。当电炉升温时关闭风机，降温时则要求保持风机运转。

取50个生球装入底部带孔的钢罐中，当热风温度达到所需的温度且至少稳定1 min时，将钢罐放入电炉上部停留5 min后取出，从钢罐中倒出生球，观察生球的破裂情况。当生球破裂两个时的风温即为所测生球的爆裂温度(测定生球爆裂温度规定:破裂生球4%即为该次实验的爆裂温度)；当生球破裂一个以下需继续提高温度，如果破裂三个以上则需降低风温。每次确定爆裂温度时要求重复一次实验，误差不超过3%。重新测定时，要求使用新的生球。

表7-5-1　造球实验记录表

一、配料

原料用量/g		磁铁矿		赤铁矿		膨润土		其他	

二、水分测定

生球质量 m_0/g		干燥后生球质量 m_t/g		生球水分 W	

三、生球落下强度测定，次/个·0.5 m

1	2	3	4	5	6	7	8	9	10

四、生球抗压强度测定，N/个

1	2	3	4	5	6	7	8	9	10

五、生球粒度组成

粒度/mm	<5	5~8	8~15	15~20	20~25	>25	入筛总质量
各粒级质量/g							
各粒级含量/%							

六、生球爆裂温度测定

生球爆裂温度/℃	

实验完成后，及时关闭风机与电炉。

五、数据处理

根据实验结果编写实验报告，重点对生球质量指标进行分析。

六、思考题

1. 影响生球质量的因素主要有哪些？

2. 测定生球爆裂温度有什么实际意义？

3. 谈谈生球裂纹温度和生球爆裂温度的区别，有何关系？

实验7-6 氧化球团焙烧实验

一、实验目的与要求

1. 巩固球团高温固结的基本理论；
2. 掌握实验室进行氧化球团焙烧的方法；
3. 了解预热和焙烧温度、时间等因素对焙烧球团矿理化性能的影响。

二、基本原理

铁矿氧化球团固结的主要形式有：

1. Fe_2O_3 再结晶固相固结

球团中的铁主要以 Fe_3O_4 或 Fe_2O_3 形式存在，在高温下焙烧球团时，Fe_2O_3 再结晶是其固结的主要方式，Fe_2O_3 在氧化气氛中焙烧，900℃以上就开始发生再结晶。随着焙烧温度的增加，Fe_2O_3 晶粒不断长大，球团矿强度进一步提高。

2. 液相固结

在铁矿氧化球团中，除含有铁氧化物外，一般还含有 SiO_2、CaO、MgO 等化合物，在高温焙烧过程中，彼此之间存在以下渣相反应体系：

$FeO - SiO_2$ 系

$CaO - Fe_2O_3 - SiO_2$ 系

$FeO - MgO$ 系

$FeO - MgO - SiO_2$ 系

$FeO - CaO - MgO - SiO_2$ 系

这些反应生成的大部分化合物的熔点较低，随着反应的进行，球团中产生的液相可将难熔的分散颗粒粘结在一起，当温度降低时，熔体冷凝，矿物结晶析出，使球团固结强度提高。

三、仪器设备与原料

1. CWG-55双节卧式球团焙烧炉（见图7-6-1）；
2. 球团抗压强度测定仪（见图7-6-2）；
3. 瓷舟，铁钩等；
4. 直径为12 mm左右的铁矿干球。

四、实验步骤

1. 开机。接通双节球团焙烧管炉电源，分别打开预热炉和焙烧炉的控制开关，调节温度升降按钮设定预热温度（如950℃）与焙烧温度（如1250℃），然后启动预热炉和焙烧炉开始升温。

2. 干燥（200~400℃）。选择7~8个直径为12 mm左右的干球装入到瓷舟中，在管炉升温过程中将瓷舟用铁钩推入预热炉炉口附近，使生球完全干燥。

3. 预热（900~1000℃）。管炉预热段达到设定温度后，用铁钩将瓷舟推入到预热段恒温

CWG卧式球团焙烧装置

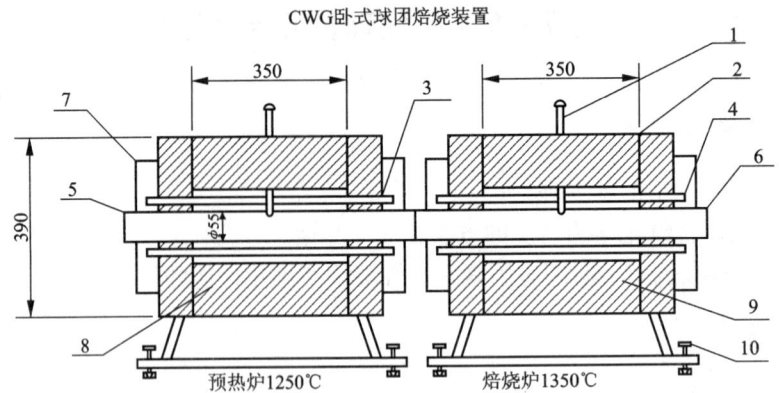

图7-6-1 CWG-55 双节卧式球团焙烧炉结构图

1—S 型热电偶；2—不锈钢炉壳；3—预热炉碳棒6 支；4—焙烧炉高温碳棒8 支；5—预热炉刚玉管：1300 型；6—焙烧炉刚玉管：1600 型；7—保护罩；8—1400 型纤维炉膛；9—1600 型纤维炉膛；10—调整炉脚

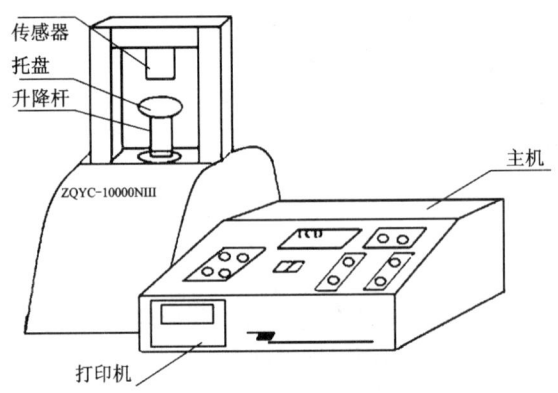

图7-6-2 球团抗压强度测定仪

区进行预热，开始记录预热时间（如预热 10 min）。

4. 焙烧（1200～1350℃）。管炉焙烧段达到设定温度后，将预热好的球，用铁钩直接将瓷舟推入至焙烧段恒温区进行高温焙烧，开始记录焙烧时间（如焙烧 15 min）。

5. 均热（略低于焙烧温度）。焙烧完成后，将瓷舟用铁钩拉回到预热段，均热一定时间（如均热 10 min）。

6. 冷却。均热完成后将瓷舟用铁钩拉回至管炉口，放置 3 min，然后出炉在空气中自然冷却。

7. 抗压强度测定。打开球团抗压强度测定仪电源，将"手动/自动"模式开关切换至自动模式，将成品焙烧球团放到托盘上，按下"启动"按钮，升降杆顶起托盘和球团上升至传感器，在挤压的作用下球团矿发生破裂，引起应力突变，使升降杆回到起始的位置，抗压强度值显示在液晶屏上，记录该数据。测定多个焙烧球团的抗压强度，取平均值作为最终结果。

五、数据处理

将实验数据填入表7-6-1中,并对成品球团矿的强度进行分析。

表7-6-1 氧化球团焙烧实验记录表

一、焙烧制度

预热		焙烧		均热		冷却
时间/min	温度/℃	时间/min	温度/℃	时间/min	温度/℃	时间/min

二、抗压强度

球号	1	2	3	4	……	平均值
抗压强度/N						

根据所做实验及结果编写实验报告,并对成品球团矿的强度进行分析。

六、思考题

1. 影响成品球团矿质量的因素主要有哪些?
2. 氧化球团矿主要的矿物组成是什么?

第8章 综合设计与研究性实验

综合设计与研究性实验是使学生能进一步加深对矿物加工研究方法课堂教学内容的理解，综合运用所学专业知识，制备试样，进行实验设计，取样分析，拟定实验方案，完成条件实验和闭路实验，处理实验数据，评估实验结果，编写实验研究报告。培养学生分析问题和解决问题的能力，基本上掌握矿石可选性研究的操作技能。矿物加工实验要求在充分了解原矿性质的条件下，拟定合适的实验方案，选择合适的工艺条件，达到矿物分选的目的。为寻找最佳工艺条件，需要有正确的实验设计（如正交设计等），以便考查和分析各工艺因素对矿石分离的影响。

实验8－1 矿石浮选分离综合实验

一、实验目的与要求

1. 根据矿石性质拟定矿石浮选分离工艺流程；
2. 进行浮选分离工艺条件实验；
3. 推荐矿石浮选分离适宜的工艺流程和药剂制度。

二、实验基本原理

根据所研究的矿石的特性，可参考相应的资料，结合已有的生产经验或利用所学专业知识，拟定一个矿石浮选的原则方案，其基本要求是流程简单，用药经济合理，以达到较高的选别指标。以 Cu，Pb，Zn，S 多金属硫化矿浮选为例，最常用的原则流程有：

1. 优先浮选，这一方案适用于可浮性差异较大的矿石，按可浮性好坏次序，逐个选出其精矿，如图8－1－1所示。
2. 混合浮选。矿石中有用矿物呈集合体存在，在粗磨条件下，能得到混合精矿和废弃尾矿的矿石，此方案如图8－1－2所示。
3. 部分混合浮选，适于粗细不均匀嵌布的矿石，如图8－1－3所示。
4. 按等可浮性浮选，如图8－1－4所示。

三、仪器设备与材料

1. 破碎筛分设备：颚式破碎机（100 mm×60 mm），辊式破碎机（XPS—250 mm×150 mm），双层振筛机（XSZ—75 型 300 mm×600 mm）。
2. 磨矿设备：锥型球磨机（XMQ—67 型 240 mm×90 mm）。
3. 浮选设备：单槽浮选机（XFD3—63 型 1.5 L，XD1—63 型 0.5 L）。
4. 脱水干燥设备：真空过滤机，电热鼓风干燥箱。

5．其他仪器：电子天平，酸度计（pHS—3C 型），秒表，200 目标准筛（筛孔 0.074 mm），制样工具，加药量具，装试样容器等。

6．样品：−25 mm 粒度的矿石 150 kg。

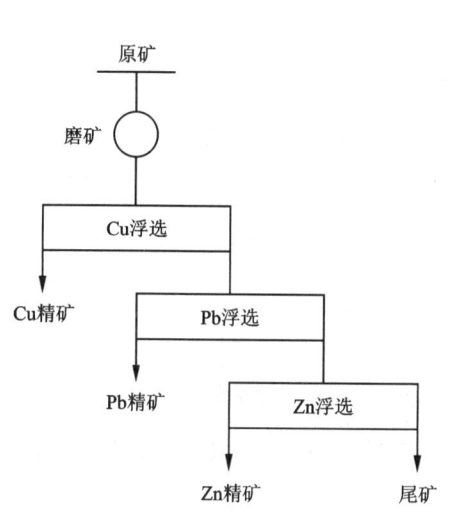

图 8−1−1　优先浮选原则流程图

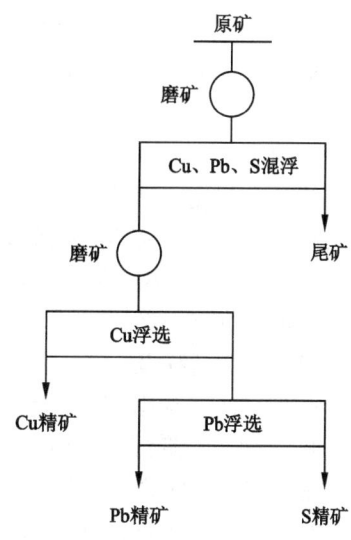

图 8−1−2　混合浮选原则流程图

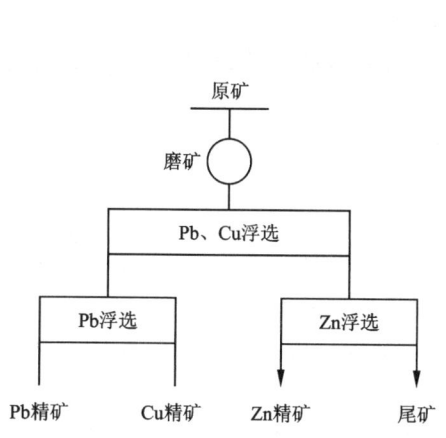

图 8−1−3　部分混合浮选流程图

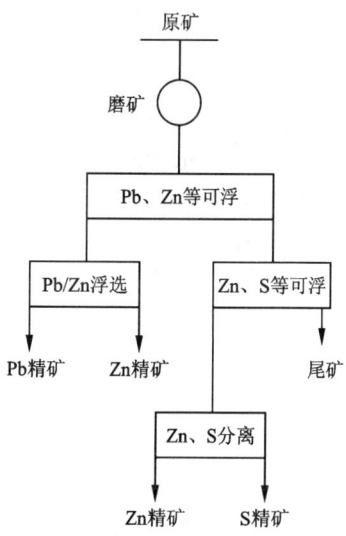

图 8−1−4　等可浮性浮选流程图

四、实验内容

1．矿样的制备

将一份有代表性的原矿大样，破碎筛分，缩分成若干份有代表性可供分析、鉴定和适合实验项目使用的小样。制备的各单份试样，不仅应满足各项具体实验工作对实验粒度和质量的要求，而且在物质组成及物理、化学性质等方面也应具有代表性。

某矿石大样 150 kg，最大粒度 25 mm，按图 8-1-5 中的流程进行破碎筛分，最终粒度为 -3 mm，经充分混匀，按每袋 500 g 缩分装袋，供浮选实验，以及供光谱分析、化学分析、物相分析、显微镜分析等用。

2. 条件实验

条件实验是在预先实验的基础上，或根据经验，参考同类型矿石生产实践，系统地考察各因素对浮选指标的影响后，找出适宜的浮选条件。

条件实验项目包括：磨矿细度、矿浆 pH 或矿浆电位、抑制剂的选择及用量、活化剂的选择及用量、捕收剂的选择及用量、起泡剂用量、浮选时间、矿浆浓度、矿浆温度、精选条件实验、中矿处理方法、综合条件验证实验等。实验内容顺序大致如此。但是，不同的矿石性质不一样，

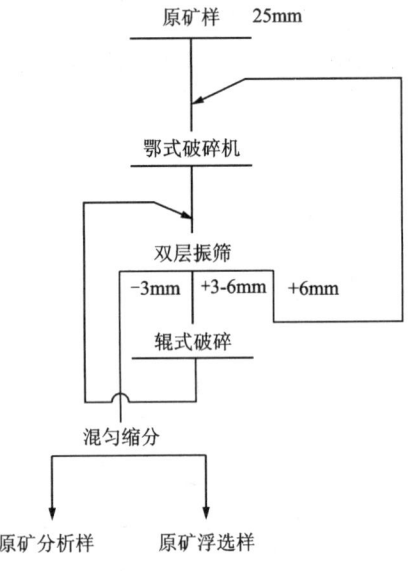

图 8-1-5 破碎、筛分、缩分流程图

影响其分选的主要因素也不一样，因而条件实验的内容和顺序可以有所不同，以下安排了四种条件实验。

（1）磨矿细度

为了使目的矿物达到单体解离，并符合浮选的粒度要求，需要通过磨矿细度实验决定。磨矿产品的细度与磨矿机的装球量、球荷配比、磨机转速、磨矿浓度、磨矿时间等因素有关。本实验仅通过安排不同的磨矿时间，达到不同磨矿细度的目的。要求学生掌握磨矿操作技能，学会对磨矿浓度和细度的控制及测定方法。

磨矿浓度为 50% ~ 75%，定好后，在以后的实验中就不能变动。磨矿中添加水量按下式进行计算：

$$V = \frac{100 - C}{C}m \qquad (8-1-1)$$

式中：V 为添加水量，mL；C 为磨矿浓度，%；m 为矿石质量，g。

实验室通常用磨矿时间来控制磨矿细度。实验中磨矿时间常定为 3 min，5 min，7 min，9 min，11 min 或 4 min，6 min，8 min，10 min，12 min 等时间间隔。

将每一个磨矿产品，分别用 0.074 mm 标准筛在脸盆中进行湿筛，筛下产物废弃，筛上产物烘干后再干筛至终点，并称量。筛下产物的质量为矿石质量减筛上产物质量，然后换算成 -0.074 mm 百分含量，即为磨矿细度。以磨矿时间为横坐标，磨矿细度为纵坐标作图进行分析讨论。注意每一份入磨矿样必须称准、等量。

（2）不同磨矿细度的浮选实验

按预定的原则流程及药剂制度，对不同磨矿细度，即不同磨矿时间的产品进行浮选，寻找获得最佳浮选指标时的磨矿细度。注意严格按预定的磨矿浓度和磨矿时间进行磨矿。冲洗球磨机时要控制冲洗水量，即要洗干净，又要少用水，还要避免矿样损失。

严格按预定的浮选实验条件进行实验，注意控制浮选时的补加水量、矿浆液面高度、充气量，刮泡速度要稳定一致，减少操作误差。

浮选产物要及时贴好标签，分别过滤、烘干、称量、缩分、取化验样、研细后送化验分析，注意避免损失，防止混杂。

实验结果填入浮选实验记录表 8 – 1 – 1 中。

表 8 – 1 – 1 浮选实验记录表

实验编号	产品名称	质量 /g	产率 γ/%	品位 β/%	相对金属量 $\gamma \cdot \beta$	回收率 ε/%	实验条件	备 注
1	精矿							
	尾矿							
	原矿							
2	精矿							
	尾矿							
	原矿							

对每次实验结果进行分析讨论，根据本次实验中的最佳指标，综合考虑经济效益，决定下轮实验的实验条件。

(3)矿浆 pH

考虑矿浆 pH 对硫化矿可浮性的影响，根据有关资料，设置一个 pH 范围，在此范围内做 4 ~ 5 个实验，每次用 pH 计或 pH 试纸测定 pH。浮选操作同前一轮实验，注意减少过失误差。

(4)捕收剂与活化剂(抑制剂)用量实验

采用正交实验方法安排捕收剂和活化剂(或抑制剂)的用量，确定它们的最佳用量，了解相互间的交互作用，确定需要考查的因素及水平。

A.活化剂(或抑制剂)

B.捕收剂

选用正交表 $L_4(2^3)$ 安排二因素二水平实验。另加一个中心点，安排重复实验 3 ~ 4 个，估计实验误差。在一定范围内取二个因素，二个水平，并列表 8 – 1 – 2 和表 8 – 1 – 3。

表 8 – 1 – 2 二个因素，二个水平

水 平 \ 因 素	A /(g·t⁻¹)	B /(g·t⁻¹)
1.(低水平)	A_1	B_1
2.(高水平)	A_2	B_2

其余各因素(如前面确定的最适宜的磨矿细度,最佳 pH 等)不变。

按汉考克公式计算选矿效率 E,计算各因素的主效应和交互效应,给出药剂的最佳用量。以此最佳药剂用量为中心点,再做一次调优实验。

如果交互作用不明显,也可用单因素法进行实验。

表 8 – 1 – 3　正交表 $L_4(2^3)$ 实验条件及结果

水平　　　　因素 　平　列 实验号　　　号	A	B	A·B	E^*
	1	2	3	(%)
①	1	1	1	
②	1	2	2	
③	2	1	2	
④	2	2	1	
⑤~⑧	0	0	0	

E_1

E_2

$\overline{E}_1 = \dfrac{1}{2}E_1$

$\overline{E}_2 = \dfrac{1}{2}E_2$

$R = E_2 - E_1$

$\gamma_{\text{效}} = \overline{E}_2 - \overline{E}_1$

注:* 选矿效率 $E = (\varepsilon - \gamma)/(1 - \alpha/\beta_m)$;式中:$\varepsilon$ 为回收率,%;γ 为产率,%;α 为原矿品位,%;β_m 为纯矿物品位,%。

按汉考克公式计算选矿效率 E,计算各因素的主效应和交互效应,指出药剂的最佳用量。以此最佳药剂用量为中心点,再做一次调优实验。

如果交互作用不明显,也可用单因素法进行实验。

(5)实验室浮选闭路实验

浮选闭路实验是在不连续的设备上模仿连续的生产过程,用来考察中矿返回对浮选指标的影响;调整由于中矿循环而引起药剂用量的变化;考查中矿带来的矿泥或其他有害固体或可溶物质是否累积起来并妨碍浮选;检查和校核所拟定的浮选流程;确定可能达到的浮选指标等。通过本实验,使学生掌握实验室浮选闭路实验的基本操作技能。

闭路实验是按照开路实验选定的流程和条件,接连而重复地做几个实验。但每次所得的中间产品仿照现场连续生产过程一样,给到下一实验的相应作业,直至实验产品达到平衡为止。例如,如果采用如图所示 8 – 1 – 6 的简单的一粗、一精、一扫闭路流程,则相应的实验室浮选闭路实验流程如图 8 – 1 – 7 所示。

一般将达到平衡后的最后 2 至 3 个实验的精矿合并作总精矿,尾矿合并作总尾矿,然后

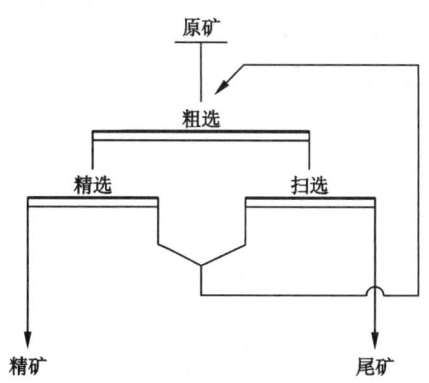

图 8-1-6 简单闭路流程

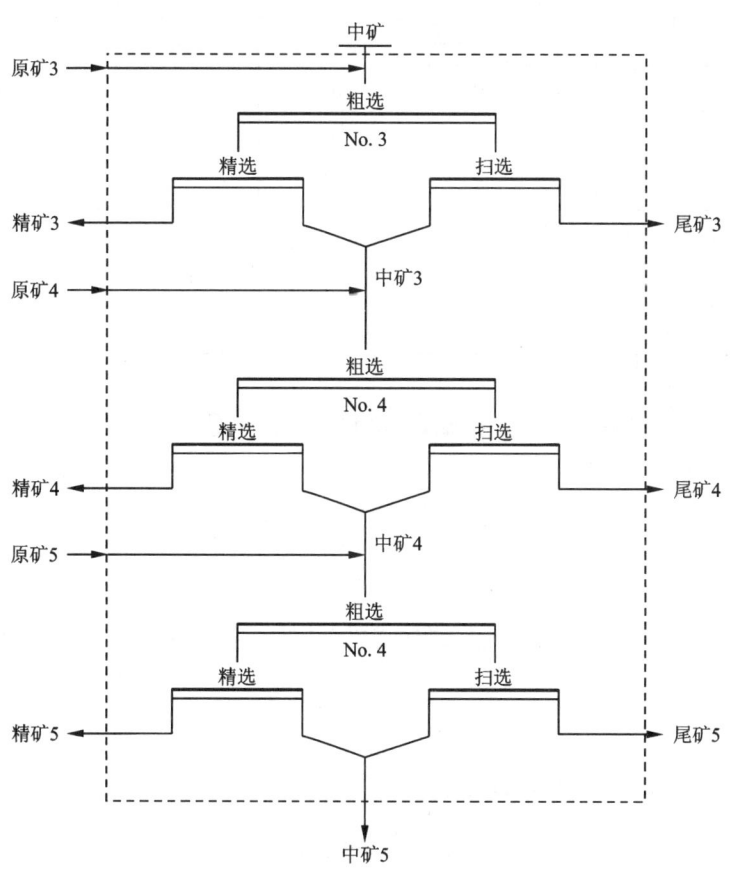

图 8-1-7 闭路实验流程示例

根据"总原矿 = 总精矿 + 总尾矿"的原则反推总原矿的指标。中矿则认为进出相等,单独计算。这与选矿厂设计时计算闭路流程物料平衡的方法相似。其具体方法如下:

假设接连共做了 5 个实验,从第三个实验起,精矿和尾矿的质量及金属量即已稳定,因而采用第3、第4、第5个实验的结果作为计算最终指标的原始数据。

图8-1-7表示已达到平衡的第3、第4、第5个实验的流程图,表8-1-4列出了表示各产品的质量、品位的符号。如果将3个实验看作一个总体,则进入这个总体的物料为:原矿3+原矿4+原矿5+中矿2。

从这个总体出来的物料有:

(精矿3+精矿4+精矿5)+中矿5+(尾矿3+尾矿4+尾矿5)。

由于实验已达到平衡,即可认为:

中矿2=中矿5

则:

原矿3+原矿4+原矿5=(精矿3+精矿4+精矿5)+(尾矿3+尾矿4+尾矿5)

表8-1-4 闭路实验结果

实验编号	粗精矿		尾 矿		中 矿	
	质量/g	品位/%	质量/g	品位/%	质量/g	品位/%
3	m_{K3}	β_{K3}	m_{X3}	β_{X3}		
4	m_{K4}	β_{K4}	m_{X4}	β_{X4}		
5	m_{K5}	β_{K5}	m_{X5}	β_{X5}	m_{M5}	β_{M5}
平均质量						
加权平均品位						
回收率						

下面分别计算产品质量、产率、金属量、品位、回收率等指标。

精矿平均质量为:

$$m_K = \frac{m_{K3} + m_{K4} + m_{K5}}{3} \qquad (8-1-2)$$

尾矿平均质量为:

$$m_X = \frac{m_{X3} + m_{X4} + m_{X5}}{3} \qquad (8-1-3)$$

原矿平均质量为:

$$m_0 = m_K + m_X \qquad (8-1-4)$$

由此分别计算出精矿和尾矿的产率为:

$$\gamma_K = \frac{m_K}{m_0} \times 100\% \qquad (8-1-5)$$

$$\gamma_X = \frac{m_X}{m_0} \times 100\% \qquad (8-1-6)$$

品位是相对数值,是加权平均值,故需先计算绝对数值金属量 P,然后再计算出品位。

3个精矿的总金属量为:

$$P_K = P_{K3} + P_{K4} + P_{K5} = m_{K3} \cdot \beta_{K3} + m_{K4} \cdot \beta_{K4} + m_{K5} \cdot \beta_{K5} \qquad (8-1-7)$$

精矿的平均品位为:

$$\beta_K = \frac{P_K}{3m_K} \times 100\% = \frac{m_{K3} \cdot \beta_{K3} + m_{K4} \cdot \beta_{K4} + m_{K5} \cdot \beta_{K5}}{m_{K3} + m_{K4} + m_{K5}} \times 100\% \qquad (8-1-8)$$

同理,尾矿的平均品位为:

$$\beta_X = \frac{P_X}{3m_X} \times 100\% = \frac{m_{X3} \cdot \beta_{X3} + m_{X4} \cdot \beta_{X4} + m_{X5} \cdot \beta_{X5}}{m_{X3} + m_{X4} + m_{X5}} \times 100\% \qquad (8-1-9)$$

原矿的平均品位为:

$$\alpha = \frac{(m_{K3} \cdot \beta_{K3} + m_{K4} \cdot \beta_{K4} + m_{K5} \cdot \beta_{K5}) + (m_{X3} \cdot \beta_{X3} + m_{X4} \cdot \beta_{X4} + m_{X5} \cdot \beta_{X5})}{(m_{K3} + m_{K4} + m_{K5}) + (m_{X3} + m_{X4} + m_{X5})} \times 100\%$$

$$(8-1-10)$$

精矿中金属回收率可按下列三式中任一公式计算,其结果均相等,即:

$$\varepsilon_K = \frac{\gamma_K \cdot \beta_K}{\alpha} \times 100\% \qquad (8-1-11)$$

$$\varepsilon_K = \frac{m_K \cdot \beta_K}{m_0 \times \alpha} \times 100\% \qquad (8-1-12)$$

$$\varepsilon_K = \frac{m_{K3} \cdot \beta_{K3} + m_{K4} \cdot \beta_{K4} + m_{K5} \cdot \beta_{K5}}{(m_{K3} \cdot \beta_{K3} + m_{K4} \cdot \beta_{K4} + m_{K5} \cdot \beta_{K5}) + (m_{X3} \cdot \beta_{X3} + m_{X4} \cdot \beta_{X4} + m_{X5} \cdot \beta_{X5})} \times 100\%$$

$$(8-1-13)$$

尾矿中金属的损失可按差值(即 $100 - \varepsilon$)计算。为了检查计算的差错,也可再按金属量校核。

有了平均原矿的指标,必要时,也可算出中矿的指标。计算中矿指标的原始数据为中矿 5 的产品质量 m_{M5} 和品位 β_{M5} 和回收率 ε_{M5}。

$$\gamma_{M5} = \frac{m_{M5}}{m_0} \times 100\% \qquad (8-1-14)$$

$$\varepsilon_{M5} = \frac{\gamma_{M5} \cdot \beta_{M5}}{\alpha} \times 100\% \qquad (8-1-15)$$

计算中矿指标时,一定要记住中矿 5 只是一个实验的中矿,而不是第 3、4、5 个实验的"总中矿"。中矿 3 和中矿 4 还是存在的,只不过已在实验过程中用掉了。

最后绘出详细的闭路流程图,用最后三个达到平衡的实验数据计算闭路实验结果,记入表中:

五、数据处理

1. 以表格的形式列出不同条件下的浮选指标。
2. 分析实验数据,对所研究的矿石推荐合理的工艺流程。

六、思考题

1. 对矿石进行浮选分离时,需要掌握哪些资料?
2. 拟定矿石浮选分离方案的依据是什么?

七、写出研究报告

实验 8 – 2　矿石重选分离综合实验

一、实验目的与要求

1. 掌握常用重选设备的结构及其工作原理。
2. 根据矿石性质拟定矿石重选分离工艺流程。
3. 掌握矿石重力分选方法和操作技能。

二、基本原理

重力分选是利用不同物料颗粒间的密度差异进行分离的过程。此外矿物颗粒粒度对重力分选也是一个重要参数。重力分选需要在介质中进行。所用的介质有水、重介质和空气，其中最常用的是水。在缺水干旱地区或处理特殊原料时可用空气，此时称为风力分选。在密度大于水或轻物料密度的重介质(重液、重介质悬浮液)中分选时，称为重介质分选。

根据介质的运动形式和作业的目的不同，重选可分为以下几种工艺方法：分级、重介质分选、跳汰分选、摇床分选、溜槽分选、离心分选机分选和洗选。

重选与其他分选方法相比，操作简单，对环境污染少，生产过程成本较低。在物料分选过程中，应优先考虑重选分离工艺。如对含泥较多的矿石，可进行预先洗矿，减少矿泥对后续作业的影响。对品位较低的矿石，可在较粗粒的条件下，采用重选预先抛尾，脱去一些比重较轻的脉石矿物。在煤的分选中，主要采用重选的方法脱去其中的矸石。

三、仪器设备与材料

1. 破碎筛分：颚式破碎机，辊式破碎机，双层振筛机。
2. 磨矿：锥型球磨机。
3. 重选设备：跳汰机，螺旋溜槽，摇床。
4. 脱水干燥：真空过滤机，电热鼓风干燥箱。
5. 其他仪器：电子天平，标准筛，制样工具等。
6. 物料：含有密度差异较大矿物的矿石。

四、实验内容

重选实验流程，通常是根据矿石性质，并参照同类矿石的生产实践经验确定。决定矿石选别流程的内因是矿石性质，主要包括：矿石的泥化程度和可洗性、矿石的贫化率、矿石的粒度组成以及各粒级的金属分布率、矿石中有用矿物的嵌布特性、矿石中共生重矿物的性质等。

1. 重选设备的选择

不同的给矿粒度，需要选择不同的重选设备。

跳汰机主要用于选别 20 ~ 0.5 mm 的粗粒，目前实验室一般用国产 150 mm × 100 mm 和 300 mm × 200 mm 的隔膜跳汰机，较小的设备用于可选性评价实验或精选实验；较大的设备用于实验室流程实验或半工业实验。

摇床的有效选别粒度范围为 2~0.038 mm，不同粒度大小的给矿，应选择不同的床面，即粗粒用带复条的床面，细粒用刻槽床面。

螺旋选矿机(螺旋溜槽)的有效选矿粒度为 1~0.075 mm，但在处理砂矿时由于砂矿中粗粒级的金属分布率不高，给矿粒度可以达到数毫米。螺旋溜槽结构简单，但选别效率低，不易获得高质量精矿，主要用作粗选设备，粗精矿需用摇床选别。

2.矿石可洗性和粒度组成分析

(1)矿石的泥化程度和可洗性

含泥高而通过洗矿可以碎散的矿石，均应首先进行洗矿。某些矿石，有用成分富集在非泥质部分，通过洗矿就有可能得到较富的粗精矿。一般泥质矿石通过洗矿脱泥可改善块矿的破碎、磨碎和选别条件，并避免有用矿物过粉碎。

(2)矿石的粒度组成以及各粒级的金属分布率

矿石的粒度组成以及各粒级的金属分布率对于矿床具有特别重要的意义，因为大部分砂矿中，有用矿物主要集中在各个中间粒级的级别中。细粒和细泥，特别是大块砾石中有用成分的含量则很低，因而一般都可以利用洗矿加筛分的方法除去废石。

3.条件实验

根据矿石的性质，对不同粒级的矿石选用不同的重选设备进行条件实验，对所选择的重选设备进行负荷、给水量、设备运动参数等条件实验。

(1)设备负荷实验

包括给入的干矿量、给矿浓度以及体积负荷，不同的重选设备侧重点是不一样的，跳汰机主要是控制干矿量，流膜选矿设备则主要控制体积负荷。

(2)补加水量实验

水量是重选过程中一个很重要的工艺因素，除了与负荷量有关的给矿水量外还有各种补充水，包括跳汰机和重介质振动槽的筛下补充水，以及流膜选矿过程中所用的冲洗水。

(3)设备运动参数实验

对于可以往复运动的设备，如跳汰机和摇床，指的是冲程(振幅)和冲次(振次)；对于回转运动的设备，则是指转速，如离心选矿机的转鼓转速。

4.工艺流程实验

综合分析各设备分选结果，确定最终选别流程，进行全流程实验。

五、数据处理

以图表的形式列出不同条件下的分选指标。分析实验数据，对所研究的矿石推荐合理的工艺流程。

六、思考题

1.重力分选与矿物的哪些性质有关?

2.哪些矿石可采用重选方法分离?

七、编写实验报告

整理实验结果，编写实验报告。

实验 8 – 3   矿石磁选分离综合实验

一、实验目的与要求

1. 掌握常用磁选设备的结构及工作原理；
2. 根据矿石性质拟定矿石磁选分离工艺流程；
3. 掌握矿石磁选分离方法和操作技能。

二、基本原理

磁选分离是基于被分离物料中不同组分的磁性差异，采用不同类型磁选机将物料中不同磁性组分分离的技术。物料进入磁选机的非均匀磁场中，物料颗粒同时受到磁力和竞争力的作用。对于磁性较强的颗粒，磁力超过竞争力，对于磁性较弱的或非磁性颗粒，竞争力超过磁力，两者合力决定了颗粒的运动轨迹。磁力占优势的颗粒称之为磁性产品，竞争力占优势的颗粒称为非磁性产品，在某些情况下也可以分出中矿。由于颗粒间的相互作用力，有些非磁性颗粒混杂在磁性产品中，一些磁性颗粒混杂在非磁性产品中，而中矿中含有这两种颗粒和未单体解离的连生体。

矿物按其磁性的强弱可分为三类：

1. 强磁性矿物。这种矿物的比磁化系数大于 35×10^{-6} m³/kg。属于这类矿物的主要有磁铁矿、钛磁铁矿、磁赤铁矿、磁黄铁矿等。此类矿物属易选矿物，可用约 0.15T 的弱磁场磁选机分选。

2. 弱磁性矿物。这种矿物的比磁化系数为 $7.5 \sim 0.1 \times 10^{-6}$ m³/kg。这类矿物最多，如各种弱磁性铁矿物，大多数含铁和锰的矿物以及部分造岩矿物。这些矿物有的较易选，有的较难选，因而所需磁场变化范围较宽，为 $0.5 \sim 2.0$ T。

3. 非磁性矿物。这类矿物的比磁化系数小于 0.1×10^{-6} m³/kg，不能用磁选设备进行回收。

磁选具有流程简单、设备操作容易、生产成本较低、对环境污染小等特点，是物料分选优先考虑的方法。

三、仪器设备与材料

1. 破碎筛分：颚式破碎机，辊式破碎机，双层振筛机；
2. 磨矿：锥型球磨机，XMQ—67 型，240×90；
3. 磁选：磁力脱水槽，湿式圆筒磁选机，磁选柱，高梯度（强）磁选机；
4. 脱水干燥：真空过滤机，电热鼓风干燥箱；
5. 其他：电子天平，制样工具；
6. 物料：含有磁性矿物的矿石。

四、实验内容

磁选实验，通常是根据矿石性质，并参照同类矿石的生产实践经验，确定磁选设备、磁选流程和磁选操作条件。决定矿石选别流程的内因是矿石性质，主要包括：矿石的粒度组成以及各粒级的金属分布率、矿石中有用矿物的嵌布特性、矿石中共生磁性矿物的性质等。

1. 磁选设备的选择

详细了解矿石性质，根据矿石中主要矿物的磁性和生产环境，选择合适的磁选设备。

对于强磁性矿物分选采用弱磁场磁选设备，常用的弱磁场磁选设备有湿式圆筒磁选机、磁力脱水槽和磁选柱等，在缺水和寒冷地区可考虑用干式磁选机。

对于弱磁性矿物分选采用强磁场磁选设备，常用的强磁场磁选设备有琼斯型磁选机，SQC 型强磁选机，高梯度磁选机和脉动高梯度磁选机等。

2. 条件实验

影响磁选机分离效果的主要因素有磨矿细度、磁场强度和给矿浓度等，另外对不同的磁选设备需要进行不同设备参数条件实验，如磁选槽上升水流速度等。

（1）弱磁场磁选设备实验

磁力脱水槽实验：

磁力脱水槽常用于阶段磨矿、阶段选别流程，第一段磨矿后，用磁力脱水槽可排除矿石中较粗粒的脉石矿物，第二段磨矿后，通常磨矿粒度较细，在进行磁选前，采用磁力脱水槽可脱除细粒脉石，以提高磁选机的分选效果。

磁力脱水槽条件实验包括：①给料粒度实验；②磁场强度实验；③上升水流速度实验；④给料速度实验；⑤给料浓度实验。

湿式圆筒磁选机实验：

弱磁场湿式圆筒磁选机是磁选工艺中最主要的选别设备，广泛应用于各个阶段选别作业中，分为顺流型、逆流型和半逆流型。

湿式圆筒磁选机条件实验包括：①不同类型磁选机实验；②磨矿细度实验；③磁场强度实验；④补加水量实验。

磁选柱精选实验：

如果粗精矿中存在着脉石夹杂现象，则可采用磁选柱对粗精矿进行精选，进一步提高精矿品位。

磁选柱条件实验包括：①给矿粒度实验；②磁场强度实验；③上升水流速度实验；④给料速度实验。

（2）强磁场磁选设备实验

强磁场磁选设备用来分选弱磁性物料，在进行强磁选分选前，一般要进行弱磁选，脱除物料中含有的强磁性成分，以免影响强磁选分离。强磁选条件实验需找出磁选设备适宜的结构参数和操作条件，以便获得物料分选的流程和分选指标。

强磁场磁选设备条件实验包括：①给矿粒度实验；②磁场强度实验；④给料速度实验；⑤给料浓度实验；⑥介质类型实验；⑦冲洗水量和水压实验。

3. 工艺流程实验

综合分析各设备分选结果，确定最终选别流程，进行全流程实验。

五、数据处理

1. 以图表的形式列出不同条件下的分选指标。

2.分析实验数据，对所研究的矿石，推荐合理的工艺流程。

六、思考题

1.矿石磁选分离时，哪些作用力对分选有影响？

七、编写实验报告

整理实验结果，编写实验报告。

实验8-4 一水硬铝石型铝土矿浮选脱硅实验

一、实验目的与要求

1. 了解氧化矿常规浮选药剂的类型及种类;
2. 掌握一水硬铝石型铝土矿浮选基本工艺流程和药剂制度。

二、基本原理

铝土矿是生产氧化铝的主要原料。我国的铝土矿资源丰富,但我国铝土矿的类型主要为一水硬铝石型,其特点是高铝、高硅、铝硅比低,大多数矿石的铝硅比为4~7。浮选法脱硅是提高铝土矿铝硅比的有效方法之一。我国铝土矿中主要有用矿物为一水硬铝石,主要脉石矿物为高岭石、伊利石、叶腊石硅酸盐。通过浮选的方法实现铝硅分离,提高铝土矿的铝硅比,为拜耳法生产氧化铝提供优质原料,称为浮选-拜耳法生产氧化铝。

正浮选脱硅是抑制铝硅酸盐矿物,采用阴离子捕收剂浮选一水硬铝石,常用的捕收剂为脂肪酸盐类和油酸盐类,调整剂和抑制剂为Na_2CO_3、六偏磷酸钠、腐殖酸钠等,选择性磨矿-聚团浮选脱硅是实现铝土矿正浮选脱硅的关键技术。

反浮选脱硅是用抑制剂抑制一水硬铝石,浮选铝硅酸盐矿物。根据铝硅酸盐矿物各晶面与阳离子捕收剂不同的界面作用及浮选机制,强化捕收铝硅酸盐矿物和一水硬铝石选择性抑制是实现铝土矿反浮选脱硅的基础。

三、仪器设备与材料

1. 破碎筛分:颚式破碎机,辊式破碎机,双层振筛机;
2. 磨矿:锥型球磨机;
3. 浮选:单槽浮选机(XFD3-63型1.5 L,XD1-63型0.5 L);
4. 脱水干燥:真空过滤机,电热鼓风干燥箱;
5. 其他仪器:电子天平,标准筛,制样工具;
6. 物料:粒度小于25 mm的铝土矿,浮选所用药剂。

四、实验内容

1. 矿样的制备

矿样的制备主要为矿石的破碎、筛分、混均和缩分。

2. 条件实验

详细了解一水硬铝石型铝土矿的性质,主要包括矿石的化学成分、主要矿物组成、有用矿物和脉石矿物的含量、各种矿物的嵌布关系、矿物粒度和赋存状态。查阅相关文献,初步拟定实验方案,确定浮选使用的药剂,写出基本浮选工艺流程,设计浮选实验条件、内容主要包括选择性磨矿实验、调整剂用量、捕收剂用量和抑制剂用量。

(1)一水硬铝石型铝土矿选择性磨矿实验。一水硬铝石型铝土矿中脉石矿物高岭石、伊利石、叶腊石硬度小,磨矿时容易泥化,一水硬铝石硬度大,同时有用矿物与脉石矿物之间结合紧密，形成鲕粒结构氧化铝的富集合体浮选。选择性磨矿可进行钢球充填量实验和大、中、小球不同配比实验和磨矿时间实验。

(2)调整剂用量实验。一水硬铝石型铝土矿正浮选主要在弱碱性条件下实验，主要调整剂为碳酸钠；反浮选主要在弱酸性条件下实验，主要调整剂为盐酸。

(3)捕收剂用量实验。根据正、反浮选原理选用不同的捕收剂，通过实验确定最佳药剂用量。

(4)抑制剂用量。实验根据正、反浮选原理选用不同的抑制剂，通过实验确定最佳药剂用量。

3.实验室浮选闭路实验

通过各单因素条件实验，确定适宜的条件后，进行实验室浮选闭路实验。

五、数据处理

1.以表格的形式列出不同条件下的浮选指标。

2.分析实验数据，对所研究的矿石，推荐合理的工艺流程。

六、思考题

铝土矿正、反浮选的优缺点是什么？

七、编写实验报告

整理实验结果，编写实验报告。

实验 8 – 5　硫化矿电位调控浮选实验

一、实验目的与要求

1. 熟练掌握硫化矿电位调控浮选技术；
2. 掌握矿浆电位 – 药剂 – pH 的合理匹配与调控。

二、基本原理

原有浮选基本只考察药剂和 pH 对矿物浮选的影响，综合的体系是药剂 – pH 二维参数系统。二维参数控制处理富矿和简单矿石是成功的，但我国矿产资源以低品位、复杂多金属共生矿为主，用二维参数体系常常找不到理想的分离条件，造成用药多、流程长、分离不好、成本高、环境污染严重。电位调控浮选研究表明，对多种矿物系统的实验研究，发现每一种硫化矿都有其适合浮选的矿浆电位范围，只有在此范围内，矿物才具有明显的可浮性，矿浆电位是控制浮选的第三大参数，通过矿浆电位 – 药剂 – pH 的合理匹配与调控，形成三维浮选化学参数体系。可改善多种矿物浮选分离条件，设计出二维体系不能解决的不同矿物的分选工艺。

硫化矿与捕收剂作用的电化学机理为电化学反应，其阳极过程是由捕收剂或捕收剂与硫化矿物直接参与阳极反应而产生疏水物质，其阴极过程为液相的氧气从矿物表面上接受电子而还原，如用 MS 表示硫化矿物，X^- 表示硫氢捕收剂离子，则硫化矿物与硫氢捕收剂的作用可用电化学反应表示。阴极反应为氧气还原反应：

$$O_2 + 2H_2O + 4e^- \Longrightarrow 4OH^- \qquad (8-5-1)$$

阳极反应为硫氢捕收剂离子向矿物表面转移电子［式（8 – 5 – 2）与式（8 – 5 – 5）］或者为硫化矿表面直接参与阳极反应［式（8 – 5 – 3）和式（8 – 5 – 4）］而形成疏水物质。其反应包括下面几种：

（1）硫氢捕收剂离子的电化学吸附。

$$X^- \longrightarrow X_{吸附} + e^- \qquad (8-5-2)$$

（2）硫氢捕收剂与硫化矿物反应生成硫氢捕收剂金属盐。

$$MS + 2X^- \longrightarrow MX_2 + S^0 + 2e^- \qquad (8-5-3)$$

或

$$MS + 2X^- + 4H_2O \longrightarrow MX_2 + SO_4^{2-} + 8H^+ + 8e^- \qquad (8-5-4)$$

（3）硫氢捕收剂离子在硫化矿物表面氧化：

$$2X^- \Longrightarrow X_2 + 2e^- \qquad (8-5-5)$$

阴极反应［式（8 – 5 – 1）］和阳极反应［式（8 – 5 – 2）～式（8 – 5 – 5）］相组合，可以组成硫氢捕收剂与硫化矿物反应的三种形式。

$$4X^- + O_2 + 2H_2O \Longrightarrow 4X_{吸附} + 4OH^- \qquad (8-5-6)$$

$$MS + 2X^- + \frac{1}{2}O_2 + H_2O \Longrightarrow MX_2 + S^0 + 2OH^- \qquad (8-5-7)$$

$$MS + 2X^- + 2O_2 \Longrightarrow MX_2 + SO_4^{2-} \qquad (8-5-8)$$

$$4X^- + O_2 + 2H_2O = 2X_2 + 4OH^- \qquad (8-5-9)$$

电化学机理表明,硫氢捕收剂与硫化矿物作用可能出现的疏水产物有三种,即 X 吸附、MX_2 和 X_2。但对于具体的硫化矿物浮选体系,其反应产物不同。

三、仪器设备与材料

1. 破碎筛分:颚式破碎机,辊式破碎机,双层振筛机;
2. 磨矿:锥型球磨机;
3. 浮选:单槽浮选机(XFD3 – 63 型 1.5 L,XD1 – 63 型 0.5 L);
4. 脱水干燥:真空过滤机,电热鼓风干燥箱;
5. 电位测定:pHS – 3C 型 pH 电位计及铂金电极;
6. 其他仪器:电子天平,标准筛,制样工具等;
7. 物料:粒度小于 25 mm 的多金属硫化矿,浮选药剂。

四、实验内容

1. 矿样制备

矿样的制备主要为矿石的破碎、筛分、混均和缩分,具体内容同实验 8 – 2。

2. 条件实验

硫化矿电位调控浮选通过矿浆电位 – 药剂 – pH 的合理匹配与调控,形成三维浮选化学参数体系来实现矿物的浮选分离,矿浆 pH 和矿浆电位合理匹配是实现硫化矿电位调控浮选的关键之一。需要选择合适的矿浆 pH 调整剂和电位调控方法。

(1)磨矿细度。矿石中矿物单体解离是实现矿物分离的前提,浮选前一般都需要进行磨矿细度实验。

(2)不同磨矿细度的浮选实验。

(3)矿浆 pH 和矿浆电位匹配实验。

(4)捕收剂添加位置实验,随着磨矿与浮选过程的进行,矿浆中的电位将会发生变化,选择合适的时间添加捕收剂,有利于捕收剂与所浮选矿物的作用。分别进行捕收剂添加到球磨机和浮选槽中的实验。

(5)捕收剂用量对浮选效果的影响。

(6)抑制剂与活化剂浮选实验。电位调控浮选需与传统工艺参数合理匹配才能有效实现矿物的浮选分离,所以要进行常规的抑制剂和活化剂浮选实验。

3. 实验室闭路实验

通过各单因素条件实验,确定适宜的条件后,进行实验室浮选闭路实验。

五、数据处理

1. 以表格的形式列出不同条件下的浮选指标。
2. 分析实验数据,对所研究的矿石,推荐合理的工艺流程。

六、思考题

1. 硫化矿为什么可采用电位调控进行浮选分离?

2.哪些因素会影响硫化矿矿浆电位?

七、编写实验报告

整理实验结果,编写实验报告。

实验 8 – 6　均热烧结综合实验

一、实验目的与要求

1. 巩固铁矿烧结理论, 提高学生的动手能力和分析实际问题的能力;
2. 掌握铁矿石均热烧结技术。

二、基本原理

在实验室烧结实验中, 一般混合料中的配碳量是均匀分布的, 在抽风烧结时, 存在上层烧结矿冷却过快或混合料烧不透, 而由于料层的蓄热作用使下层热量过多而出现过烧现象。为了克服这些问题, 将上层混合料中适当增加配碳量, 下层混合料中适当减少配碳量, 可有效实现上、中、下三层混合料中热量的均衡分布, 使成品烧结矿的整体结构强度提高, 质量得到改善, 从而达到节能降耗的目的。

三、仪器设备与材料

1. 圆筒混合机, 混合料透气性测定装置, 烧结杯系统设备, 落下强度测定装置, 转鼓强度测定装置, 烧结矿成品率测定装置;
2. 铁矿(磁铁矿、赤铁矿、褐铁矿、返矿), 熔剂(石灰石、白云石、生石灰), 燃料(焦粉、煤粉)。

四、实验步骤

此次实验为设计性实验, 学生从实验方案制定到原料选择和烧结配料、实验方法的确定和操作程序的拟定, 均需自主决定。

1. 原料物理化学性能测定:包括铁矿(磁铁矿、赤铁矿、褐铁矿、返矿)、熔剂(石灰石、白云石、生石灰)、燃料(焦粉、煤粉)等化学成分分析、粒度组成分析、原料水分分析。

2. 配矿:根据碱度、燃料用量、烧结混合料水分及烧结杯上、中、下三层用量计算出各种原料、燃料用量, 重点是注意烧结料上、中、下三层的配碳量要合理。

3. 制粒:要求学生根据混合料的特性和烧结实验的目的, 自己制定制粒时间、水分、圆筒混合机转速等参数。

4. 烧结:铺底料、布料方式、点火制度(负压、时间、温度)、保温时间、烧结负压、冷却制度(负压、时间)等各工艺参数, 学生根据所学知识自行选择。

5. 检测:成品烧结矿的转鼓强度、筛分指数等物理性能的检测按常规进行, 还可进行微观结构分析和冶金性能检测。

五、实验结果与分析

根据所做的实验内容及结果, 全面分析总结, 重点对烧结矿质量影响因素进行评价。

六、思考题

1. 均热烧结的机理是什么？
2. 高碱度均热烧结矿的固结机理是什么？

实验 8 - 7　熔剂性球团矿综合实验

一、实验目的与要求

1. 掌握熔剂性球团的制备技术；
2. 掌握实验室氧化球团矿焙烧方法。

二、基本原理

铁矿球团造块过程中添加 CaO 时，在球团焙烧过程中，一方面发生铁氧化物的结晶与再结晶，另一方面将发生如下反应：

$$CaO + Fe_2O_3 \xrightarrow{500 \sim 1000℃} CaO \cdot Fe_2O_3 \qquad (8-7-1)$$

如有 CaO 过剩时，则还会按式(8-7-2)反应进行：

$$CaO + CaO \cdot Fe_2O_3 \xrightarrow{1000℃} 2CaO \cdot Fe_2O_3 \qquad (8-7-2)$$

由于球团中还存在 SiO_2 和 MgO，而 SiO_2 和 MgO 会与 CaO 发生如下反应：

$$MgO + Fe_2O_3 \xrightarrow{>600℃} MgO \cdot Fe_2O_3 \qquad (8-7-3)$$

$$CaO + SiO_2 \longrightarrow xCaO \cdot ySiO_2 \qquad (8-7-4)$$

式中：$x = 1 \sim 3$；$y = 1 \sim 2$。

球团矿中铁酸钙物质的形成，一方面提高了球团矿微观结构强度，另一方面提高了球团矿的还原性能。新生成的 Fe_2O_3 和 $CaO \cdot Fe_2O_3$ 由于抗压强度和还原度高，是冶金过程所需要的理想矿物。通过控制焙烧工艺参数，使球团矿尽可能地形成上述矿物。

三、仪器设备及材料

1. 润磨机，高压辊磨机，圆盘造球机，生球抗压强度测定装置，生球落下强度测定装置，生球爆裂温度测定装置，电热干燥箱，双节卧式管炉焙烧装置，成品球团抗压强度测定装置；
2. 铁矿，熔剂，黏结剂等。

四、实验步骤

此次实验为研究型设计性实验，要求学生根据前面的基础实验，自行设计实验方案，确定实验方法，并选择实验设备，拟定实验操作程序。包括：黏结剂及其用量、原料预处理方式、造球工艺参数、生球质量检测、预热和焙烧制度、预热和焙烧球团矿的质量检测、显微结构分析。

1. 原料物理化学性能测定

包括：铁矿、熔剂、黏结剂等的主要化学成分、粒度组成、铁矿成球性指数、最大分子水、毛细水，以及堆密度、真密度等。

2. 原料预处理方式

铁精矿预处理与否，预处理方式(如润磨、辊磨参数)的选择，及其对生球与成品球团矿质量的影响。实验过程中均需要考虑。

3.造球

造球前应根据原料物理化学性质选择合适的造球工艺参数，如造球机倾角和转速、黏结剂用量、造球水分、造球时间等。

4.球团焙烧

影响成品球团矿质量的因素很多，主要有原料条件、生球成球工艺条件及成品球焙烧工艺条件等。球团在焙烧过程中，球团尺寸大小、预热温度与时间、焙烧温度与时间，焙烧后的冷却制度等均是实验过程中需考查的主要因素。

5.成品球检测

焙烧后的成品球团矿除进行抗压强度测定外，还应进行显微结构分析，并结合理论知识揭示熔剂性球团矿的固结机理。

五、实验结果与分析

根据所做实验及结果，编写实验报告。要求全面总结分析，并对熔剂性球团矿的质量进行评判。

六、思考题

1.熔剂性球团矿的固结机理是什么？

2.原料润磨的机理是什么？对球团矿质量有何影响？

七、编写实验报告

实验 8-8　铁精矿球团直接还原综合实验

一、实验目的与要求

1. 掌握复合黏结剂球团直接还原实验流程的操作要点；
2. 掌握提高直接还原球团矿产、质量指标的措施。

二、基本原理

直接还原法是指在低于熔化温度下将铁矿石还原成海绵铁的炼铁生产过程。传统煤基直接还原属"二步法"直接还原工艺，在铁精矿造球之后，需经两步高温环节，即高温氧化焙烧（1200～1300℃）固结制取氧化球团矿和氧化球团经直接还原（1050～1100℃）以获得直接还原铁，其工艺流程长，高温设备多，建设投资大，能源消耗高，加工成本高。此外，氧化球团矿还原速度慢、还原过程中存在着较严重的粉化现象。

而复合黏结剂球团煤基直接还原属"一步法"直接还原工艺，它采用中南大学自行研发的新型复合黏结剂制备球团，只需低温干燥（150～250℃）固结即可替代传统的高温氧化焙烧固结（1200～1300℃）工序，经一步高温还原（1050～1100℃）即得到直接还原铁，新工艺具有流程短、投资省、能耗低等优势。

三、仪器设备与材料

1. 润磨机，圆盘造球机，生球落下强度测定装置，生球抗压强度测定装置，生球爆裂温度测定装置，电热干燥箱，竖式还原炉，球团抗压强度实验机
2. 铁精矿、膨润土和复合黏结剂等。

四、实验步骤

1. 制定实验方案

学生通过查阅文献，初步制定出实验方案，然后在实验指导教师的指导下修改并完善实验方案。

2. 造球

在铁精矿中分别配加膨润土和复合黏结剂进行造球，分别检测生球的水分、落下强度、抗压强度和爆裂温度。实验过程中，膨润土和复合黏结剂的用量、润磨工艺参数、造球工艺参数等，要求学生根据前期的实验基础，自己确定或通过实验进行优化选择。

3. 还原焙烧

首先对膨润土球团和复合黏结剂球团进行干燥和预热，然后在还原炉中进行还原焙烧，以煤为还原剂。还原过程完成后，焙烧产品在隔绝空气的条件下冷却。实验过程中，要求检测干燥球团的抗压强度、预热球团的抗压强度、还原球团的抗压强度和金属化率。

基于实验结果，选择膨润土球团和复合黏结剂球团适宜的预热温度、预热时间、还原温度和还原时间。

五、数据处理

整理实验数据，对实验结果进行全面总结分析，并对复合黏结剂直接还原球团矿的质量进行评判。

六、思考题

1. 与传统煤基直接还原工艺相比，复合黏结剂球团直接还原工艺有哪些特点？
2. 为什么复合黏结剂球团的还原速率高于氧化球团矿？
3. 直接还原法在复杂矿综合利用中有哪些应用？

七、编写实验报告

实验 8 - 9　化学分选法制取铋精矿实验

一、实验目的与要求

1. 掌握浸出实验的一般操作程序和设备使用方法；
2. 了解影响浸出的主要因素；
3. 掌握浸出试剂用量的计算方法；
4. 掌握水解沉淀法生产化学精矿的实验方法；
5. 掌握金属置换沉积法生产化学精矿的一般实验方法；
6. 了解影响铁置换的主要因素。

二、基本原理

本实验采用一种方法浸出铋，两种方法制取铋精矿，分别为：从混合硫化矿中浸出铋；水解法制取铋精矿；铁置换法制取铋精矿。

1. 从混合硫化矿中浸出铋

试料为某钨矿精选分离出的混合硫化矿，主要金属为铋、钼、铜、硫（黄铁矿），因堆存的时间长达十几年之久，硫化矿物氧化严重。采用常规的浮选流程长，指标偏低，铋的回收率仅30%左右。

本实验采用选择氧化浸出的方法，用低浓度的高价铁盐溶液作浸出试剂，将易氧化的硫化铋矿氧化分解，而钼、铜和硫矿物几乎不被浸出，则留在渣中，然后用浮选的方法回收，采用这种化学浸出和浮选相结合的流程，铋的回收率可达90%，而钼、铜、硫的指标也高于单一的浮选流程。

试料中铋矿物主要呈辉铋矿，其次是泡铋矿（氧化铋），有少量的自然铋，选用三氯化铁盐和酸溶液作浸铋试剂，其浸出反应式为

$$Bi + 3FeCl_3 =\!=\!= BiCl_3 + 3FeCl_2 \qquad (8-9-1)$$

$$Bi_2S_3 + 6FeCl_3 =\!=\!= 2BiCl_3 + 6FeCl_2 + 3S^0 \qquad (8-9-2)$$

$$Bi_2O_3 + 6HCl =\!=\!= 2BiCl_3 + 3H_2O \qquad (8-9-3)$$

由于矿物原料中目的组分含量低且呈多种矿物形态，试料中还含有其他消耗浸出试剂的物质，计算试剂用量时以目的组分矿物形态计算理论量，然后向上扩展确定用量实验点，由实验结果确定最佳用量。

$FeCl_3$ 理论用量按式(8-9-2)计算，$Bi:FeCl_3 = 418:161$，本次试料 $\alpha_{Bi} = 3.8\%$，试样 300 g 含铋 11.4 g，$FeCl_3$ 理论用量为 $11.4 \times 6 \times 161 \div 418 = 26.4$ g，采用96%的工业纯 $FeCl_3$，则需 4.6 g，其他实验点可用理论量的150%，200%，300%，400%，500%，…浸出过程加入的盐酸，除与 Bi_2O_3 作用外，主要是为了保持溶液有一定的酸度，防止 $BiCl_3$ 水解形成 $BiOCl$ 沉淀，本次实验加酸量，根据浸出液固比，加入 0.5 mol/L HCl 溶液，在浸出过程中要保持溶液 pH < 1。

影响浸出的主要因素，除浸出试剂量外，还有温度、浸出时间、浸出液固比、粒度等。

实验条件都需通过实验确定。

本次实验只进行三氯化铁用量对比实验和浸出温度的对比实验。

(1)三氯化铁用量对比实验。

实验条件为:浸出液固比为3,0.5 mol/L HCl 溶液(pH ±0.6),浸出时间1 h,在室温条件进行 $FeCl_3$ 用量为理论用量150%、200%、300%的对比实验。

(2)浸出温度对比实验。

实验条件为:浸出液固比为3,0.5 mol/L HCl 溶液(pH ±0.6),$FeCl_3$ 用量为理论量的200%,浸出时间1 h,在加温条件下进行浸出温度34℃、70℃、90℃的对比实验。

2.水解法制取铋精矿。

利用铋浸出液中 Bi^{3+} 的强水解性,加数倍于浸出液体积的水,提高溶液的 pH,使 Bi^{3+} 水解呈氯氧铋沉淀出来。水解反应如式(8-9-4)。

$$BiCl_3 + H_2O =\!=\!= BiOCl\downarrow + 2HCl \qquad (8-9-4)$$

3.铁置换法制取铋精矿。

用较负电性的铁($\varphi_{Fe^{2+}/Fe}^{\ominus} = -0.44$ V)从溶液中将较正电性的铋($\varphi_{Bi^{3+}/Bi}^{\ominus} = +0.2$ V)置换沉积出来,其置换反应式为:

$$2Bi^{3+} + 3Fe =\!=\!= 2Bi\downarrow + 3Fe^{2+} \qquad (8-9-5)$$

置换剂的用量可按上式计算,Bi:Fe=418:168。由于浸出液中含比铁较正电性的金属较多,实际上要高于理论用量的数倍,本次实验选用铁耗量为理论量的3、4、5倍为实验点,根据实验结果确定最佳用量。

三、仪器设备与材料

1.变速电动搅拌器,真空泵;

2.电炉,天平,pH 试纸,量筒,温度计,烧杯,抽滤瓶若干;

3.混合硫化矿试样,0.5 mol/L HCl 溶液,$FeCl_3$(工业纯),铁屑。

四、实验内容

1.从混合硫化矿中浸出铋

(1)准确称取300 g 试样,根据浸出液固比,配制所需的0.5 mol/L HCl 溶液;

(2)将配好的0.5 mol/L HCl 溶液倒入烧杯中,将搅拌桨加入其中,缓慢启动搅拌器,升温至实验所需的温度;

(3)加入称量好的 $FeCl_3$ 后,开始计时,浸出过程准确控制温度,误差为 ±5℃;

(4)达到浸出时间后,停止搅拌,试样经抽滤至无液滴为止,用0.5 mol/L HCl 100 mL 洗涤滤饼二次;

(5)准确量出浸出液体积,滤饼送去烘干、称重,分别取样分析。

2.水解法制取铋精矿

(1)量取铋浸出液200 mL,分别倒入1#、2#、3#烧杯中,用 pH 试纸准确测量溶液的 pH;

(2)量取自来水800 mL、1200 mL、1600 mL 分别倒入盛有浸出液的1#、2#、3#烧杯中,用玻璃棒搅动数分钟,静止片刻分别测 pH;

(3)分别过滤、烘干、称重、取样化验。

3.铁置换法制取铋精矿

(1)量取3份200 mL铋浸出液分别倒入1#、2#、3#烧杯中,并准确测量溶液pH;

(2)将搅拌桨浸入溶液中,缓慢启动搅拌器,将铁屑倒入烧杯中,搅拌15 min,静止片刻,测溶液pH;

(3)分别过滤、烘干、称重、取样化验。

4.注意事项

(1)搅拌桨装牢后,矿浆搅拌才能缓慢启动,不得空转,搅拌速度以矿粒充分悬浮为准,不得过速,防止矿浆溅出;

(2)测温时,温度计不得与搅拌桨接触;

(3)不得动用与本次实验无关的设备。

五、数据处理

根据实验结果绘制曲线。

1.绘制浸出率与三氯化铁用量关系曲线图。

2.绘制浸出率与浸出温度关系曲线图。

3.绘制水解法中浸出率与水用量的关系曲线图。

4.绘制铁置换法中浸出率与铁耗量(理论值倍数)的关系曲线图。

六、思考题

1.影响浸出的主要因素有哪些?对浸出率有何影响?

2.浸出过程有什么现象发生?为什么?

3.影响铁置换铋的主要因素有哪些?对置换率有何影响?

4.在铁置换铋实验过程中会发现什么现象?为什么?

第9章　大型仪器

大型精密仪器的学习与使用是实验教学中开发学生创新意识、培养学生创新能力、提高学生综合素质的有力保障。开设大型精密仪器实验课程，尽早让学生了解科学研究中常用大型精密仪器分析测试技术，为学生将来进行科学研究打好基础，有着重要的意义。

本章主要介绍的大型精密仪器有：X射线荧光光谱仪；原子吸收分光光度计；碳硫分析仪；动电位测试仪；全自动比表面积及孔隙测定仪；激光粒度分析仪；紫外可见分光光度计；总有机碳分析仪；傅立叶变换红外光谱仪；同步热分析仪；电化学综合测试仪；原子力显微镜；透反两用偏光显微镜；MLA矿物参数自动定量分析系统等。

实验9-1　X射线荧光光谱仪测试技术

一、实验目的与要求

1. 了解X射线荧光光谱原理；
2. 掌握X射线荧光光谱仪元素分析方法。

二、基本原理

X射线荧光光谱分析（X-ray fluorescence analysis，XRFA）是一种非破坏性的仪器分析方法，是目前材料化学分析方法中发展最快、应用领域最广、最常用的分析方法之一，并在常规生产中很大程度上取代了传统的湿法化学分析。

当施加给X射线管的电压达到某一定高度时，X射线管发射的一次X射线的能量足以激发样品中元素原子的内层电子，被逐出的电子为光电子，同时轨道上形成空穴，原子处于不稳定状态。此时，外层高能级的电子自发向内层跃迁填补空位，使原子恢复到稳定的低能态，同时辐射出具有该元素特征的二次X射线，也就是特征荧光X射线。

K系辐射：K层电子被逐出，任意层上的电子向K层空位跃迁，产生光电子。

K_α：邻层向K层空位跃迁（L→K）；

K_β：隔层向K层空位跃迁（M→K）；

K_γ：N层向K层空位跃迁（N→K）；

L系辐射：L层电子被逐出，其他层向L层空位跃迁，产生光电子。

M系辐射：M层电子被逐出，其他层跃入填充，产生光电子。

根据莫塞莱定律：

$$\sqrt{\frac{1}{\lambda}} = k \cdot (Z - \sigma)$$

(9-1-1)

式中：k 为常数(随线系不同而不同，与靶材物质总量子数有关)；σ 为常数(屏蔽常数，与电子所在壳层位置有关)；Z 为样品中元素的原子序数。

由布拉格定律：

$$2d\sin\theta = n\lambda \qquad (9-1-2)$$

式中：n 为衍射级次，$n=1,2,\cdots,n$ 为整数；d 为晶面距离；θ 为衍射角。

得出：

$$Z = \sqrt{\frac{n}{k \cdot 2d \cdot \sin\theta} + \sigma} \qquad (9-1-3)$$

当晶体确定以后，元素和其衍射角的关系也很容易确定，解析 $2\theta-I$(角度 – 强度)谱图就能判别和确认样品的未知元素。将所测得样品中分析元素特征谱线的强度转换成含量即为 X 射线荧光定量分析。

三、仪器设备与材料

1. 仪器：光谱仪：荷兰帕纳科公司(PANalytical) Axios^{mAX} 型 X 射线荧光光谱分析仪；熔样机：河南洛耐 TNBDRYL – 02 型；压片机：北京众合 ZHY – 401A 压样机；

2. 熔片试剂：助熔剂：$Li_2B_4O_7 - LiBO_2$ 混合熔剂(66:34)；氧化剂：饱和 NH_4NO_3 溶液；脱膜剂：LiBr 溶液(200 g/L)；内标物质：Co_2O_3(分析纯)；压片试剂：硼酸(荧光纯)；

3. 样品：mssa 铁矿石(细磨至 – 0.074 mm 占 85% 以上)。

四、实验步骤

1. 样品制备

(1)玻璃熔片制备

称取 0.1750 g 三氧化二钴、7.0000 g 混合熔剂和 0.3500 g 样品混合均匀后，倒入铂黄金坩埚，滴加 2 mL 饱和 NH_4NO_3 溶液，置马弗炉中于 650℃下预氧化 10 min，取出，加 2~4 滴 LiBr 溶液作脱膜剂，放入熔样机中制成钴玻璃片。熔样机参数设置：预熔 160 s，熔样 720 s，静置10 s，熔样温度1100℃。

(2)压片制备

称取 4.00 g 试样放入装样漏斗中，平整试样，在装样漏斗外则放入硼酸，压成厚度为 3~5 mm 的粉末压片。压样机参数设置：压力 30 t，保压时间 30 s。

2. 仪器准备

(1)开机

①打开空压机电源，调节输出压力为 5.0 bar(1 bar =0.1 MPa)。

②打开 P10 气体钢瓶主阀，设定二次压力为 0.75 bar。

③打开水冷机电源，检查水温是否小于20℃，检查水压是否为 0.3 MPa 左右，打开输出和回水阀。

④打开稳压电源开关，先开输入，再按复位按钮，然后开输出开关，主机处于待机状态。

⑤X 射线荧光机按下"POWER ON"开关，使主机处于"开机"状态。

⑥开计算机，运行"SuperQ"，进入"System setup/Spectrometer status screen"，检查仪器真

空度(小于 100 Pa)，P10 气体流量(1 L/h 左右)。

⑦转动"HT"钥匙(顺时针方向 90°)，打开高压。

A. 检查水流量，内循环水(3 ~ 5 L/min)，外循环水(1 ~ 4 L/min)。

B. 等待仪器内部温度稳定(30℃，约 8 h)后可正常分析。

(2)关机

①逐步降低高压电流到 20 kV/10 mA(或运行 Sleep 程序)。

②等待 3 min 后，转动钥匙(反时针方向 90°)关闭 HT 高压。

③关闭"SuperQ"，使分析软件与主机脱机。

④按下"Standby"开关，仪器处于待机状态。

⑤先关输出开关，再关输入开关，然后关稳压电源开关。

⑥关闭水冷机电源。

3. 测试与分析

(1)测试

点击"SuperQ manager"中"Measure and Analyse"图标，进入分析与测试模块，在"Measure and Analyse"模块中单击 open sample changer 图标，进入"Sample changer"模块，如图 9 – 1 – 1 所示。

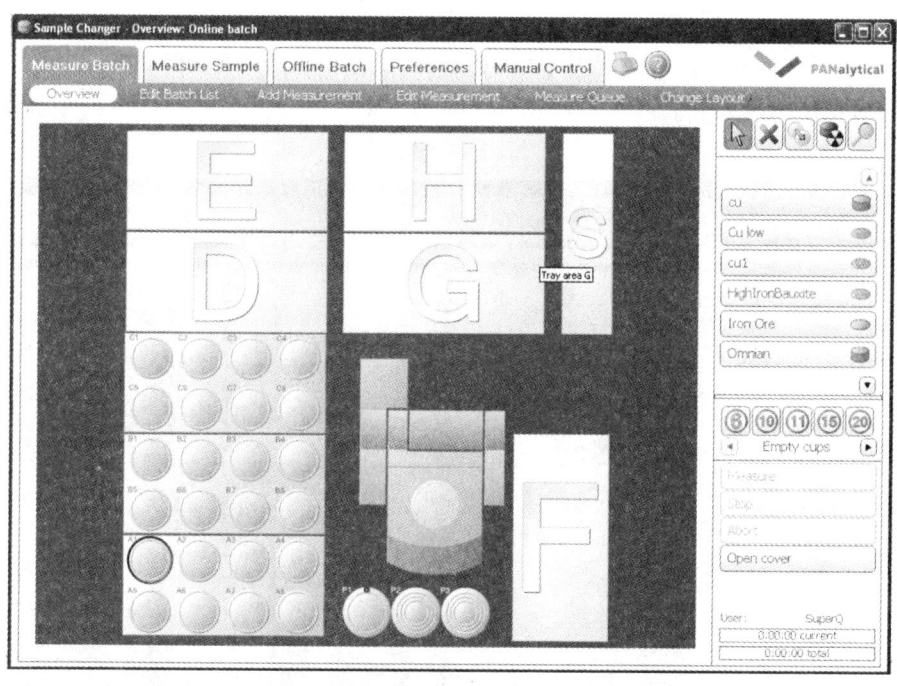

图 9 – 1 – 1　Sample changer 模块

将前面所制玻璃熔片或粉末压片放入样品杯中并用压环压好，注意样品测试面朝下。将样品杯放至主机进样条上，并记下所放位置。切换到"Sample changer"模块的"Add Measurement"选项卡，如图 9 – 1 – 2 所示。

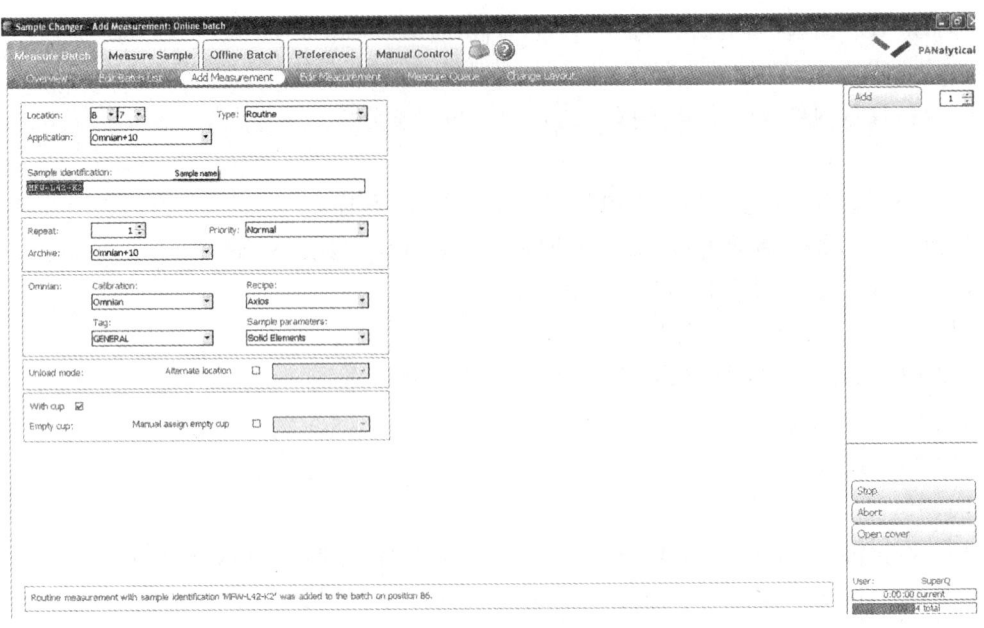

图 9 - 1 - 2   Add Measurement 选项卡

在"Add Measurement"选项卡中选择测量所放置的位置(Location)、测试类型(Type：Routine，Standard，Monitor)、应用程序(Application)，在"Sample identification"中输入所测样品名称，然后点击 Add 按钮，再切换到"Overview"选项卡，如图 9 - 1 - 3 所示。

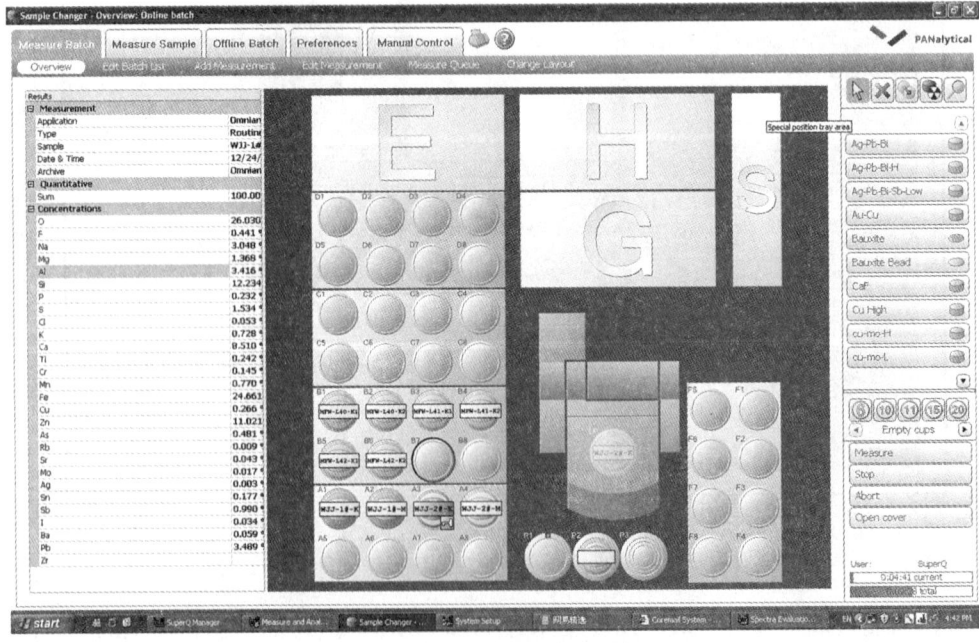

图 9 - 1 - 3   Overview 选项卡

在"Overview"选项卡中，点击"Measure"按钮，荧光仪自动测试。

（2）样品分析

①定量分析

在"SuperQ manager"对话框中点击"Results Evaluation"图标 ，进入结果评价模块，点击🔲或从菜单"Results/Results quantitative"打开选择结果对话框，如图9-1-4所示。

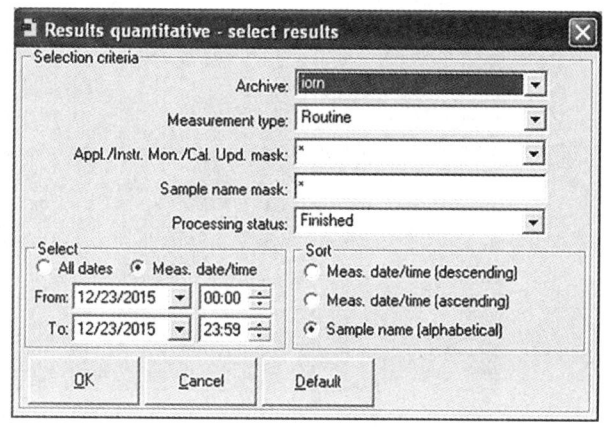

图9-1-4 选择结果对话框

在图9-10-4对话框中，从 Archive 下拉列表中选择测量的标准曲线，在 Measurement type 下拉列表中选择测量的类型，选择测量时间，点击确认，打开测量结果，如图9-1-5所示。

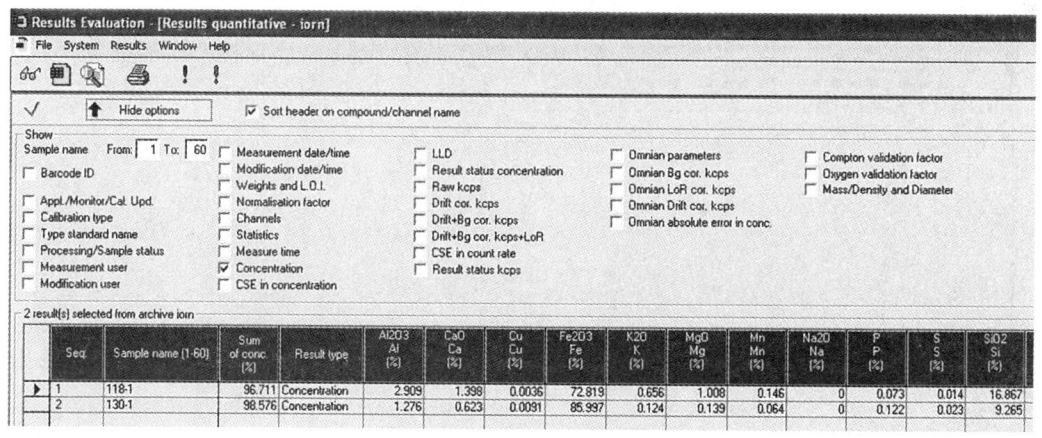

图9-1-5 铁矿石定量测量结果

②定性分析

在"SuperQ manager"对话框中点击"Spectra Evaluation"图标 ，打开光谱评价模块，选择"File/select new current measurement to analyse…"或点击📂图标，打开"Select new current measurement to analysed"对话框，如图9-1-6所示。

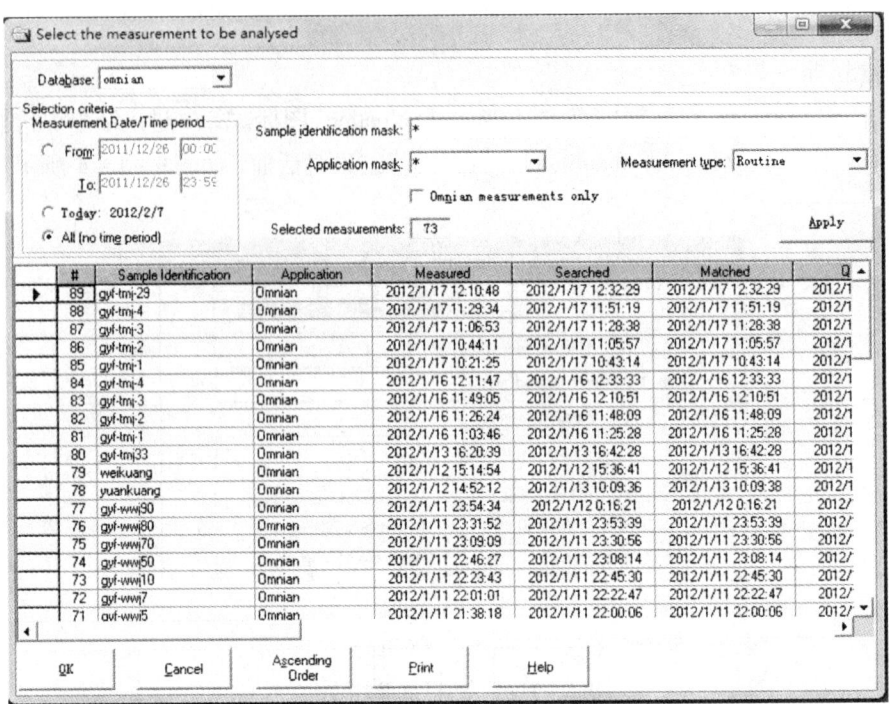

图9-1-6 选择分析结果对话框

点击左边三角箭头，所选结果呈蓝色，再点击确认键，打开"Axios XRF spectrometer"图，如图9-1-7所示。

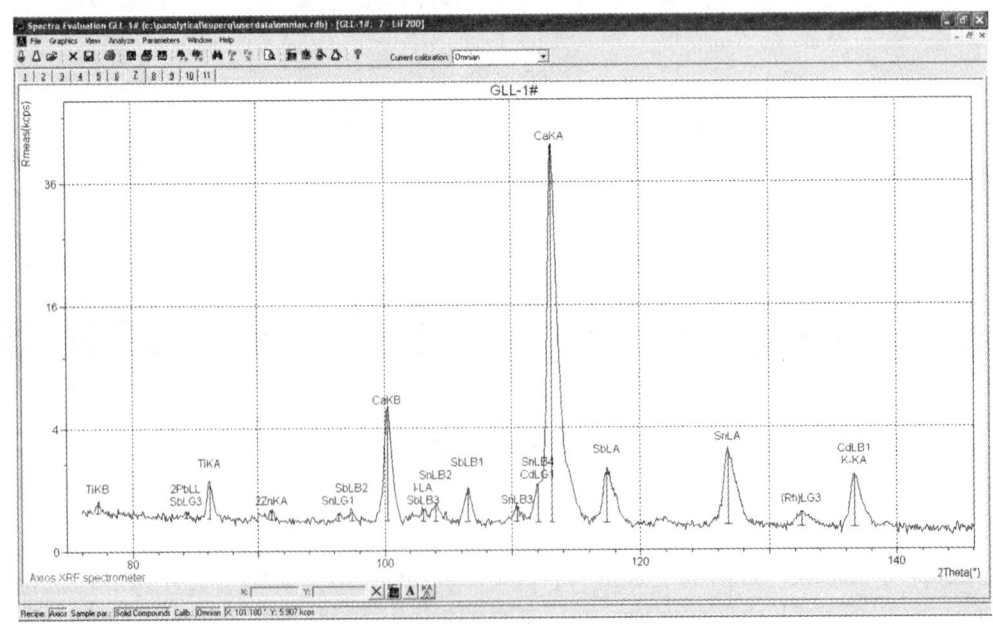

图9-1-7 XRF spectrometer 对话框

点击 1～11 选项卡，可以查看所测元素的谱线图，并对其进行编辑。点击自动分析图标 ，然后点击确认键，"SuperQ"软件自动进行分析。然后再点击"Quantify the peaks in the selected measurement"图标 ，然后再点击"Sample"按钮，弹出"Sample parameters"对话框（如图 9 − 10 − 8 所示），在对话框中设置好样品类型（Sample type）、归一化（Normalization）、样品预处理（Sample preparation）以及化合物列表（Compound list）等，然后点击确认键，返回至"Spectra Evaluation"模块，点击"Reset"进行重置，再点击"Quantify"按钮进行量化处理，即得测试结果。

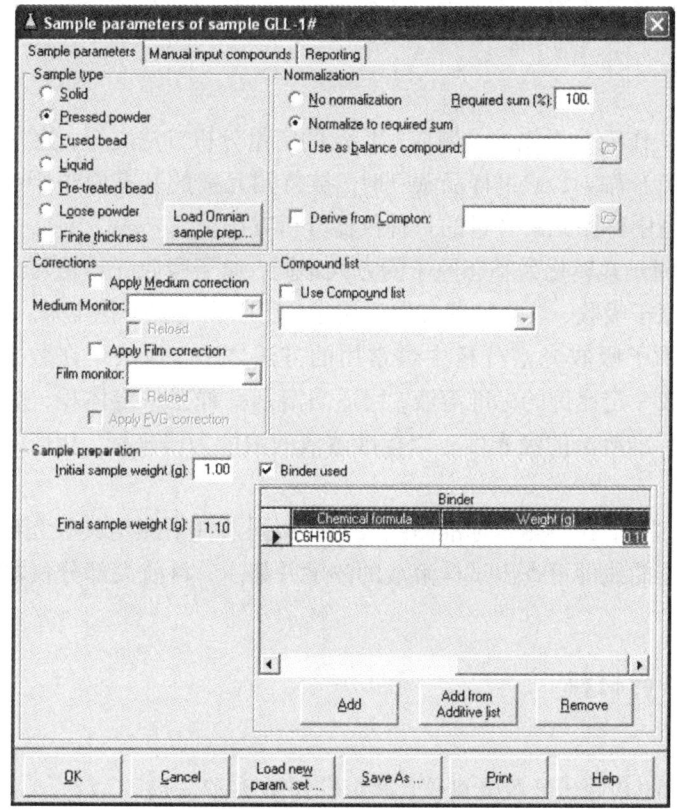

图 9 − 1 − 8　**parameters 对话框**

五、思考题

1. 玻璃熔片法和粉末压片法分别适合于什么样品的测量？

2. 玻璃熔片时一般要对试样进行预氧化，请问为什么？

3. 了解玻璃熔片法所使用的助熔剂、氧化剂、脱膜剂、内标物质，针对不同测试样该使用何种助熔剂、氧化剂、脱膜剂、内标物质以及它们的成分、用量、配比等。

实验 9 – 2　原子吸收分光光度计测试技术

一、实验目的与要求

1. 理解火焰原子吸收光谱分析法的概念、原理和仪器构造；
2. 掌握火焰原子吸收光谱仪的基本操作技术；
3. 掌握用火焰原子吸收光谱法测定矿石中铁的分析技术；
4. 掌握用笑气 – 乙炔高温火焰测定铝土矿中的二氧化硅的分析技术。

二、基本原理

原子吸收光谱法作为分析化学领域应用广泛的定量分析方法之一，它是利用从光源中发射出的待测元素的特征辐射，通过样品蒸气时，被待测元素的基态原子所吸收，由辐射的减弱程度，来测定样品中待测元素含量的一种仪器分析方法。

依据样品中待测元素转化为基态原子的方式不同，原子吸收光谱法可分为以下几种：火焰原子吸收、电热原子吸收、氢化物蒸气发生技术、还原蒸气原子化定汞。

标准曲线法是原子吸收光谱分析中最常用的方法之一，该法是在数个容量瓶中（通常 3 – 6 个）分别加入成一定比例的标准溶液，用适当溶剂稀释至一定体积，在调整好仪器条件下，依次测出各个标准溶液的吸光度。以标准溶液的浓度为横坐标，相应的吸光度为纵坐标绘出标准曲线。

试样经适当处理后，在与测定标准曲线吸光度相同条件下测定其吸光度，根据试样溶液的吸光度，通过标准曲线即可查出试样溶液的浓度并显示，目前大部分仪器可自动换算成试液中某元素的含量。

三、仪器设备与材料

1. 仪器与配制

（1）岛津 AA—6800 原子吸收光谱仪，其组件如图 9 – 2 – 1；

（2）铁、硅元素的空心阴极灯，电子天平，电热炉，空气压缩机，自动控温马弗炉，银坩埚，铂坩埚。

2. 气体

分析纯乙炔：99.9%；分析纯笑气（N_2O）。

3. 试剂

盐酸（分析纯，含量 36% ~ 38%），硝酸（分析纯，含量 65% ~ 68%），氢氧化钠（优级纯 GR），三氧化二铁（优级纯），二氧化硅（优级纯），碳酸钠（分析纯）。

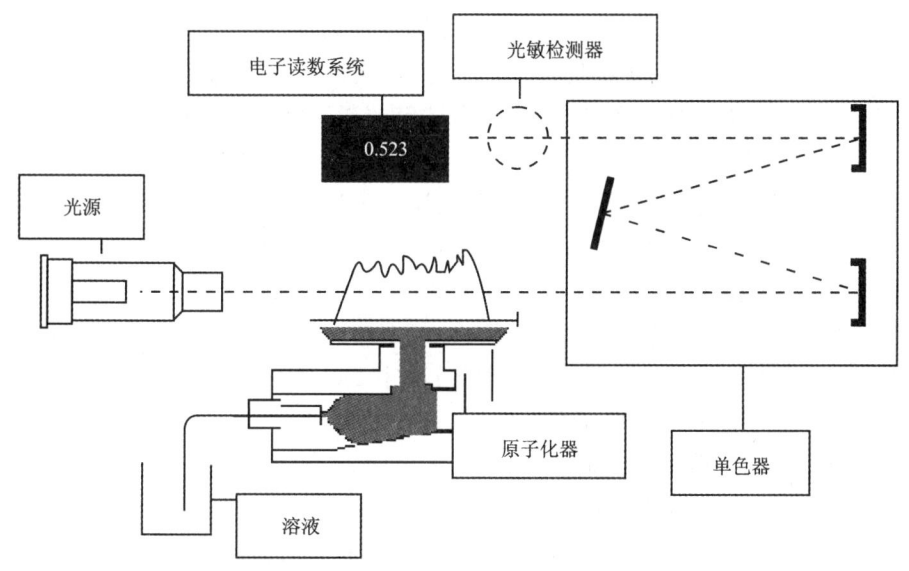

图 9 – 2 – 1 岛津 AA—6800 原子吸收光谱仪组件

四、实验内容与步骤

(一)火焰原子吸收法测定矿石中低含量铁

1. 样品预处理

(1)检查样品是否符合要求:已烘干并磨至 – 0.074 mm。

(2)准确称取磨至 – 0.074 mm 的烘干试样 0.5000 g 于 150 mL 烧杯中,加水湿润,加入浓盐酸 10 mL,加热使大部分试样溶解(5 ~ 10 min)之后,加浓硝酸 5 mL,加热至试样完全溶解。如特殊样品加热至此不能完全溶解的,可再加一定量的其他氧化剂,至所有铁元素全部溶解出来。取下冷却后,移入 100 mL 容量瓶稀释至刻度,摇匀澄清备测。

2. 各种铁标准溶液的准备

(1)铁标准溶液(储备液),1.000 mg/mL:准确称取高纯金属铁粉 1.000 g,用 30 mL 盐酸(1:1)(浓盐酸:蒸馏水 = 1:1)溶解后,加 2 ~ 3 mL 浓硝酸进行氧化,用蒸馏水稀释至 1 L,摇匀。

(2)铁标准工作溶液,0.1000 mg/mL:分取 25 mL 上述铁标准储备液至 250 mL 容量瓶中,加 10 mL 盐酸(1 + 1)溶液,再用蒸馏水稀释至刻度摇匀。

(3)铁标准系列溶液的配置:

分别吸取含铁 100 μg/mL 的铁标准溶液 0.0 mL,2.0 mL,4.0 mL,6.0 mL,8.0 mL,10.0 mL,置于 100 mL 容量瓶中,各加 2 mL 盐酸,用水稀释至刻度,摇匀后与试样溶液同时测定。

3. 原子吸收光谱仪的开机准备和参数调节

先检查气路有无漏气现象,原子吸收光谱仪的燃烧头是否装好,再依次打开总电源、稳压器及仪器的电源开关，几分钟后，当听到仪器发出一小声鸣响后，再点击计算机桌面上的软件，进行仪器与软件连接，让仪器进行自检。同时，按软件中的提示，先打开空压机(并排除空压机内的水气)，再打开乙炔钢瓶上的总开关，将次级压力表调至 0.05 MPa 左右，接着按一下仪器前面板上的检查键，让仪器进行内部气路的漏气检查(时间 11 min)。

在此期间，可进行波长的扫描，及其他工作。当原子吸收仪器自检完毕，谱线搜索完成，检查不漏气后，再将排气系统打开，按点火开关让火焰稳定燃烧。首先将吸管插入蒸馏水中，当吸光度为 +0.0001 时，可测定铁标准系列溶液，当仪器显示铁的标准曲线较好且仪器稳定时，开始测定试样溶液的吸光度，同时仪器会自动显示所测试液的浓度。

仪器参数的设定(如燃气流量、燃烧头高度、灯电流、火焰类型选择)与调整的原则：在满足稳定性时，使吸光度尽量大。具体参数设置：波长 248.3 nm，灯电流 8 mA，燃烧器高度 10 mm，燃气流量为 4 L/min，狭缝宽度为 0.2 nm。

4. 铁标准曲线及样品溶液的测定

检查燃气、助燃气压力都正常后，打开排气管道、电源开关、按住仪器前面板上的黑白两个按钮点燃火焰。如果火焰正常，则可依次测定标准系列溶液的吸光度，测完后仪器自动绘出标准曲线。如得出的曲线符合要求，可接着测定样品溶液。根据测定数据计算试样中待测元素的百分含量。

(二)用笑气－乙炔高温火焰测定铝土矿中的二氧化硅

硅元素属于亲氧元素，用普通的空气－乙炔火焰难以电离，可采用高温火焰(笑气－乙炔)，其温度高达 2955℃，而且燃烧速度慢，这样可使硅电离产生原子吸收光谱。

1. 测定硅时原子吸收仪器条件的选择

因仪器的条件设定将直接影响到元素的测定结果。采用单因素实验方法，通过实验摸索选择测硅较合适的仪器条件如下：

波长 251.80 nm；灯电流 14 mA；燃烧器高度 10 mm；燃气流量 7.4 L/min。

2. 样品处理

准确称取 0.1000～0.2000 g 铝土矿于干净的银坩埚中，在样品上面覆盖 2 g 左右固体氢氧化钠，放入马弗炉中，设置温度为 720℃，温度升至 720℃后熔融 20 min，关掉马弗炉电源，取出银坩埚，放入 250 mL 烧杯中用沸水浸出，加 40 mL 盐酸(1:1)中和后，洗净坩埚。待溶液冷却后转入 250 mL 塑料容量瓶中，定容，摇匀，待测。

3. 各种硅标准溶液的准备

(1)二氧化硅标准储备液(0.1 mg/mL)：称取 1.000 g 经高温灼烧过的含量为 99.99% 的基准二氧化硅于铂坩埚中，加 3 g 左右无水碳酸钠混匀，再覆盖少许碳酸钠，于 950～1000℃熔融 1 h，取出，冷却，用水浸出，浸出液移入 1000 mL 容量瓶中，用蒸馏水定容，并移入塑料瓶中保存，备用。

(2)二氧化硅标准系列溶液的配制

分别准确移取浓度为 1 mg/mL 的硅储备液 0 mL，2.00 mL，4.00 mL，6.00 mL，8.00 mL，10.00 mL 于 100 mL 容量瓶中，分别加入 15 mL 盐酸(1:1)，用酚酞作指标剂调至中性后，用蒸馏水定容，摇匀。

4. 硅标准曲线及样品的测定

原子吸收仪器的开机准备与参数调节同前面铁的测定。将原子吸收分光光度计的参数设置为：波长 251.80 nm；灯电流：14 mA；燃烧器高度：10 mm；燃气流量：7.4 L/min；狭缝宽度：0.5 nm。

检查燃气、助燃气压力都正常后，打开抽气管道电源开关，点燃火焰。如果火焰正常，则可依次测定标准系列的吸光度，测完后仪器自动绘出标准曲线。如得出的曲线符合要求，即接着测定样品溶液。根据测定数据可计算试样中 SiO_2 含量。

五、数据处理

1. 列表记录标准系列溶液的吸光度，绘制标准曲线，计算相关系数，考察线性关系。

2. 记录试样质量、试样溶液与空白溶液的稀释倍数、吸光度、浓度，计算出所测试样中待测元素的含量。

六、思考题

1. 是否在任意浓度范围内的标准曲线都是直线？

2. 在什么情况下宜采用标准加入法而不采用标准曲线法？

实验 9-3　碳硫分析仪测试技术

一、实验目的与要求

1. 了解 CS-3000 碳硫分析仪的分析原理;
2. 掌握碳硫分析方法。

二、基本原理

CS-3000 碳硫分析仪可以快速地分析钢、铸铁、铜、合金、矿石、煤、水泥、陶瓷、碳化合物、矿物、沙子、玻璃等固体材料及某些高分子有机液体材料中的碳和硫。样品在分析仪高频炉内燃烧,碳和硫分别生成 CO_2、SO_2 气体,通过红外吸收方法测定燃烧气体中的 CO_2、SO_2 浓度,从而计算出样品中的碳含量和硫含量。

三、仪器设备与材料

1. 北京纳克公司 CS-3000 型碳硫分析仪;
2. 铸铁(屑状);钨粒。

四、实验步骤

1. 仪器准备

(1)开机

①通气:打开氮气和氧气瓶上的调压阀,将输出压力调至 0.3 MPa;

②通电:打开 CS-3000 分析仪主机电源,至少预热 1 h;

③启动计算机,运行 CS 分析软件,进入操作界面,然后在"设备"菜单中选择"开高频电源"预热 300 s,高频电源预热完后即可进行分析测试。

(2)关机

关闭仪器时,首先在"设备"菜单中选择"关高频电源",然后退出软件关闭计算机和碳硫主机电源,再关闭氮气和氧气。

2. 分析

(1)测试

仪器预操作:在燃烧炉上放一空坩埚,并在"样品质量"(如图 9-3-1 所示)处输入任意质量,然后点击"开始",等一个分析过程结束后观察基线,重复 2 到 3 次,如果基线稳定,预测 2~3 个样品后,则可进行正式分析。

称样:在软件中输入"样品名称",称取 0.20 g 试样,选择"自动读数",软件自动读入试样质量,再称取助熔剂钨粒 1.6 g,如果分析样品为矿石等,则另需加入 0.4 g 纯铁助熔剂,软件自动读入钨粒质量。

分析:将称好样的坩埚放在燃烧炉的坩埚托上,点击"开始",坩埚托上升,样品自动送入炉内,分析开始,等分析结束坩埚托下降,样品出炉,测量结束,更换坩埚进行下次分析。

图 9 – 3 – 2 为分析结果图。

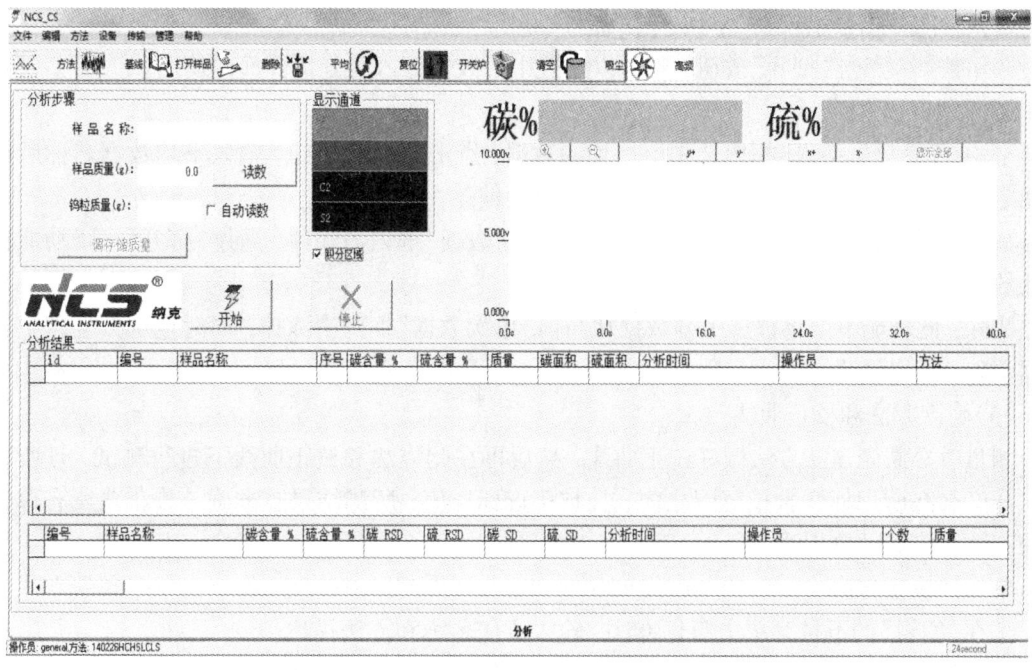

图 9 – 3 – 1　分析界面

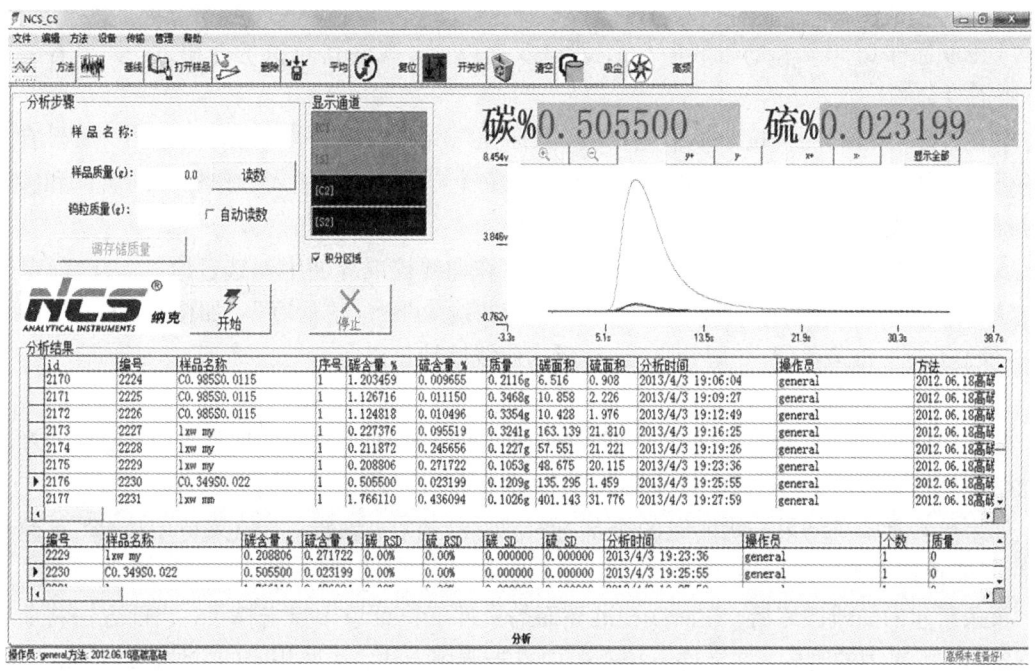

图 9 – 3 – 2　分析结果

（2）查询和调用数据

查询：点击"打开样品"按钮，弹出查询界面，输入要查询的条件，然后点击"查询"按钮，则符合条件的数据会出现在"单次数据"框中。

调用数据：点击"打开"按钮，则可以把选中的数据调入到分析界面中使用。

（3）数据处理

平均：在"分析结果"框内选中要平均的数据，点击"平均"按钮，输入平均数据名称后点击确定，此时在"平均数据"框内出现平均结果及偏差。

清除：此功能只将被选中的数据从当前"单次数据"框内消除掉，通过"打开样品"功能仍可从数据库中调用被清除的数据。

删除：此功能不但将被选中的数据从当前"单次数据"框内消除掉，同时也从数据库中将数据消除，无法再调用。

（4）建立方法和校正曲线

测量时必需先建立方法做好校正曲线，然后再在此方法和校正曲线下进行测试，且所测试试样必须在所用标样含量范围之内，且越接近标样值，所测结果越准确。校正曲线有单标样校正法和多标样校正法。

单标样校正方法：

①在"编辑"的下拉菜单中新建方法，输入方法名称和方法描述。

②称取标样 0.15 g 和助熔剂 1.6 g，测试 3 次以上，观察其面积是否相近，如果有异常值，则需再补测一次。

③称取标样 0.20 g 和助熔剂 1.6 g，测试 3 次以上，观察其面积是否相近，如果有异常值，则需再补测一次。

④称取标样 0.30 g 和助熔剂 1.6 g，测试 3 次以上，观察其面积是否相近，如果有异常值，则需再补测一次。

⑤在程序"编辑"的下拉菜单中选择"匹配标样"，在"匹配标样"的对话框中，如果有选中的标样的数值选取该值。如果没有就要在最后一个空白行上，输入所作标样的名称和碳硫的标准值，再选取。

⑥在"方法"的下拉菜单中点击"快速校准"，在曲线校准界面中勾选过原点，点"确定"，在方法界面下点击"计算"，观察曲线方差，判断曲线效果，点"保存"，如图 9-3-3 所示。再在"文件"的下拉菜单中点"退出"，这时新的曲线就校正好了。

多标样校正方法：

多标样校正方法与单标样校正方法类似，只是每个标样称取相同质量，如 0.20 g，和相同助熔剂用量，如 1.6 g，分别"匹配标样"，在曲线校准界面中不勾选过原点。

如果想看看校正结果，就把做的全部标样选中，再在"编辑"下拉菜单中选择"重新计算"，就能看到校正后的结果。

每条新建的曲线做好后，在曲线校准界面的文件下拉菜单中点击拷贝，当前方法将曲线进行备份，下次用的时候，在文件下拉菜单中点击调用方法，选取相应的方法曲线即可。

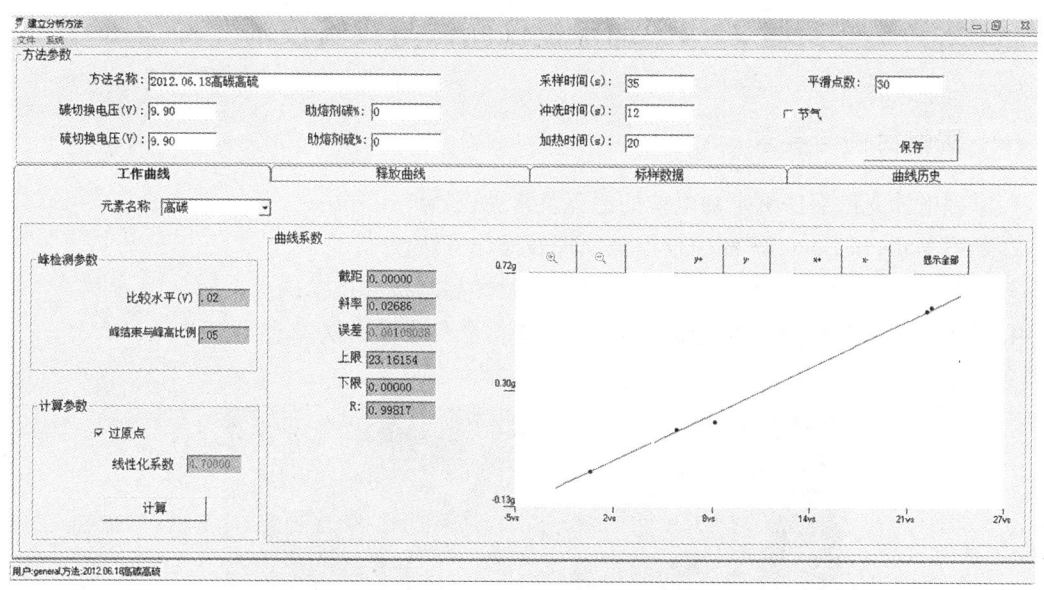

图9-3-3　校正曲线

五、思考题

1. 分析 CS 分析仪分析碳硫含量的原理。
2. 分析影响碳硫分析准确性的主要因素。

实验 9 – 4 动电位仪测试与实验技术

一、实验目的与要求

1. 掌握电泳光散射法测定动电位的原理及常见仪器使用方法；
2. 熟悉 Malvern Nano ZS 测定仪设计原理及操作方法；
3. 学习 Malvern Nano ZS 操作软件使用方法及样品制备的技术；
4. 了解影响动电位测定的主要因素及测定参数条件实验方法。

图 9 – 4 – 1 Malvern Nano ZS 测定仪

二、基本原理

目前测量 Zeta 电位的方法主要有电泳法、电渗法、流动电位法以及超声波法，其中电泳法应用较广。

电泳迁移率测定：悬浮溶液装入带电极的样品池，两端施加电场，应用激光多普勒技术测定粒子运动的速度，并以单位场强表示。

依据电泳原理及多普勒测速技术设计的动电位测定仪通常包括以下几个部分：激光源、衰减器、样品室、检测器、数字信号处理器、相关器和计算机等。其工作原理为：首先，激光通过电子束分裂器分成基准光束和入射光束，入射光通过衰减器进入样品室。当光束照到运动的颗粒时，就会引起光束频率或相位发生变化，检测器将接受的信号传送到数字信号处理器和相关器，进而传送到计算机，软件通过计算得出粒子的电泳迁移率，代入亨利公式求出"Zeta"电位。

目前，实验室常用的这类仪器有：英国马尔文公司的"Nano ZS"系列，美国布鲁克海文公司"ZetaPals & ZetaPlus"，美国库尔特公司的"Delsanano Z & C"等。

"Malvern Nano ZS"是英国马尔文公司最新推出的一款可用于测量悬浮颗粒动电位、平面固体或薄膜表面电位、悬浮颗粒粒度大小分布等多功能动电位 & 粒度分析仪。

三、仪器设备与材料

1.仪器：纳米粒度 & 动电位测定仪 Nano ZS(Malvern Instruments Corporation)，超声波振荡器，磁力搅拌，电子天平，秒表等；

2.试样：一水硬铝石(−2.0 μm)；

3.试剂：二乙基十二胺(DEN)，合成药剂；氢氧化钠(分析纯)，硫酸(分析纯)；二次蒸馏水。

四、实验步骤

1.仪器准备

打开"Nano ZS"主机、显示器及计算机电源，启动计算机；点击"Zetasizer"操作软件，启动"Nano ZS"操作系统，仪器预热 30 min。

2.样液制备

制样：将固体样品适当处理(矿物样品研磨至 −2 μm)，称取 50 mg 置于烧杯中，加 50 mL 分散剂(常用蒸馏水)，同时加入氯化钾，控制浓度在$(1 \sim 10) \times 10^{-3}$ mol/L，用 HCl 或 NaOH 调节矿浆 pH，磁力搅拌下加入药剂，继续搅拌 5 ~ 10 min，确保矿浆与药剂充分作用；

样品池清洗：取 U 形带电极样品池，先用注射器取适量乙醇反复润洗，再取蒸馏水反复冲洗样品池 2 ~ 3 遍，最后用待测样液润洗 2 − 3 遍；

装样：在样品池进样口插入空注射器，将装有样液的注射器插入样品池另一个进样口，缓慢将样品抽入样品池；确保无气泡后，取出空注射器并插入样品池塞；然后取出另一个注射器，插入塞子，用擦镜纸轻轻将样品池外表水吸干；最后，将样品池放入主机的样品仓，盖好仓盖，准备测试。

3.测量参数设置

(1)在操作系统窗口对话框，输入用户信息，见图 9 − 4 − 2，点击确定，进入测量主窗口。

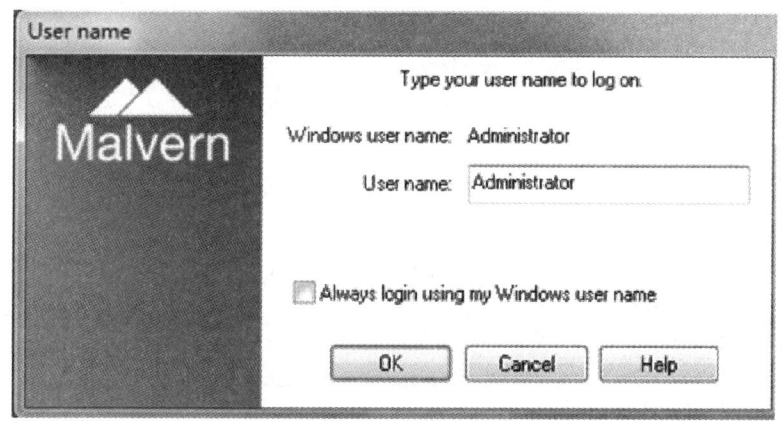

图 9 − 4 − 2 用户信息输入

（2）在主窗口下拉 File 菜单，创建测量文件，见图 9 - 4 - 3。

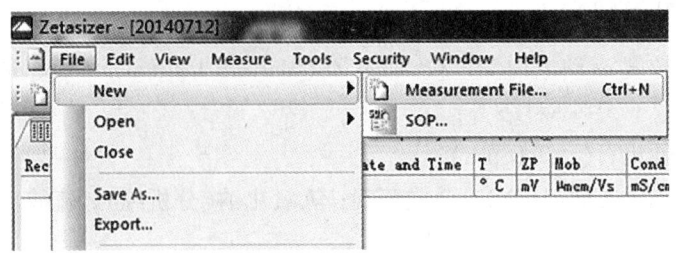

图 9 - 4 - 3　创建测量文件

（3）输入文件名，选择储存路径，确认后，回到测量主窗口。

（4）下拉"Measure"菜单，点击"Manua"手动设置，跳出参数设置窗口。

（5）点击"Measure type"，在子菜单中确定"Zeta potential"测量项目，跳出相应的对话框，见图 9 - 4 - 4。

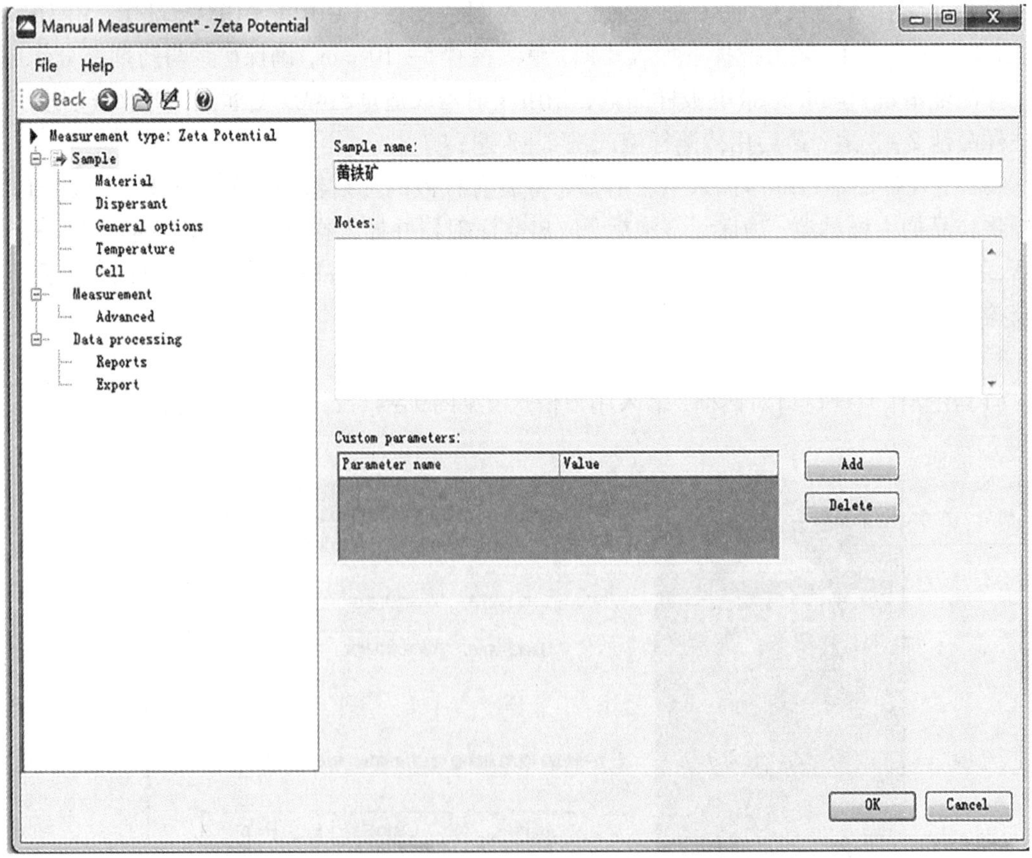

图 9 - 4 - 4　创建测量项目

(6)点击样品信息设置项,输入试样名称及相关的信息,见图9-4-5。

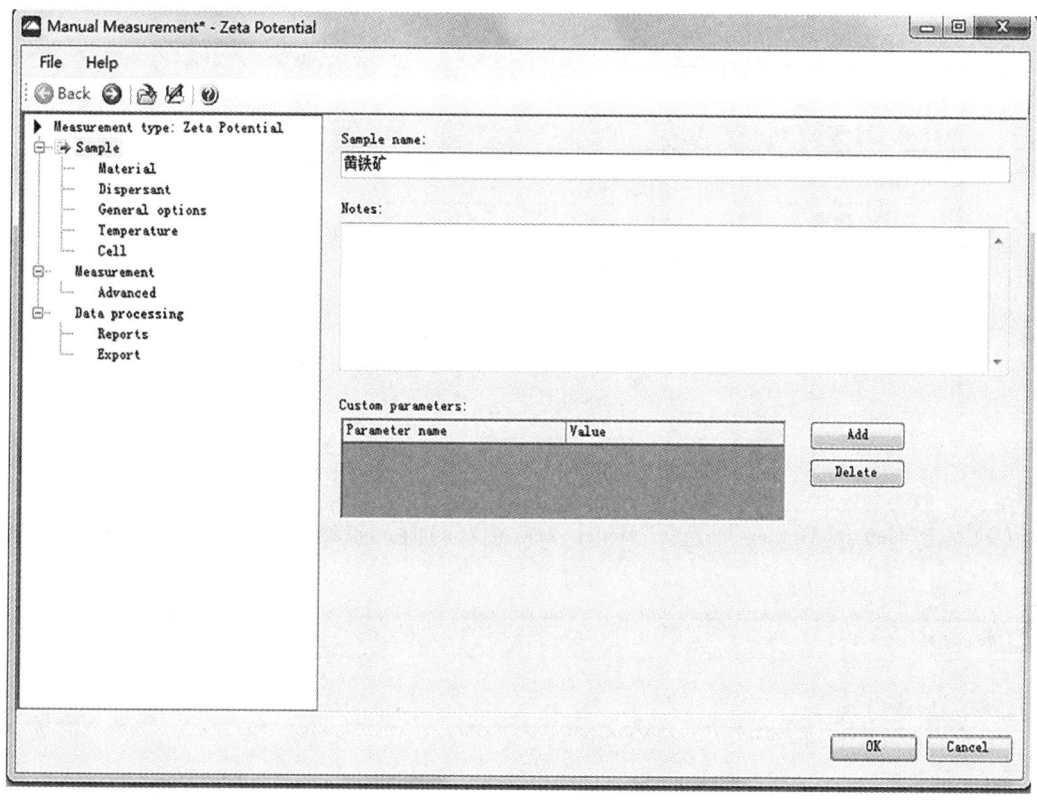

图9-4-5 输入试样名称

(7)点击"Material",选择或输入折射率与吸光度信息,见图9-4-6。

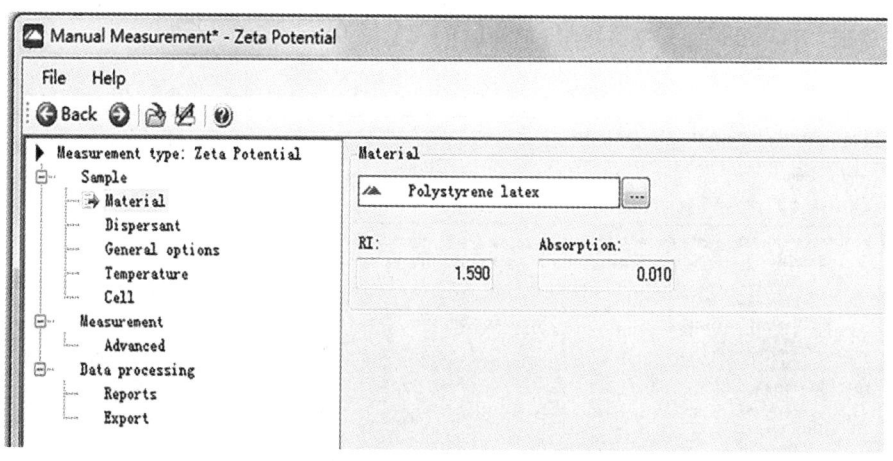

图9-4-6 输入样品折射率与吸光度

(8)点击"Dispersant"，选择分散剂，确定黏度，折射率及介电常数，设定测量温度。选择分散剂或添加分散剂并输入温度、折射率与吸光度信息，见图9-4-7。

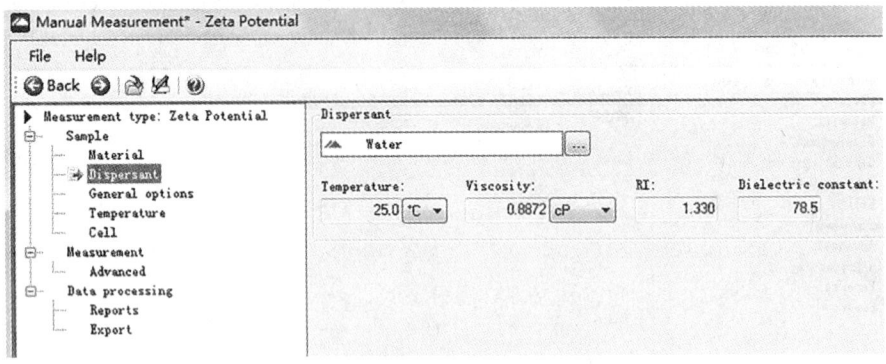

图9-4-7　输入分散剂温度、折射率与吸光度

(9)点击"General Options"，选择"Model"，确定F(a)值，选择近似模拟类型，见图9-4-8。

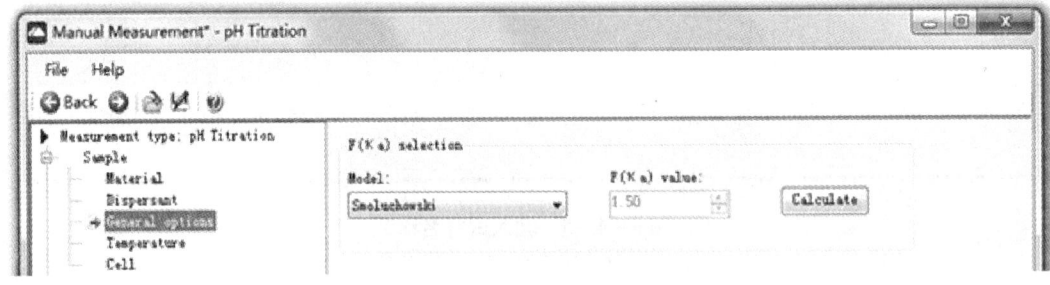

图9-4-8　选择分散剂特征参数

(10)点击"Tempture"，输入温度与平衡时间，见图9-4-9。

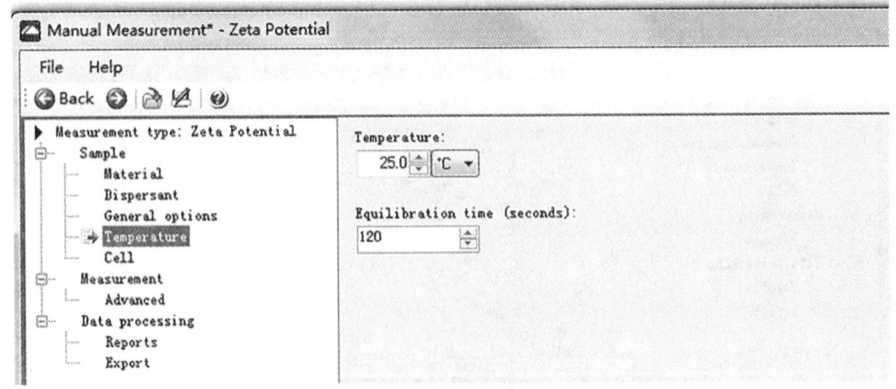

图9-4-9　输入温度与平衡时间

（11）点击"Cell"，选择测量时所用的池子类型，见图 9 - 4 - 10。

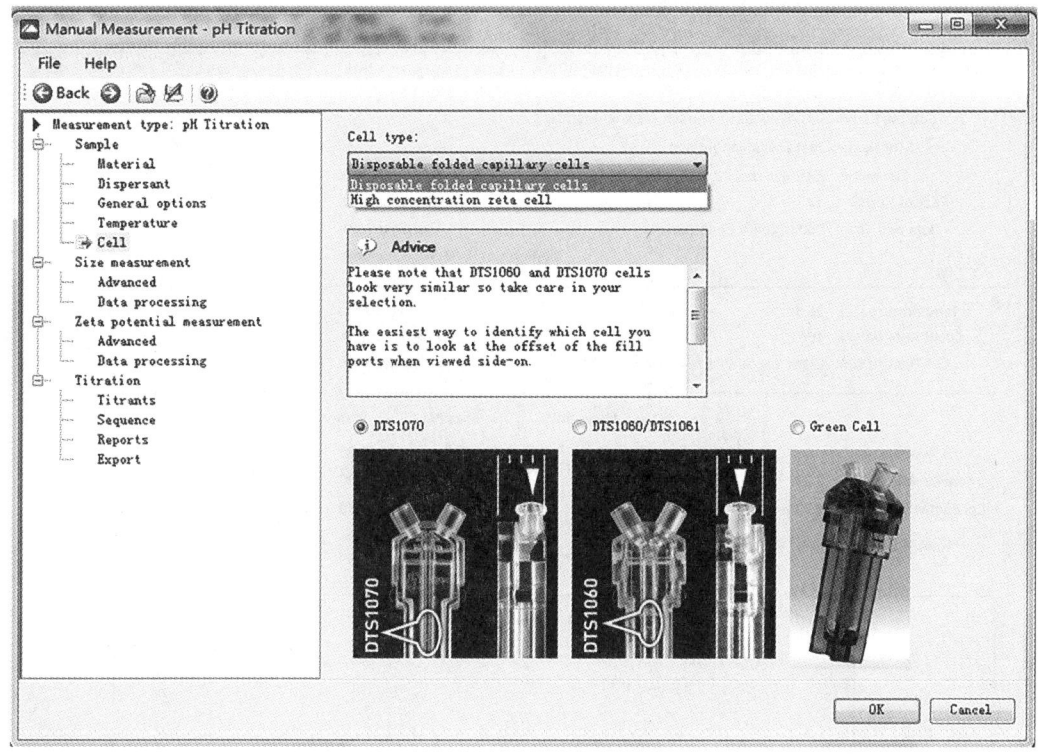

图 9 - 4 - 10　选择测量池子类型

4. 运行参数设置

（1）点击运行参数设置项，可设置运行次数及测量次数、测量模式及测定电压、数据处理方法等，一般采用默认值。

（2）如果进行趋势测定，点击趋势测量设置项，输入初始样液体积、滴定剂类型及浓度，设置趋势测量的始点与终点、趋势测定步长及测量精度。

（3）点击分析报告、编辑报告内容及输出方式，然后点击右下角的确定按钮，进入实时测量窗口。

5. 测量及关机

（1）参数设置确认后，点击"Start"，仪器开始测量，通过左上角的卡片选项，观察实时测量的各种数据，见图 9 - 4 - 11。

（2）测量结束后，数据自动保存在新建的文件夹中，点击分析报告，输出分析结果，见图 9 - 4 - 12。

（3）实验结束，退出工作站，关掉电脑及主机电源。

（4）清洗器皿及样品池，清理好台面。

图 9-4-11 实时测量数据

Record	Type	Sample Name	Measurement Date and Time	T	ZP	Mob	Cond
				° C	mV	μmcm/Vs	mS/cm
10	Zeta	DTS1230 Zeta Potential Transfer Standard	2008年5月30日 15:05:23	25.0	-68.3	-5.354	0.331
11	Zeta	DTS1230 Zeta Potential Transfer Standard	2008年5月30日 15:06:51	25.0	-68.6	-5.378	0.331
12	Zeta	DTS1230 Zeta Potential Transfer Standard	2008年5月30日 15:08:15	25.0	-69.4	-5.441	0.331
13	Zeta	DTS1230 Zeta Potential Transfer Standard	2008年5月30日 15:09:41	25.0	-68.0	-5.330	0.331
14	Zeta	DTS1230 Zeta Potential Transfer Standard	2008年5月30日 15:11:06	25.0	-68.8	-5.393	0.332
19	Titration	Coffee Compliment	2008年3月19日 12:37:11	22.0			
58	Surface Zeta	PTFE (sample 2) in DTS0230 25C (aliquot 7)	2011年8月17日 10:02:28	25.0			
81	Microrheology Group	SUA1 at 40C with 1mic Mel	2012年9月4日 11:27:39				
82	Zeta	Zeta Optimisation	2012年9月4日 11:27:46	25.0	-41.0	-3.214	14.9
84	Zeta	Zeta Optimisation	2012年9月4日 11:39:36	25.0	-31.5	-2.473	14.2
87	Microrheology	SUA1 at 40C with 1mic Mel 1	2012年9月4日 12:05:11	25.0			
88	Protein Mobility	2mg/ml BSA in 10mM KCl at pH7.0	2012年9月3日 15:30:01				
92	Zeta	2mg/ml BSA in 10mM KCl at pH7.0	2012年9月3日 15:41:46	25.1	-18.3	-1.435	1.53

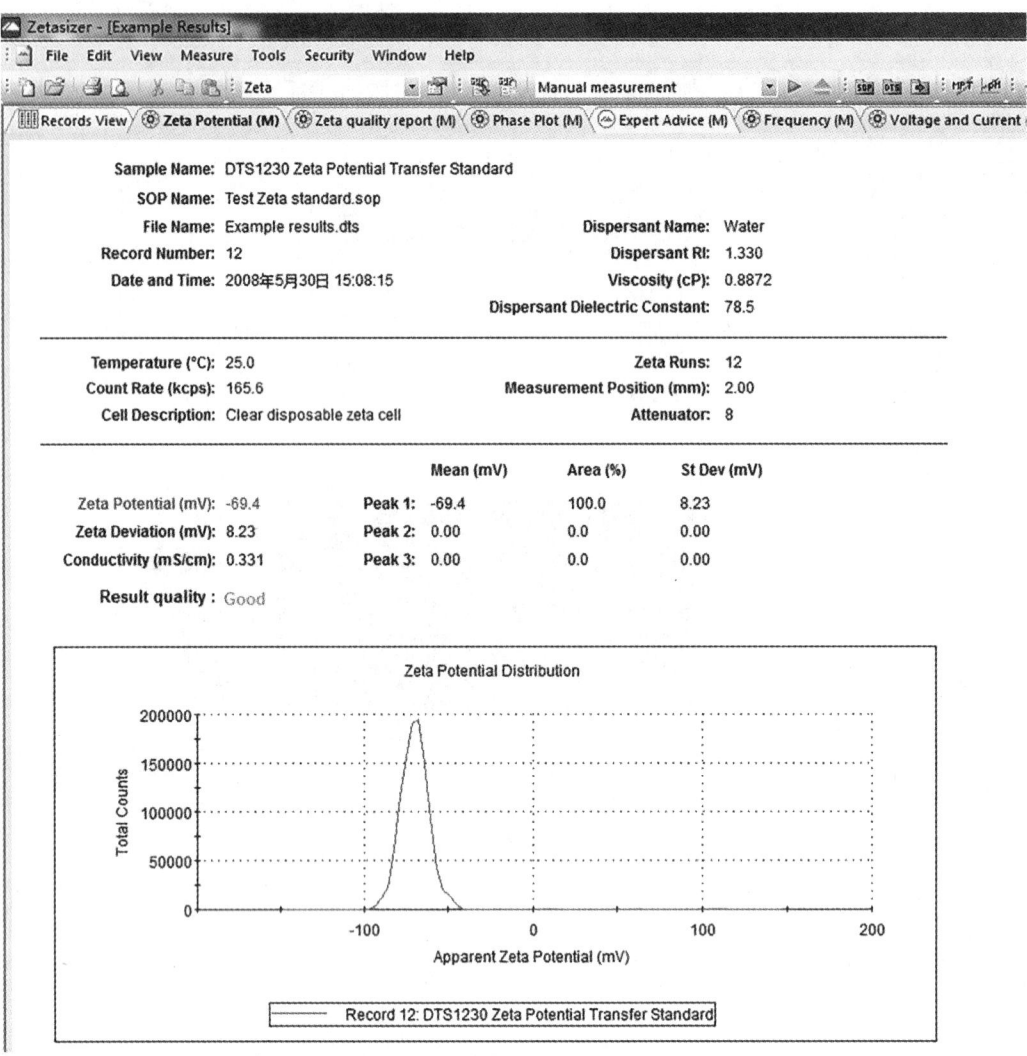

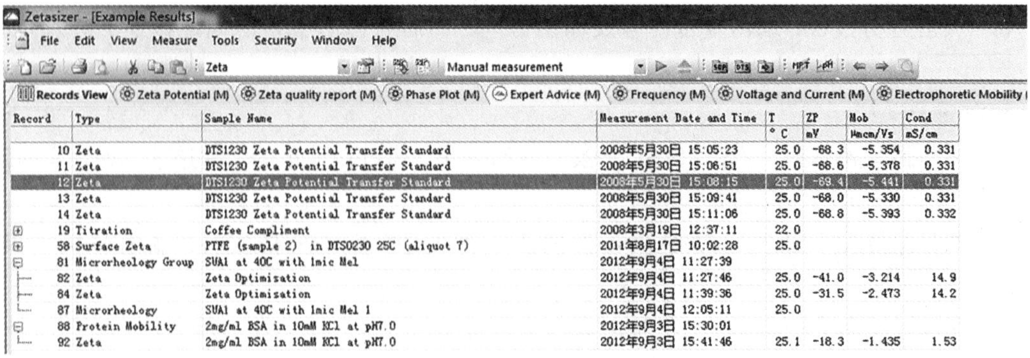

图 9-4-12 测量结果

五、数据处理

图9-4-13给出了不同pH条件下, 一水硬铝石表面的动电位(ζ电位)与pH的关系; 可以看出一水硬铝石的等电点(IEP)为4.9左右, 当pH<4.9时, 其Zeta电位为正值, 矿物表面荷正电, 当pH>4.9时, 其Zeta电位为负值, 矿物表面荷负电。此处一水硬铝石的等电点与文献报道中的等电点(5.4或6)稍有不同, 这可能是因为一水硬铝石矿样的产地不同所致。

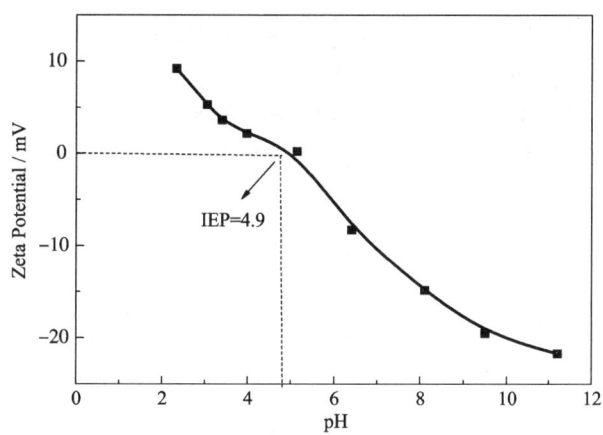

图9-4-13 一水硬铝石的 Zeta 电位与 pH 的关系

图9-4-14给出了与十二系列叔胺(DRN_{12}、DEN_{12}、DPN_{12}和DBN_{12})作用以后, 一水硬铝石的Zeta电位与pH的关系。可以看出, 在与DRN_{12}、DEN_{12}、DPN_{12}和DBN_{12}四种十二系列叔胺作用以后, 在整个pH范围内, 一水硬铝石的Zeta电位不同程度地都得到了增加; 一水硬铝石的等电点(IEP)从4.9分别增加到5.2、10、7.8和5.0。

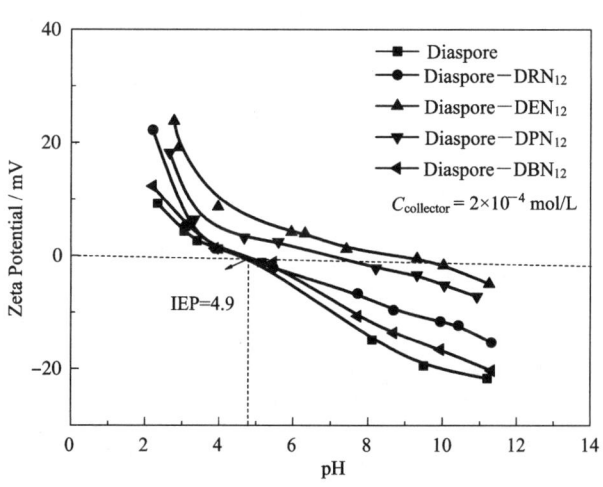

图9-4-14 十二系列叔胺(DRN, DEN, DPN and DBN)对一水硬铝石 Zeta 电位的影响

同时在整个 pH 范围内，四种十二系列叔胺对一水硬铝石的 Zeta 电位的增加量也不尽相同，其中以 DEN_{12} 对 Zeta 电位的增加量最大，DPN_{12} 次之，DRN_{12} 和 DBN_{12} 较小；说明随着 N 原子上取代基的变化，十二系列叔胺与一水硬铝石矿物表面的静电作用能力呈现出一定的规律性：$DEN_{12} > DPN_{12} > DRN_{12} > DBN_{12}$，这与十二系列叔胺对一水硬铝石的捕收性能规律一致。

六、思考题

1. 测定悬浮颗粒动电位的方法有哪些？各有哪些优缺点？

2. 颗粒动电位与固体表面电位的区别在哪里，测定方法有什么不同？

3. U 形电极池可以测定温度趋势，其耐受的温度范围是多少？

4. 测定有机溶剂中悬浮颗粒动电位可以用 U 形电极池吗，为什么？

实验9－5 全自动比表面积及孔隙测定仪测试与实验技术

一、实验目的与要求

1. 了解 N_2 吸附法测定物质比表面积和孔隙特征的原理；
2. 掌握 N_2 吸附法测定物质比表面积和孔隙特征的方法。

二、基本原理

在等温条件下，通过测定不同压力下材料对气体的吸附量，获得等温吸附线，对吸附线进行归类，依据各类吸附线的数学模型计算被测样品的比表面积、多孔材料的孔容积及孔径分布、多组分或载体催化剂的活性组分分散度等。

三、仪器设备与材料

1. 仪器：美国康塔公司(QUANTACHROME) AUTOSORB－1M 全自动比表面与孔隙分析仪；

2. 试样：一水硬铝石

四、实验步骤

1. 样品管质量测定

将清洁的空样品管装在仪器的脱气站，真空脱气(5 ± 1) min，无需对样品管加热，脱气结束后，回填氦气，卸下样品管并立即盖上橡皮塞，称量精确至 0.1 mg，并记录该氦气填充的样品管、塞子和填充棒(如果有的话)的质量，这是样品管的质量。用同样的样品管、塞子和填充棒进行以下工作。

2. 样品的预处理

将样品(一水硬铝石)装入已称量的样品管中，样品量根据样品材料的比表面积预期值的不同确定，样品的预期比表面积越大，所需的样品量越少。一水硬铝石的比表面积不大，所以称样量应多于 0.20 g。对大多数催化剂，称样量应在(0.20 ± 0.02)g 左右。

3. 样品分析

将新鲜液氮倒入杜瓦瓶中，液氮的液位和新鲜度在所有站(包括 Po 站)必须是一样的，否则可导致总孔体积的测量误差。Autosorb 型的杜瓦瓶可以容纳足够多的液氮，满足 60 h 的分析需要，所以在分析过程中不需要补充液氮。

4. 吸附/脱附等温线的测定

点击主菜单中的"Analysis Menu/ Physisorption Analysis Menu"打开设置窗口，如图9－5－1所示。分别设定好窗口中的以下参数：样品名(Sample ID)，操作者(Operator)，吸附气(Adsorbate Gas，一般为 N_2)；样品质量(Weight)，脱气时间(Outgas time)；脱气温度(Outgas Temp)；抽真空(Evacuation)；对块状或大颗粒样品一般选择 Coase(粗抽)；而对粉末样品，为防止抽气时将粉末带出，选择"Fine"。然后单击"Select"以确定 P/P_0 吸附测量点。

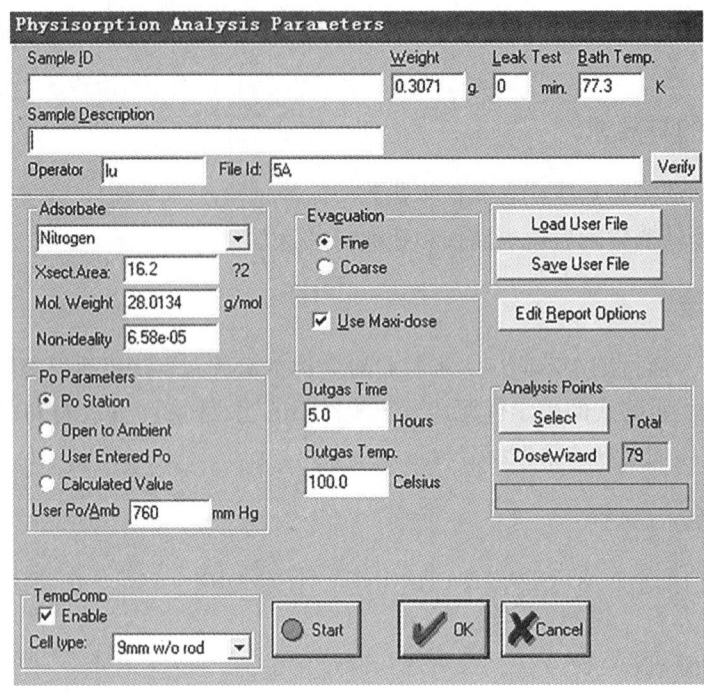

图 9 - 5 - 1   设置功能栏

在此功能栏中，可选择若干个相对压力 P/P_0 作为测量点，仪器能自动对以下实验设置测试点，如 3 点 BET，5 点 BET，7 点 BET，11 点 BET，10/10 点吸脱附等温线，20/20 点吸脱附等温线，40/40 点吸脱附等温线，如图 9 - 5 - 2 所示。用户可以增减测量点。

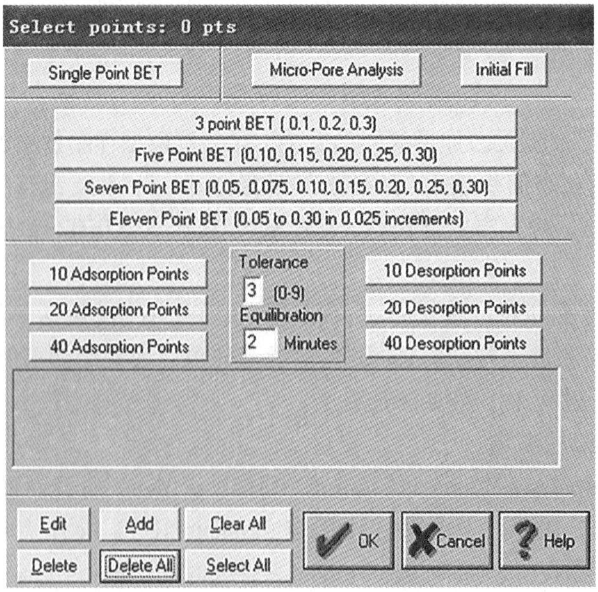

图 9 - 5 - 2   测量点数的选择

参数平衡时间(Equilibration time)是指在仪器采集数据和为下一个测量开始注入氮气之间压力需保持多长时间的稳定(1~5 min),选择时间越长,所花费的测量时间越长;参数压力容忍度(Tolerance)是预置的真实压力与设定压力点的允许误差,规定得越严格(如设为0)所花费的测量时间越长。预置值3是一个比较好的在测量速度和精度之间的平衡,完全满足介孔等温吸附曲线的测定,若要进行微孔等温吸附线的测定(压力点在 P/P_0 小于0.001以下),则应选择 Tolerance =0。

设定以上参数后,点击"OK"→"Start"→"OK",仪器将对管道进行再一次初始化,杜瓦瓶上升并自动调节高度,并按照设置进行吸附量/脱附量的测量,得到的曲线即为吸附/脱附等温线。

5.关闭设备

测试完成后,先关仪器电源开关,再关真空泵开关、关气。

五、数据处理

1.分析等温线类型

在得到吸附/脱附等温线图后,首先要对等温线类型进行判断,看其属于国际纯粹与应用化学联合会定义的哪种孔隙类型等温线,据此选择计算比表面积及孔隙特征数据的模型。如介孔材料选择 BET 法和 BJH 法计算比表面积和孔径,而微孔材料选择 Langmuir 法及 SK 法计算比表面积和孔径。本例中的吸脱附等温线如图9-5-3所示,其特征如下:

(1)在低相对压力区基本无吸附;

(2)高相对压力区有较大吸附;

(3)吸附等温线与脱附等温线有明显的滞后环

(4)等温线形状与国际纯粹与应用化学联合会定义的第四类相同。

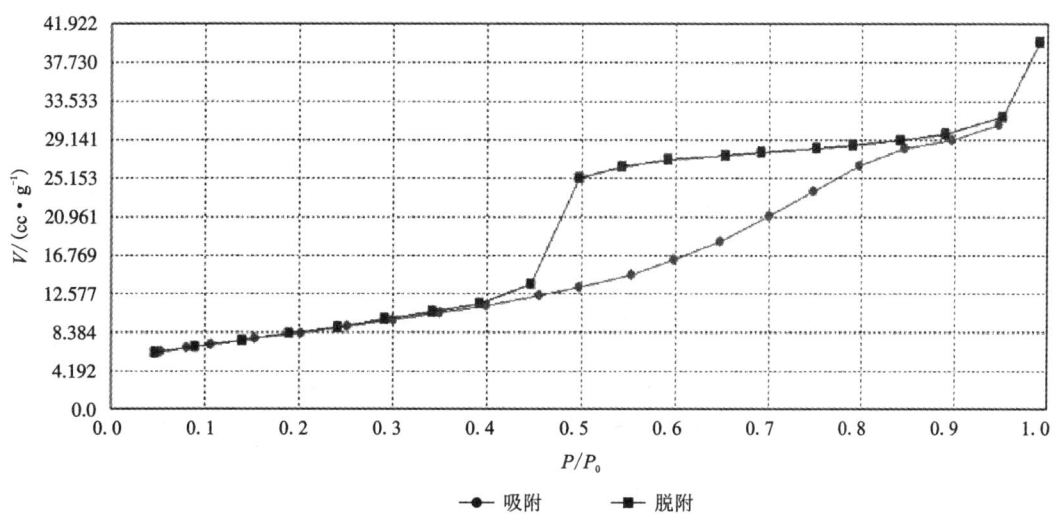

图9-5-3 一水硬铝石 N_2 吸附脱附等温线

以上特征表明，该样品属于介孔材料、裂隙孔类型，因而用 BET 法及 BJH 法计算比表面积和孔径分布。

2. 进行分析

（1）点击鼠标右键，选中"Multipoint BET"得到比表面积数据；

（2）点击鼠标右键，选中"BJH pore size distribution"得到孔径分布数据；

（3）选择 $P/P_0 = 1$ 计算孔体积。

六、思考题

1. 测试比表面积的方法有哪些？说明各方法的适用性及注意事项。

2. 如何从吸附脱附等温线中合理计算出比表面积及孔径分布等数据？

实验 9 – 6　激光粒度仪测试技术

一、实验目的与要求

1. 熟悉仪器 MS 2000 的基本结构与测试原理；
2. 学习仪器 MS 2000 及操作软件的使用方法；
3. 学习湿法粒度测量的样品制备方法；
4. 了解粒度测量的主要影响因素。

二、基本原理

MS 2000 激光粒度仪的基本结构见图 9 – 6 – 1 与图 9 – 6 – 2。

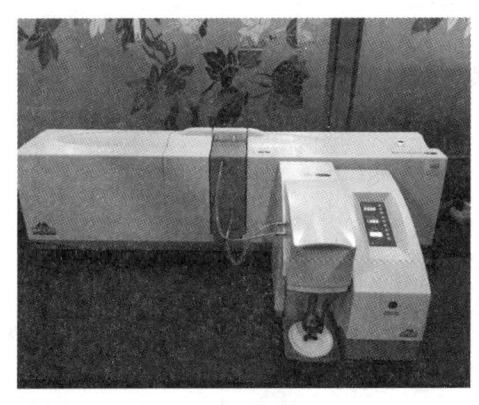

图 9 – 6 – 1　激光粒度分析仪 MS 2000

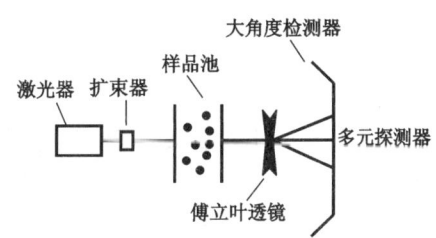

图 9 – 6 – 2　激光粒度分析仪 MS 2000 结构简图

　　MS 2000 工作原理：从激光器发出的激光束，经显微物镜聚焦，针孔滤波和准直镜准直后，变成直径约 10 mm 的平行光束，该光束照射到样品池中的待测颗粒上，一部分光被散射。散射光经傅立叶透射后，照射到光电探测器阵列上，探测器上的任一点都对应于某一确定的散射角，光电探测器阵列由一系列同心环带组成，每个环带是一个独立的探测器，能将投射到上面的散射光能线性地转换成电压，然后送给数据采集卡，该卡将电信号放大，再经 A/D 转换后送入计算机。检测器系统对散射光拍"快照"，每张快照收集的是特定时间来自颗粒的散射光，MS 2000 每次测量都要收集 2000 多次快照信息，通过统计提供散射模式，并依据全米氏理论及马尔文软件分析颗粒分布信息。

三、仪器设备与材料

1. 仪器：激光粒度分析仪 MS 2000，电子天平等；
2. 试样：萤石粉（ -0.15 mm），硫粉（ -0.15 mm），黄铁矿粉（ -0.15 mm）；
3. 试剂：乙醇(95%)，六聚偏磷酸钠(0.5%)，二次蒸馏水。

四、实验步骤

1. 仪器准备

将湿法流动样品池安装在样品池区域，打开附件电源开关，打开主机电源开关，打开计算机，双击 MS 2000 图标，启动操作软件，输入用户信息，点击确认，仪器启动结束，预热 30 min。

在进样器的样品槽中加入约 800 mL 水，按下湿法进样器键盘上的搅拌控制按钮，设定转速为 2000 r/min，循环清洗流动样品池，清洗完毕，按下进样器泵臂上的排液按钮，排出样品池与管路中的溶液，将槽内清洗液倒入水池，准备就绪。

2. 参数设定

（1）下拉文件菜单，新建测量文件，键入文件名及存储路径，点击确认，显示新建文件记录窗。

（2）下拉测量菜单，点击手动设置，跳出实时测量窗口，见图 9 - 6 - 3。

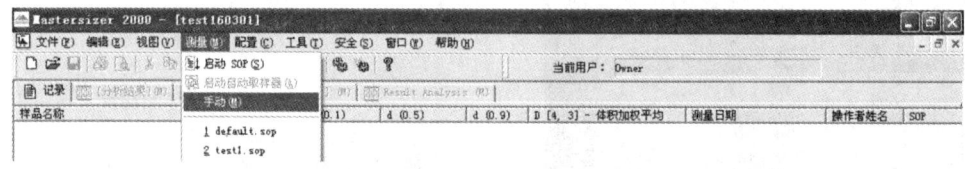

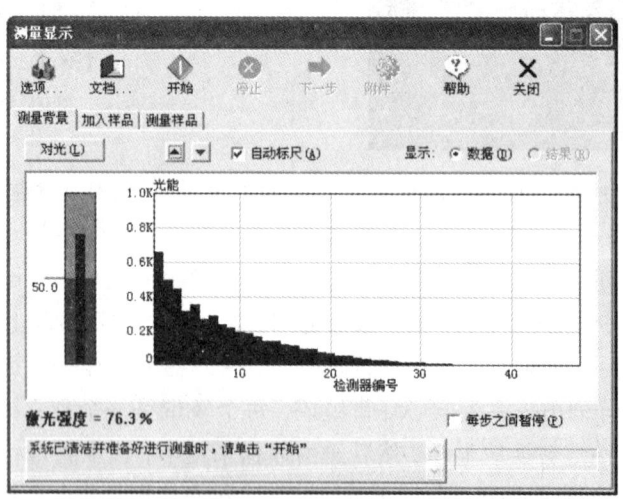

图 9 - 6 - 3　实时测量窗口

（3）在实时窗口左上角点击选项按钮，跳出运行参数设置对话框，见图 9 - 6 - 4 点击对话框左上角的选项卡，逐一输入相应信息，点击确认，回到实时测量窗口。

（4）在实时测量窗口点击文档按钮，跳出文档对话框，见图 9 - 6 - 5，点击对话框左上角选项卡，逐一输入相应信息，点击确认键，回到实时测量窗，至此，参数设置完毕，仪器处于待测量状态。

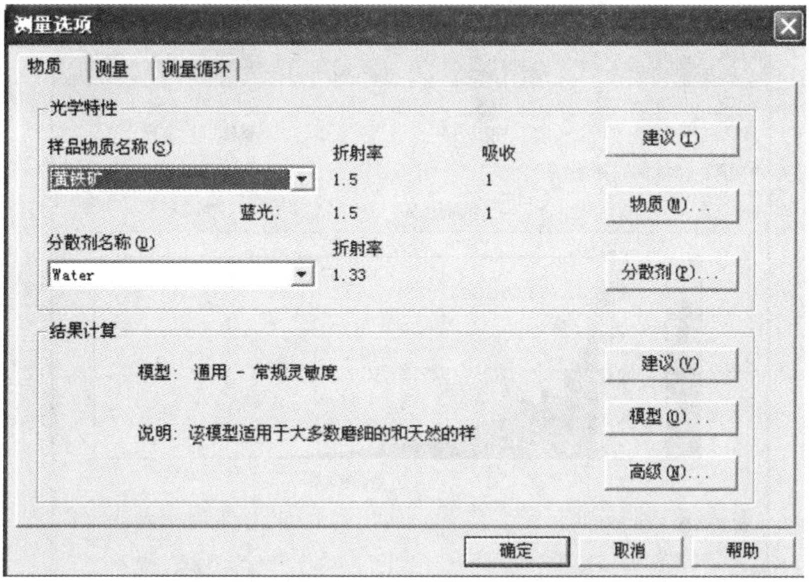

图 9 - 6 - 4　运行参数设置

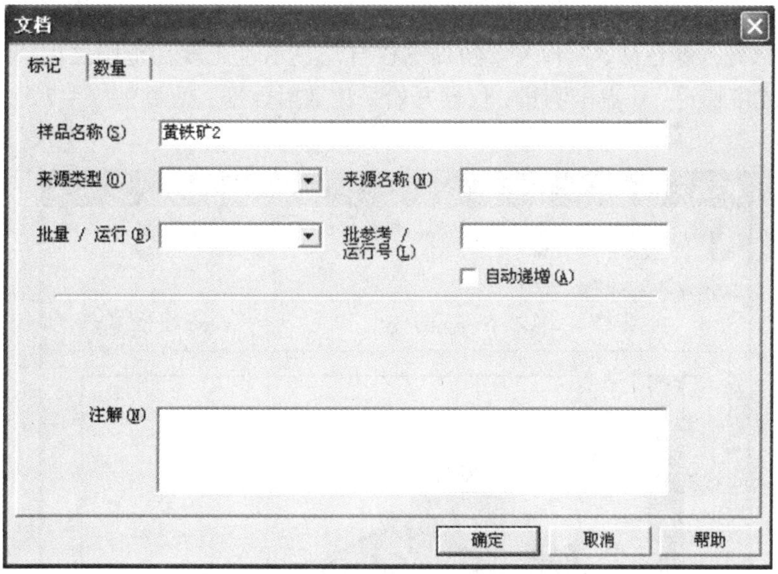

图 9 - 6 - 5　文档选项卡设置

3. 样品测量

（1）背景测量：在 1000 mL 样品槽中，加入 800 mL 六聚偏磷酸钠溶液（0.5%），抬起进样器泵臂，将样品槽放在样品区，放下泵臂，设定搅拌转速 2000 r/min，按下搅拌按钮，样液在槽与流动样品池中循环，超声脱气 2 min，点击开始按钮，收集溶液散射信息，测量完毕，实时窗左上角自动跳出加样窗与测量窗选项卡,见图9-6-6。

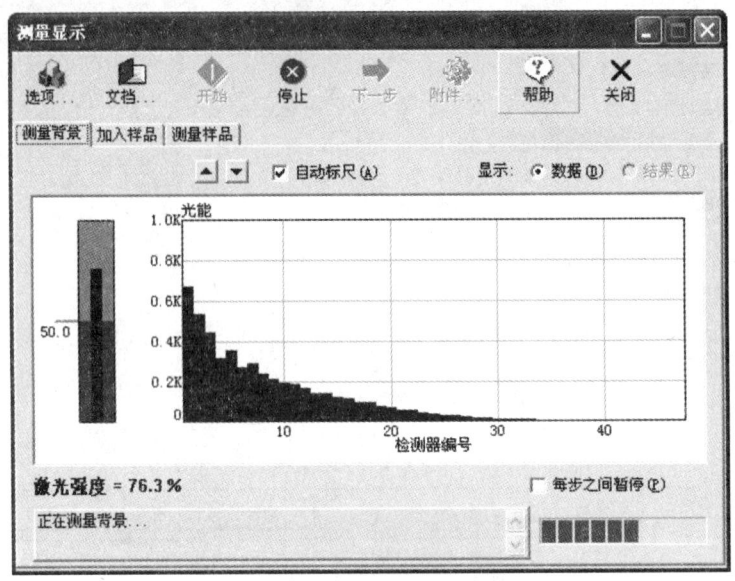

图9-6-6 背景测量实时窗口

(2)选择加入样品窗,分次将处理好的萤石样品加入样品槽中,注意蓝色的遮光度条把,当条把从红色区升入绿色区,窗口左下角提示栏自动显示遮光度在范围之内,停止加样,继续搅拌,待遮光度稳定后,点击测量,仪器开始采集散射数据,见图9-6-7。

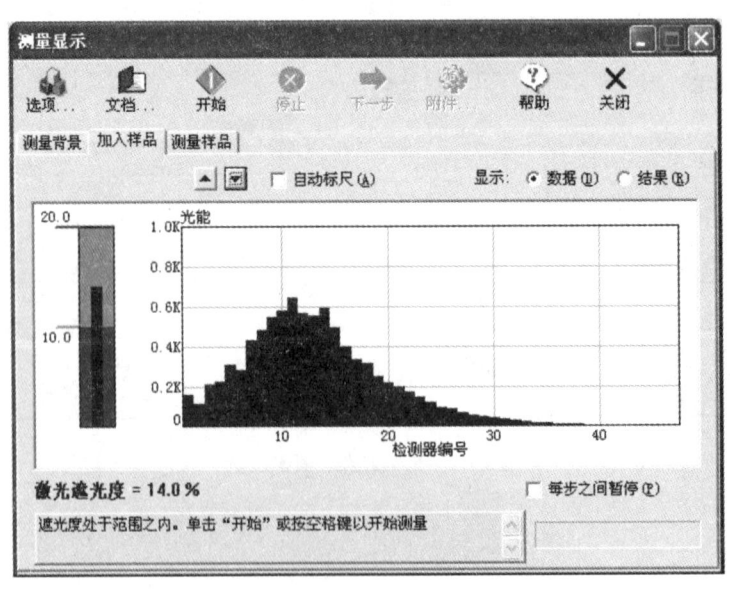

图9-6-7 样品测量实时窗口

(3)测量完成后,自动跳出结果显示窗,从显示窗可以看到颗粒粒径分布情况,见图9-6-8。

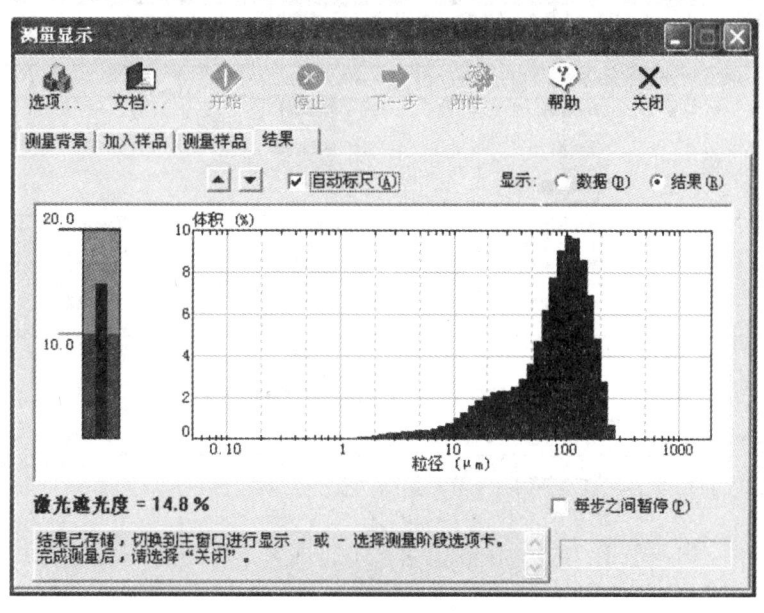

图9-6-8　结果显示窗口

(4)按下泵臂前的排液按钮,待样液排出后,抬起泵臂,将样品槽中溶液倒入废水桶;取清水循环清洗样品池及管路,排出清洗液,倒出清洗液,准备测量下一个样品。

(5)实验结束,切入文件记录窗,点击左上角的记录选项卡,可以看到每个样品的简要分析结果;当需要详细的分析报告时,可选择相应的文件,点击分析结果,可以看到更多的分析信息,见图9-6-9。

(6)下拉文件菜单,点击打印,跳出打印对话框,如需打印纸质报告,在打印选项框选择打印机,确认,得到纸质报告;如需电子报告,就在打印选项中选择PDF,确认后,跳出存贮信息对话框,输入存贮路径及报告名称,点击确认,显示PDF电子分析报告,电子报告同时保存指定文件夹中。

(7)关掉应用程序,退出操作系统,依次关掉电脑、主机及进样器电源。

五、影响粒度分析的几个因素

1. 超声对颗粒粒径分析的影响

在干净的样品槽中加入800 mL超纯水,搅拌下超声2~5 min,除气泡,测量分散剂背景;然后,称取0.2 g萤石粉(-0.074 mm),分次加入样品槽中,控制遮光度在15%左右,2500 r/min搅拌5~10 min,测定样品的粒径分布;同样的步骤,制备萤石样液,在测量前用10 μm振幅波超声2~5 min,测定样品的粒径分布。

在测量文件显示窗口,选择两次测定数据,点击分析结果,观察样品粒径的频度分布。

2. 混合剂对升华硫粉颗粒粒径分析的影响

在样品槽中加入乙醇与水混合溶剂,超声2~5 min后,测量溶液背景;

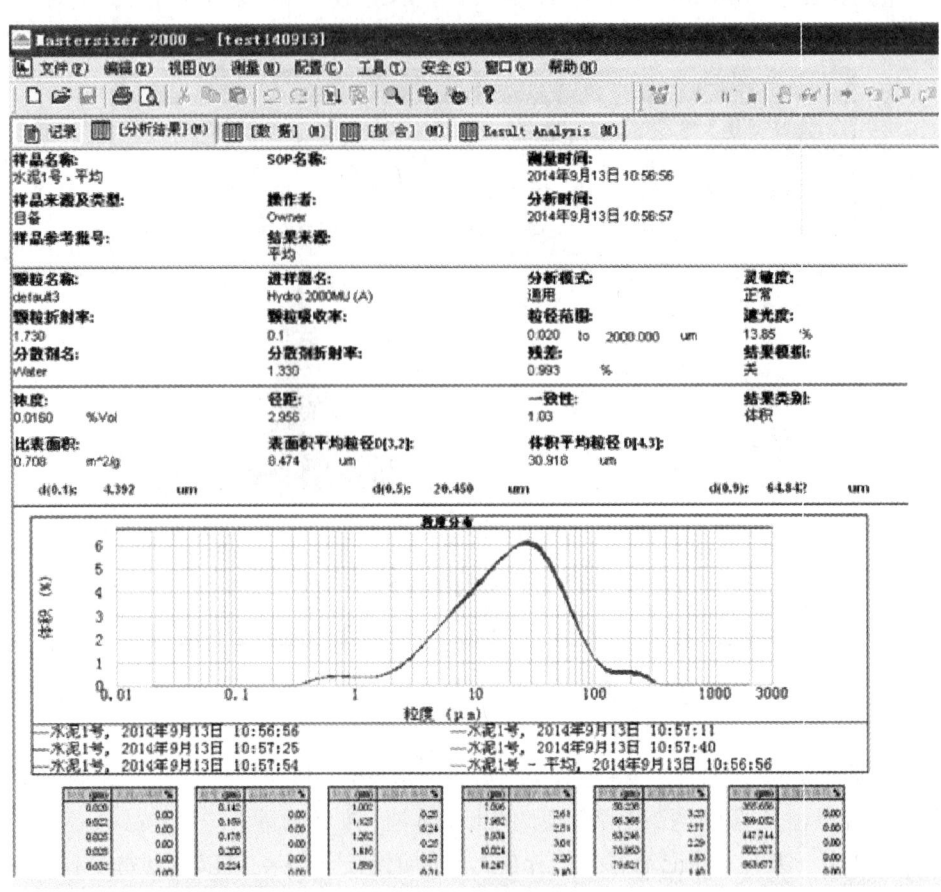

图 9 – 6 – 9 分析报告

称取 0.2 g 硫粉加到 50 mL 烧杯中，加入 5 mL 乙醇，搅成糊状，剩余酒精分次加入到样品槽中，控制遮光度在 15% 左右，在 2500 r/min 继续搅拌 5 ~ 10 min，待遮光度稳定后，测量样品，并将数据填入下表，比较不同比例混合剂测出的粒度结果。

表 9 – 6 – 1 混合剂对硫粉颗粒粒度分析的影响

混合分散剂比例	分析结果			
	$D_{(10)}$	$D_{(50)}$	$D_{(90)}$	$D_{(4、3)}$
乙醇/水（50∶750）				
乙醇/水（25∶725）				
乙醇/水（5∶795）				

3. 搅拌速度对黄铁矿粉颗粒粒径分析的影响

在样品槽中加入超纯水，超声 2 ~ 5 min 后，测量溶液背景；在样品槽中分次加入黄铁矿粉,控制遮光度在15%左右,超声分散2 min,在以下转速下搅拌5~10 min,待遮光度稳定后,测量样品,并将数据填入下表,比较不同转速下测定的粒径结果。

表9-6-2 搅拌速度对黄铁矿粉粒度分析的影响

搅拌速度 /(r·min^{-1})	分析结果			
	$D_{(10)}$	$D_{(50)}$	$D_{(90)}$	$D_{(4、3)}$
1800				
2100				
2400				
2800				

六、思考题

1. 样品加入前后,超声振荡的目的是什么?

2. 疏水样品湿法测量如何制样,如果采用混合剂,如何确定用量比?

3. MS 粒度分析仪,在实际测量中,搅拌速度如何确定,为什么?

实验 9 – 7　纳米粒度仪测试技术

一、实验目的与要求

1. 掌握光子相关光谱技术测定纳米粉体颗粒粒径及其分布的原理；
2. 熟悉 Malvern Nano ZS 90 测定仪设计原理及操作方法；
3. 熟悉 Malvern Nano ZS 90 操作软件使用方法及样品制备技术；
4. 了解如何通过实验确定实际样品最佳的测量条件。

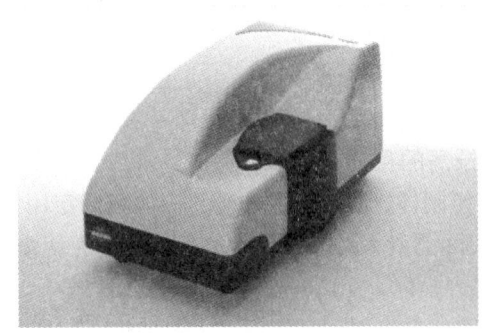

图 9 – 7 – 1　纳米粒度 & 动电位分析仪 Nano ZS 90

二、基本原理

仪器由偏振光源(激光光源)、测量光路、样品池及检测器阵列组成。充分分散的试样装入样品池，放入测量光路，高灵敏检测器通过收集特定空间、特定角度样品的前向或背向散射光，建立光强度与时间的函数，依据光子自相关理论及仪器自动分析处理系统，得到悬浮体系颗粒平均粒径及大小分布。

Nano ZS 粒度分析范围在几个微米到几个纳米之间，均为湿法分析模式。因此，测量时要根据样品的性质选择合适的分散介质及分散方式(物理分散：磁力搅拌、超声分散；化学分散：分散助剂，表面活性剂)；并通过实验确定最佳测量条件(样品浓度、分散助剂用量，搅拌速度、搅拌时间，超声能量、超声时间等)。

三、仪器设备与材料

1. 仪器：纳米粒度 & 动电位分析仪，"Nano ZS 90"(Malvern Instruments Corporation)；超声波分散器，SB3200；磁力搅拌，Bante MS400；电子天平，Mettler MSE203E 等；

2. 试剂：TiO_2 超细粉末(– 2.0 μm)，六偏磷酸钠溶液(0.5%)，三聚磷酸钠(0.5%)，焦磷酸钠(0.5%)，氯化钾溶液(0.5%)，氢氧化钠(AR)，盐酸(AR)，二次蒸馏水。

四、实验步骤

1. 仪器准备

打开"Nano ZS 90"主机电源,启动计算机;在显示屏上点击 Nano ZS 工作站图标,跳出用户信息对话框,输入用户信息并确认,进入操作系统主窗口,仪器预热 30min。

2. 样品制备

分散剂的配制:用 0.5% 分散剂溶液稀释成特定浓度的分散剂溶液。

纳米 TiO_2 悬浮液的制备:在 200 mL 烧杯中,加入 100 mL 六偏磷酸钠溶液(0.2%),100 mg 纳米 TiO_2,充分摇匀后,超声分散 15 min。

装样:取方形聚乙烯样品池,先用少量酒精润洗,再用蒸馏水清洗 2~3 遍,测量时用待测样液冲洗 2~3 遍,最后将测试样液注入样品池,样液高度控制在 10~15 mm,清理样品池外表面水迹,将装好样液的样品池放入主机样品槽,盖好盖,准备测量。

3. 样品粒度测定

在 Zetasizer 工作站主窗口下拉"File"菜单,点击"Measure file",创建测量文件,见图 9-7-2。

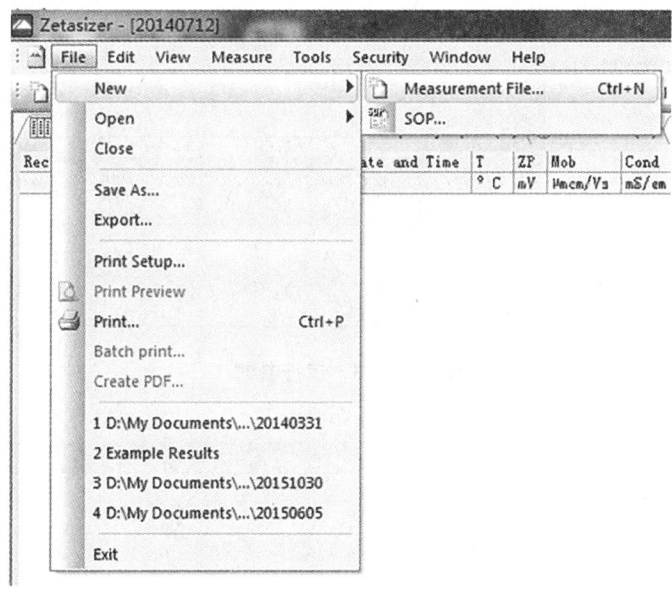

图 9-7-2 创建测量文件

输入文件名,按确认键,建立测量数据储存文件;

再在主窗口下拉"Measure"菜单,点击手动设置,跳出运行参数设置窗,见图 9-7-3。

在设置窗口下拉"Measure type",选择测量类型"size",见图 9-7-4。

在"Sample"信息对话框中,依次填写样品、分散剂、测试池型号、运行参数及测量温度等信息,见图 9-7-5。

在"Measure"对话框中,选择检测器、设定测量参数,在"Advance"中进行测量的特殊设置,见图 9-7-6。

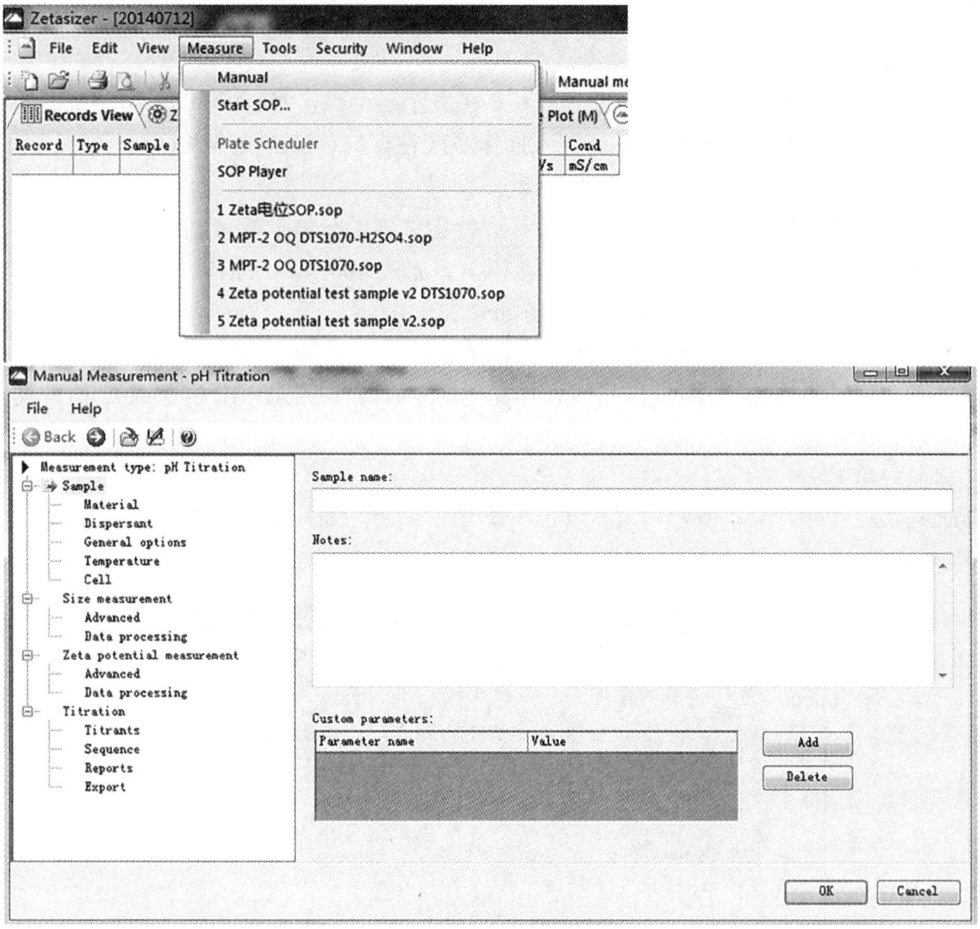

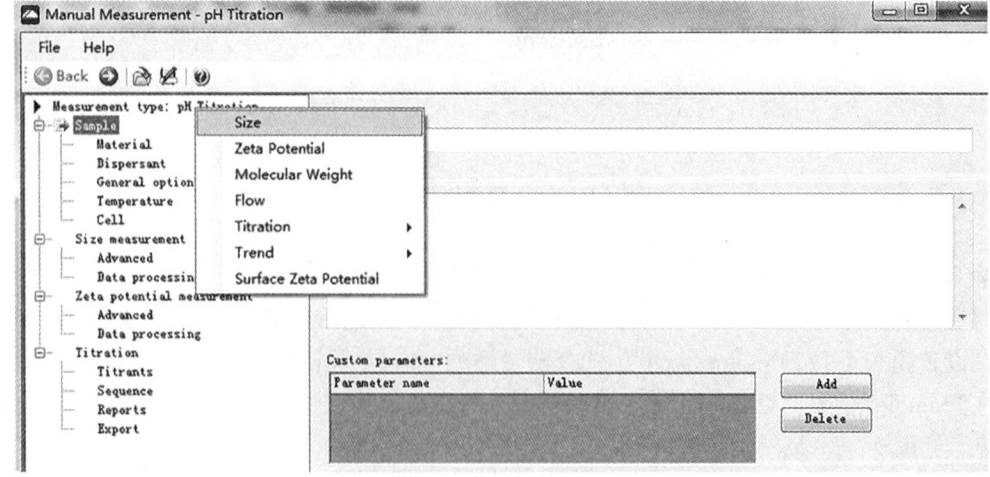

图 9 - 7 - 3　运行参数

图 9 - 7 - 4　选择测量类型

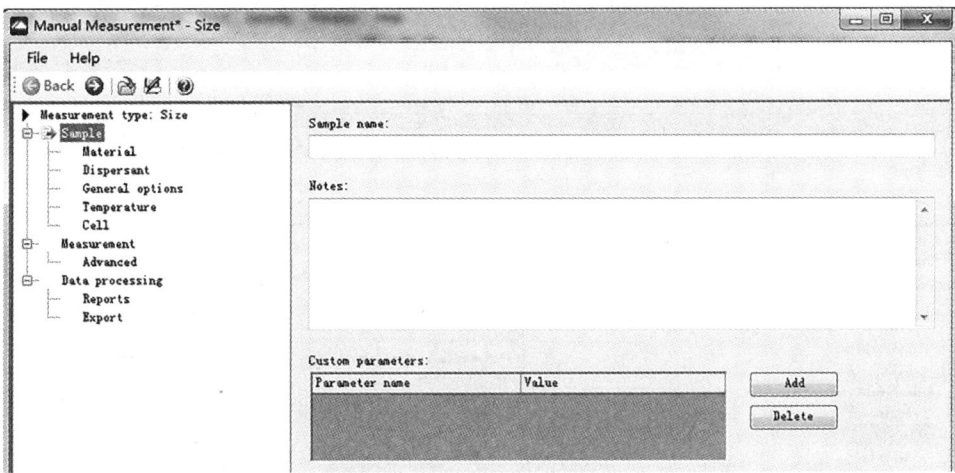

图 9 - 7 - 5　编辑 Sample 参数

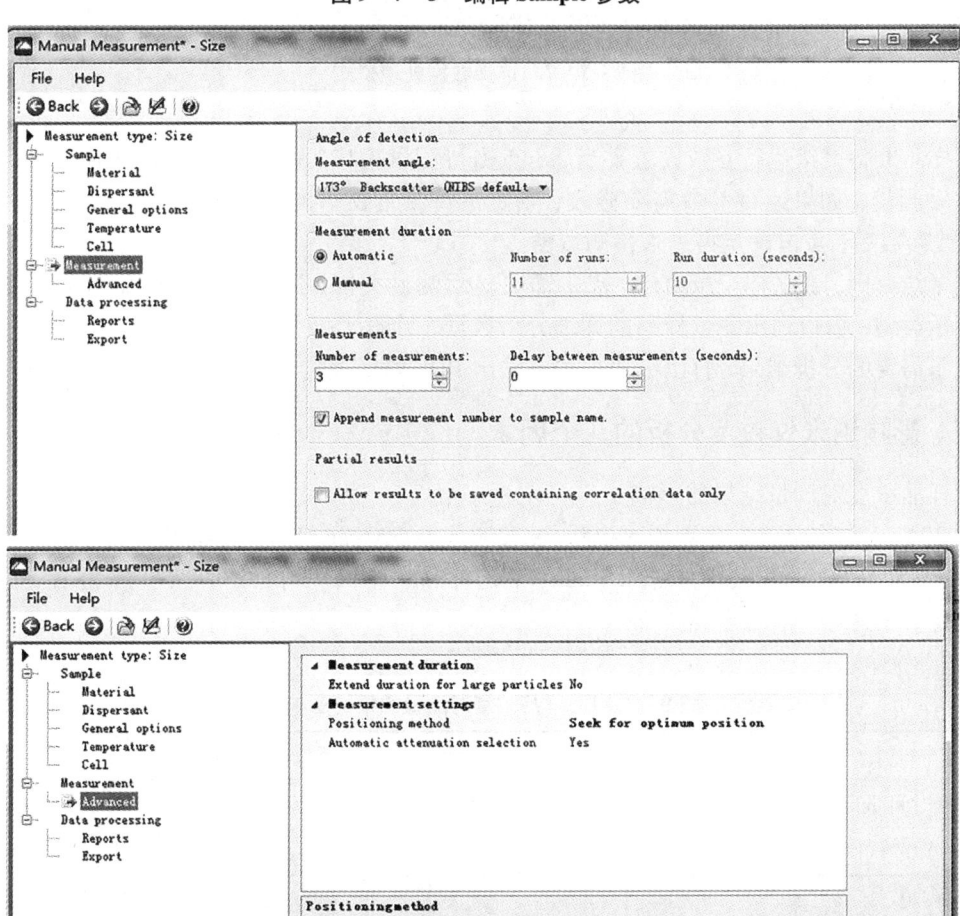

图 9 - 7 - 6　编辑 Measure 参数

在数据处理对话框中,选择数据处理模式,分析结果的报告内容,及电子数据输出项目等,点击确认,进入待测量窗口,见图9-7-7。

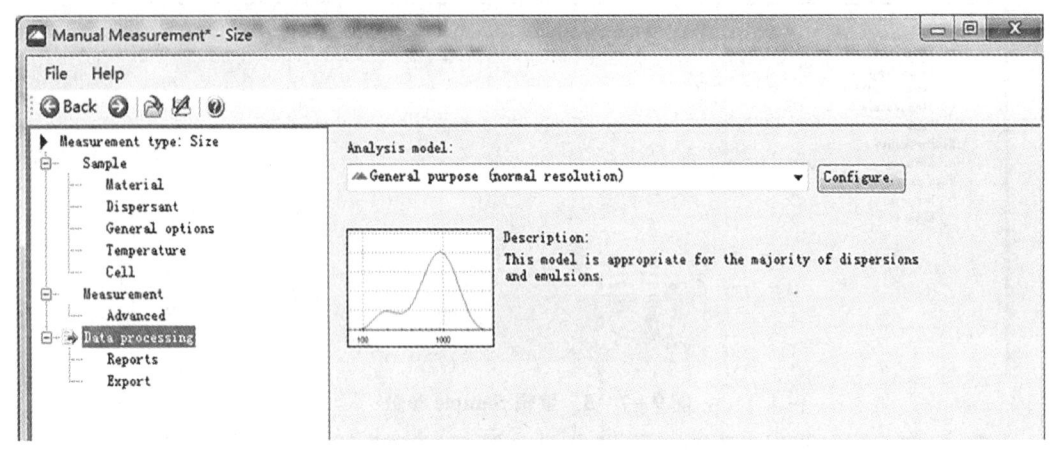

图9-7-7 选择数据处理模式

当样品准备就绪运行参数设置妥当后,点击待测量窗口"Start",进入测量显示窗,仪器开始自动测量;如果运行参数需要修改,则点击待测量窗口的"Settings",重新回到设置窗口,修改参数后,点击确定再进入待测量窗。

测量结束后,在文档记录窗口,点击需要显示测量文件,进入分析数据显示窗,选择文件的显示类型,窗口列出测量样品的详细分析数据,见图9-7-8。

点击需要的分析结果,打出纸质报告或输出PDF电子报告。

五、影响纳米仪粒度分析的几个因素

1. 样品浓度对测量结果的影响

取200 mL烧杯4个,分别加入100 mg、200 mg、500 mg、800 mg纳米二氧化钛粉,再加入100 mL水,200 r/min磁力搅拌15 min,测定样品的体积平均粒径$D[4.3]$;静置30 min,重新测定,观察悬浮液稳定性。

表9-7-1 样品浓度对测量结果的影响

$D[4.3]$	二氧化钛悬浮液浓度			
静置时间/min	0.1%	0.2%	0.5%	1.0%
0				
30				

2. 超声时间及分散剂对纳米TiO_2粉分散效果的影响

取200 mL烧杯4个,分别加入100 mL六偏磷酸钠溶液(0.2%)、三聚磷酸钠溶液(0.2%)、焦磷酸钠溶液(0.2%)及氯化钾溶液(0.2%),各加入0.2 g纳米TiO_2粉,超声分

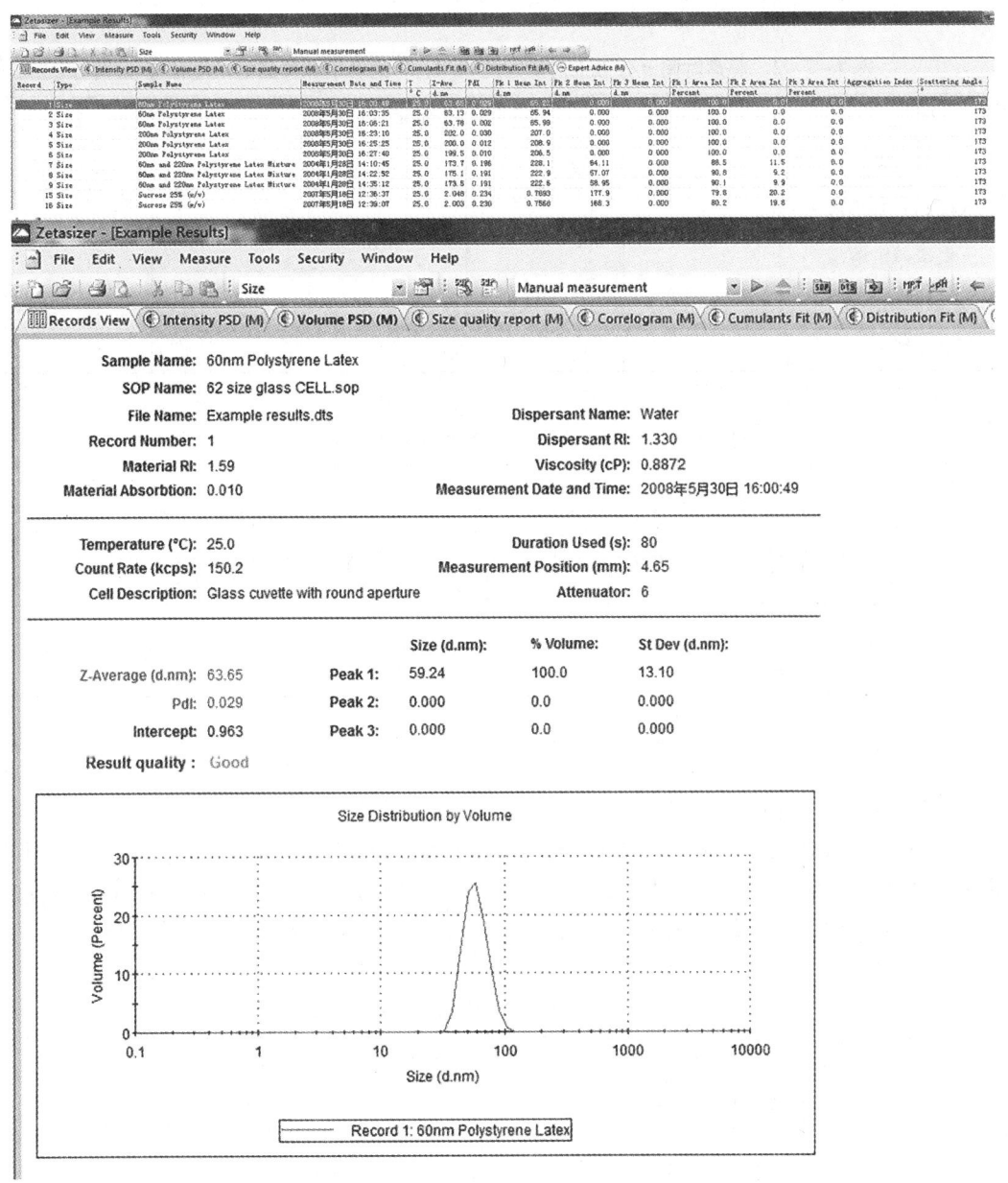

图 9 - 7 - 8 数据分析

散，在设定的时间点取样分析体积平均粒径，超声 20 min 后测定动电位，将结果填入表 9 - 7 - 2。根据结果，以超声时间为横坐标、体积粒径为纵坐标，比较分析分散剂及超声时间的分散效果，结合动电位，比较分析不同悬浮体系的稳定性。

3. 六偏磷酸钠用量对测定结果的影响

取 200 mL 烧杯 5 个，分别加入 100 mL 不同浓度的六聚偏磷酸钠溶液，0.2 g 纳米二氧化钛粉，超声 15 min，测定体积平均粒径 $D[4.3]$ 及粒径分布 $d(0.1)$、$d(0.5)$、$d(0.9)$，并将结果填入表9-7-3,比较分析分散剂浓度对分析结果的影响。

表9-7-2　超声时间及分散剂对测定的 $D[4,3]$ 的影响和样品的动电位值

$D[4.3]$	超声时间/min				20
分散剂	5	10	15	20	Zeta 值
六偏磷酸钠溶液					
三聚磷酸钠溶液					
焦磷酸钠溶液					
氯化钾溶液					

表9-7-3　六偏磷酸钠浓度对粒径测定的影响

六偏磷酸钠浓度	$D[4.3]$	$d(0.1)$	$d(0.5)$	$d(0.9)$
0.02%				
0.05%				
0.10%				
0.20%				
0.50%				

4. pH 对悬浮体系稳定性的影响

取 200 mL 烧杯6个,分别加入100 mL 六聚偏磷酸钠溶液(0.2%),磁力搅拌下调 pH 至设定值,然后加入0.2g 纳米二氧化钛粉,超声15 min,测定体积平均粒径 $D[4,3]$,静置30 min,重新测定,测量结果填入表9-7-4,分析溶液酸度对悬浮体系稳定性的影响。

表9-7-4　六偏磷酸钠浓度对粒径分析的影响

$D[4.3]$	分散剂溶液 pH					
静置时间	2	4	6	8	10	12
0 min						
30 min						

六、思考题

1. NanoZS 90 能否干法测量粉体样品的粒度,为什么?
2. 动态光散射法粒度分析仪粒径分析范围是多少?为什么?
3. pH 对测定有何影响,原因是什么?

实验 9 – 8　紫外可见分光光度计测试与实验技术

一、实验目的与要求

1. 了解紫外可见分光光度计的工作原理；
2. 掌握紫外分光光度计的测量方法。

二、基本原理

紫外分光光度计的结构框图，如图 9 – 8 – 1 所示。

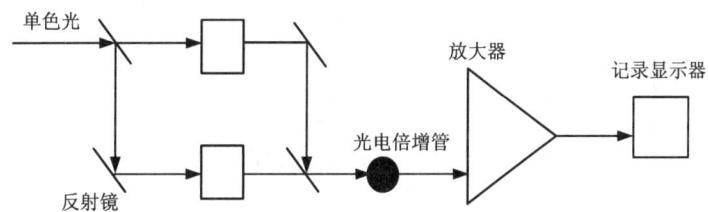

图 9 – 8 – 1　紫外可见分光光度计的结构示意图

从光源发出的光分成两束，分别透过背景皿和样品皿，被分别吸收后先后通过光电倍增管，放大器将光信号放大，然后通过检测器检测吸光度，通过比较两束光的吸光度差异，可得到样品的吸光度。

同时考虑吸收层厚度和溶液浓度对光吸收率的影响，根据郎伯 – 比尔定律：$A = \varepsilon b C$，（A 为吸光度，ε 为摩尔吸光系数，b 为液池厚度，C 为溶液浓度）吸光度 A 与溶液浓度成正比，据此可以对溶液进行定量分析。

三、仪器设备与材料

1. 仪器设备：岛津公司 UV – 2600 型紫外可见分光光度计，石英比色皿，5 mL 移液枪，25 mL 比色管，容量瓶；
2. 材料：丁基黄药（分析纯），待测溶液，蒸馏水。

四、实验步骤

1. 样品制备

称取分析纯丁基黄药配置 250 mL、2×10^{-4} mol/L 溶液，取一定体积丁基黄药溶液分别配制成浓度梯度为 1×10^{-5} mol/L，2×10^{-5} mol/L，3×10^{-5} mol/L，4×10^{-5} mol/L，5×10^{-5} mol/L 的溶液，作为实验标准溶液。

2. 仪器准备

（1）开机前打开仪器样品室盖，取出干燥剂，观察确认样品室无挡光物后盖上机盖，再打开电源。

（2）启动计算机，双击"UV2600"，启动"UVProbe"。

（3）单击"窗口"菜单的"光谱"，显示光谱模块的测定窗口。

单击"连接"，连接分光光度计和计算机，仪器进入初始化窗口，见图9-8-2。

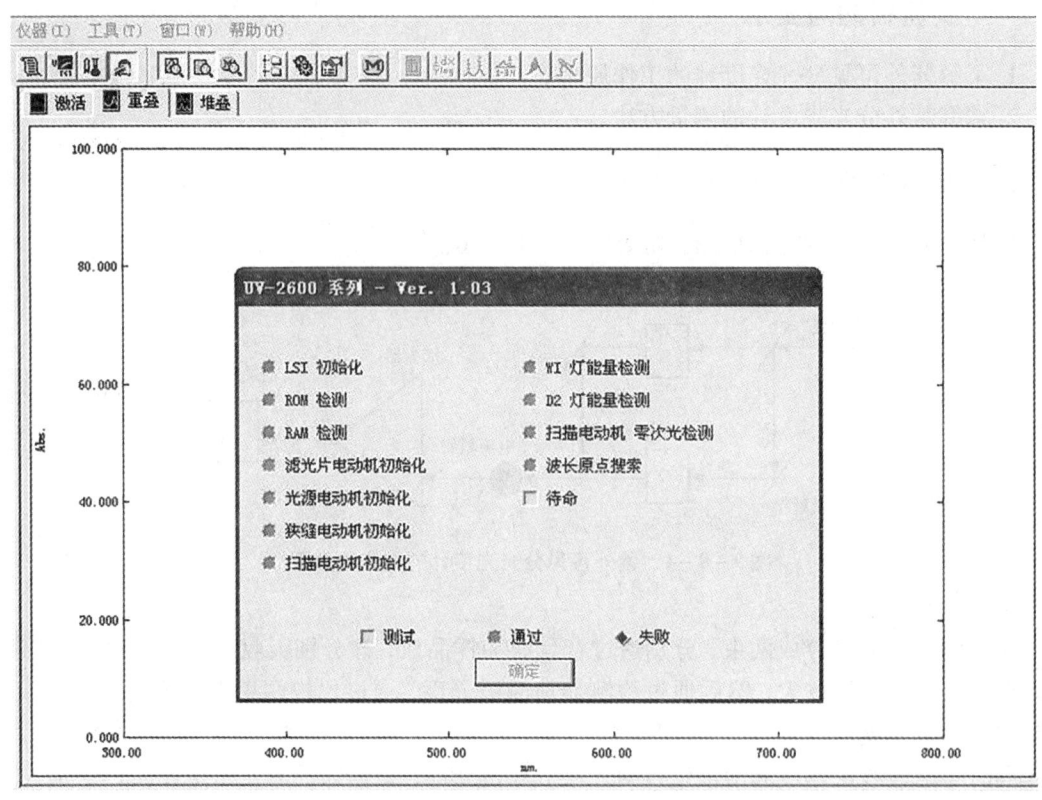

图9-8-2　初始化窗口

（4）初始化正常结束，点击初始化窗口的"确定"，系统将进入仪器操作主界面。

（5）仪器光源达到稳定后方可测量，预热时间一般为15 min。

3. 扫描丁基黄药标准溶液光谱

（1）创建测定方法。进入光谱模块，单击"编辑"菜单的"方法"显示"光谱方法"窗口，见图9-8-3，设置"测定"选项卡与"仪器参数"选项卡，见图9-8-4。

（2）基线校正。执行基线校正后将对当前样品室中指定波长范围的吸光度0Abs线的平直度进行校正。

将装有蒸馏水的两个石英比色皿分别放入参比池和样品池中，单击"仪器控制按键"栏的"基线"。显示"基线参数"窗口，确认显示的校正范围与"方法"中设置的波长范围一致，然后单击"确定"。

（3）放置样品。将丁基黄药标准溶液装入石英比色皿中，装入比色皿中的溶液以皿高的2/3～4/5为宜，放入样品池中，背景池仍放装蒸馏水的石英比色皿。

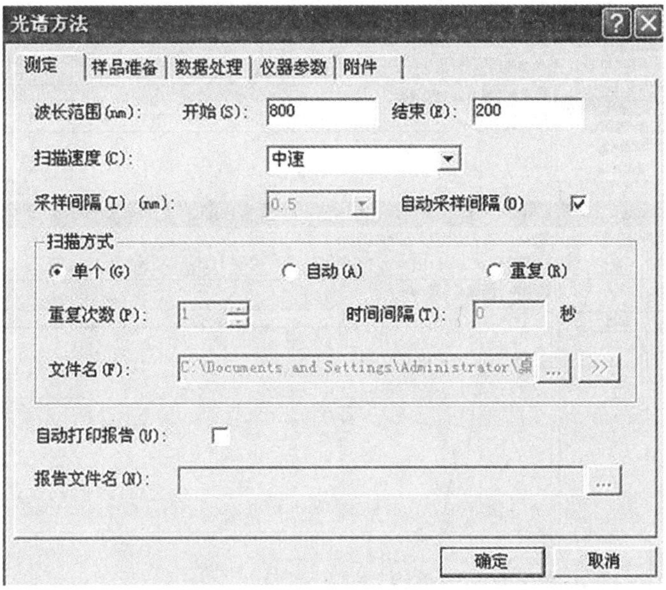

图9－8－3　光谱方法窗口

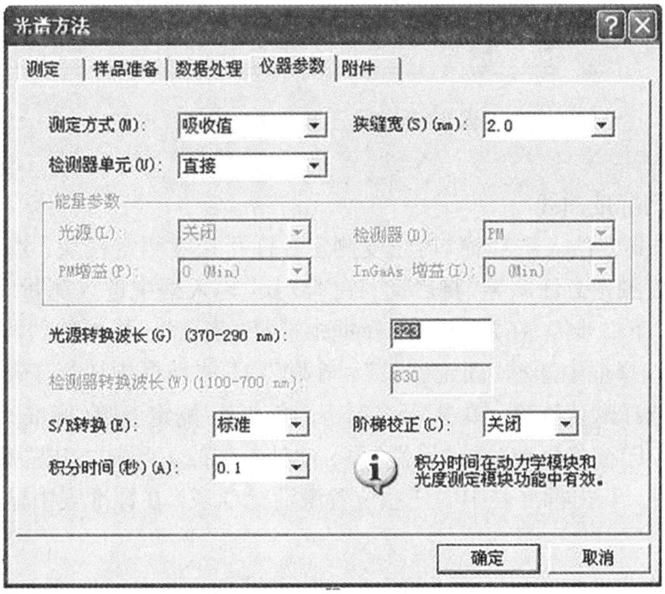

图9－8－4　光谱方法编辑窗口

（4）测定。单击"仪器控制按钮"栏的"开始"，开始测定。测定结束后出现丁基黄药的谱图，单击"操作"菜单的"峰值检测"，显示峰值表，如图9－8－5。

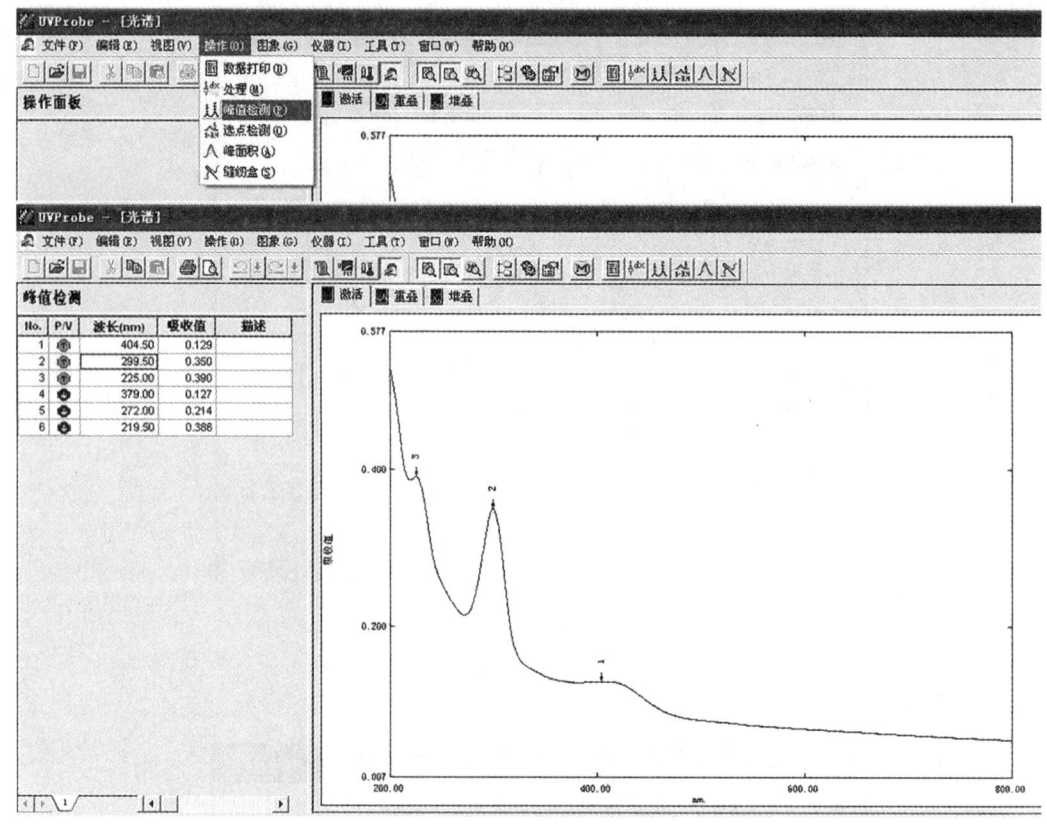

图 9 - 8 - 5　丁基黄药光谱

4. 建立丁基黄药标准曲线

（1）建立数据采集方法。选择窗口/光度测定，打开光度测定模块；选择文件/新建；选择编辑/方法，"光度测定方法向导"将启动；在"波长"输入框中键入测量时指定波长，然后选择"加入"，点击"下一步"；在"类型"选择框中选择"多点"，标准曲线将基于多个数据点建立；在"定量法"选择框中选择"固定波长"；在"WL1"选择框中选择丁基黄药最强吸收峰"WL299.0"；其余选择默认选项，单击"下一步"，将出现"测定参数（标准）"标签页。此处不作修改，单击"下一步"；将出现"文件属性"页，此处不作改，点击"完成"键。

（2）填充标准表。双击标准表中的任意位置激活标准表，在标准表中输入表中样品 ID 与浓度值。

（3）测量标准样品

点击按钮栏的"连接"按钮；将第一号标准样品放入样品室中，点击"读取 Std"；依次将余下的样品放入样品室，并完成测量。

（4）查看标准曲线

"视图"－"标准曲线"显示如下图所示曲线；右击标准曲线，点击"属性"，勾选"相关系数"，查看相关系数，一般要求标准曲线的相关系数值达到99％以上才合格。

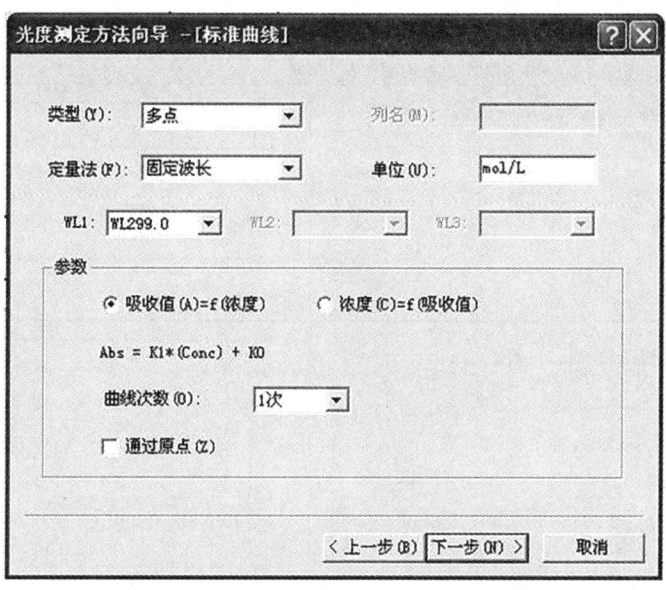

图 9 - 8 - 6　光度测定方法向导编辑窗口

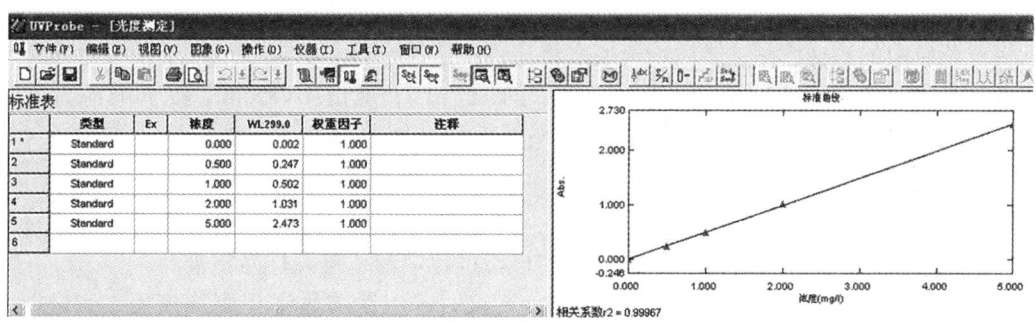

图 9 - 8 - 7　标准曲线

(5)保存标准表。选择"文件" - "另存为",选择保存路径;在"文件名"输入框中输入标准表,然后再"保存类型"框中选择"标准文件(＊. std)",点击"保存"。

5. 测量未知样品

(1)打开标准表。选择"文件" - "打开",找到保存的标准表 ＊. std 文件,打开。

(2)建立样品表。点击样品表的任意位置,将在样品表头的位置显示激活;在样品表 ID 列中输入待测样品编号。

(3)读取样品表。将未知样品放入到分光光度计的样品室中;点击"读取 Unk"按钮;重复以上操作,测试余下的样品。

(4)查看样品图像。选择"视图" - "样品"图像,显示样品图像曲线和各样品浓度。

(5)保存数据。选择"文件" - "另存为",输入文件名,保存文件。

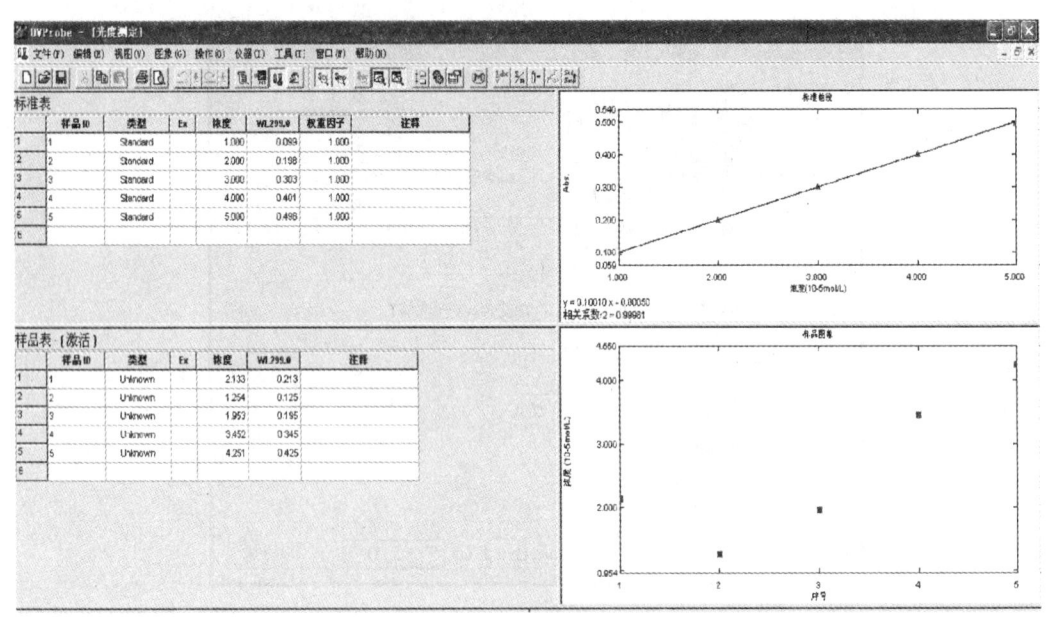

图 9 - 8 - 8　样品表

6. 关机

将比色皿中的溶液倒尽，然后用蒸馏水将比色皿清洗干净；单击"断开"，使 UVProbe 软件和分光光度计断开连接，选择"文件"菜单的"退出"，退出 UVProbe；按下电源开关的"ON"，关闭(OFF)电源；将干燥剂放入分光光度计中。

五、注意事项

1. 开机前将样品室内的干燥剂取出，仪器自检过程中禁止打开样品室盖。

2. 比色皿内溶液以皿高的 2/3 ~ 4/5 为宜，不可过满以防液体溢出腐蚀仪器。测定时应保持比色皿清洁，池壁上液滴应用擦镜纸擦干，切勿用手捏透光面。测定紫外波长时，需选用石英比色皿。

3. 测定时，禁止将试剂或液体物质放在仪器的表面上，如有溶液溢出或其他原因将样品槽弄脏，要尽可能及时清理干净。

六、思考题

1. 如何提高标准曲线的相关系数？

2. 测量结果受到哪些因素的影响？

实验9-9 总有机碳分析仪测试与实验技术

一、实验目的与要求

1. 了解总有机碳分析仪的工作原理；
2. 掌握总有机碳分析仪分析测试方法。

二、基本原理

碳在水溶液中常以两种形式存在：有机碳和无机碳。有机碳（TOC）可与氢或氧结合，形成有机化合物。无机碳（IC）是构成无机化合物（如碳酸、碳酸根离子等）的基础。两种形式的碳合称为总碳（TC），两者的关系可表示为：TC = TOC + IC。

TC（总碳）测量原理：总有机碳分析仪 TC 燃烧管中装有高性能氧化催化剂，能将通过燃烧管的溶液样品在 680℃ 的高温条件下燃烧分解生成二氧化碳和水蒸气。载气以 150 mL/min 的速度流入燃烧管将燃烧管中的样品燃烧生成气体携带至电子除湿器中，气体样品在此冷却并脱除水蒸气。随后气体样品通过卤素脱除器脱除氯等卤族元素。最后载气将二氧化碳气体带至非色散红外（NDIR）气体检测器。二氧化碳在 4.3 nm 波长处被吸收，检测器输出的模拟检测信号将形成正弦波形状的波峰，峰的面积与样品中的 TC 浓度成正比。通过标准曲线的峰面积进行校准后，仪器可自动计算出待测样品的 TC 浓度值。

IC（无机碳）测量原理：IC 分析法测量所得的 IC 浓度包含碳酸盐和溶解于水中的二氧化碳。待测样品液注入含 H_3PO_4 溶液的 IC 反应器中并经过如下反应，碳酸盐完全转化为二氧化碳，最终被 NDIR 检测器检测。

$$3Me_2CO_3 + 2H_3PO_4 \longrightarrow 3CO_2 + 2Me_3PO_4 + 3H_2O \qquad (9-9-1)$$

$$3MeHCO_3 + H_3PO_4 \longrightarrow 3CO_2 + Me_3PO_4 + 3H_2O \qquad (9-9-2)$$

TOC 测量原理：使用 TC - IC 法测量 TOC，用 TC 分析和 IC 分析的差值得到 TOC。

三、仪器设备与材料

1. 仪器设备：岛津 TOC - L_{CPH} 型总有机碳分析仪，TG16 - WS 台式高速离心机；
2. 材料：含有有机药剂的矿浆样。

四、实验步骤

1. 样品制备

将待测的矿浆样在 TG16 - WS 台式高速离心机上以 9000 r/min 速度离心 20 min，固液分离，取上清液 25 mL 于 25 mL 比色管中作为待测样。上清液的 pH 范围为 4.0 ~ 10.0，如出现 pH 过高或过低的情况，可直接用少量稀 H_3PO_4 溶液或 NaOH 溶液进行调节。

2. 仪器准备

（1）打开高纯氧气体钢瓶主阀，设定二次压力为 0.24 MPa。

（2）打开 TOC - L 型仪右上方的主电源开关，再打开仪器主机正前方左侧的电源开关开机。仪器预热 30 min，电炉温度升高到测试温度（TC 测定时为 680℃，TN 测定时为 720℃）。

3.测试与分析

仪器装机时,已经由专业的技术人员建立了不同碳含量水平的标准曲线,并将标准曲线组合在一起,创建了标准曲线文件,存入"方法"选项中。

(1)建立样品表。点击 TOC – Control L,选择样品编辑表进入主程序,点击样品表选项卡内上的"新建",屏幕上出现"选择硬件设置"窗口,选择"TOC – L – TNM – L"硬件;选择"表类型"为"标准",点击确定,新的样品表创建完毕,见图9 – 9 – 1。点击"联机"将电脑与 TOC 链接起来,点击背景监视,查看电炉温度以及基线情况,当全部变成绿色的"√"时(见图9 – 9 – 2),代表仪器已经准备好,可进行测量。

图9 – 9 – 1　样品表

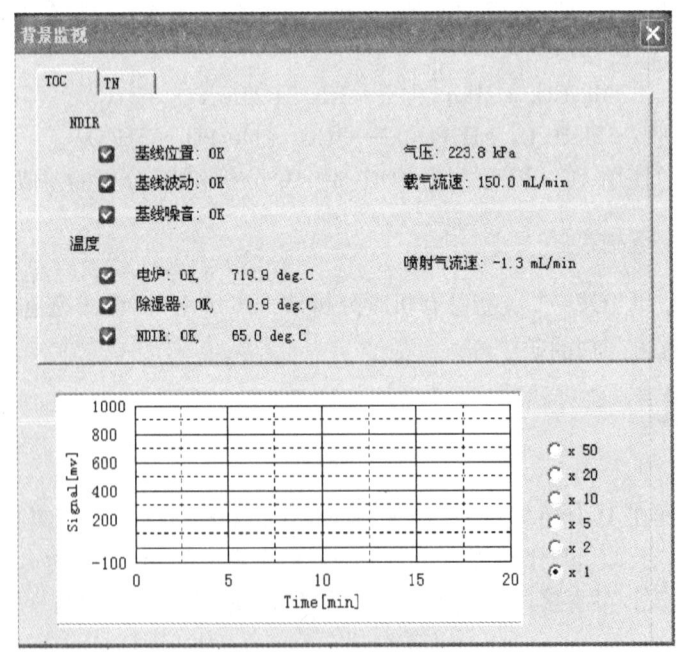

图9 – 9 – 2　背景监视

（2）标准曲线的选择。点击"方法"选项，将预先建立的标准曲线方法文件"toc 终"拖入到样品表中，如样品表中的"参数来源"可见其文件名（见图 9-9-3），需要测量多个样品时，拖入对应数量的方法文件即可，修改样品名称，与待测样品名相对应，见图 9-9-3。

图 9-9-3　待测样品表

（3）测量。将取样毛细管插入待测液中，选中第一个方法文件，点击"开始"，勾选"使用不同测量模式连续测量"，点击确定，出现 TOC 测量窗口，点击"开始"。

测量完一个样品后，软件弹出选择框，将取样毛细管插入蒸馏水中清洗，轻轻甩干后插入下一个样品中，点击"开始"，即可进行下 样品测量。

（4）分析。在"样品表窗口"的结果栏中可以看到分析的样品所含的 TOC 值，TC 值，和IC 值，见图 9-9-4。

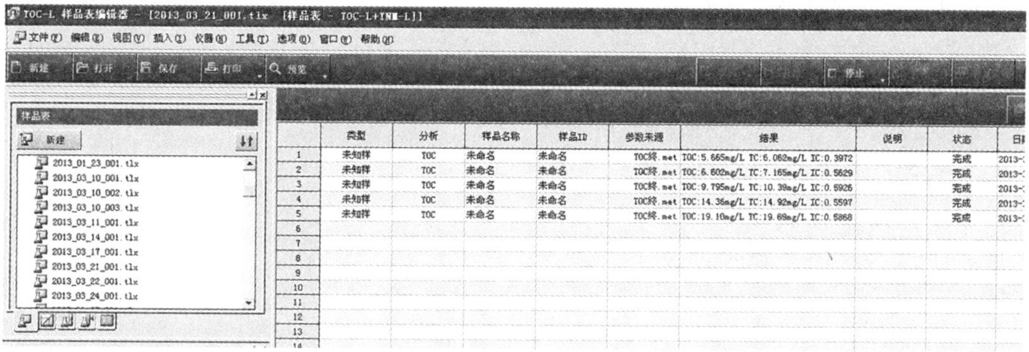

图 9-9-4　测量结果

（5）关机。点击样品编辑表菜单栏中的"关机"，关闭"TOC - Control L"，关闭计算机，"TOC - L"关机需要半个小时左右用来冷却电炉，待其完全关机后再关闭其右上方的主电源开关。关闭高纯氧气瓶钢瓶主阀。

五、思考题

1. 讨论悬浮物对样品分析的影响。
2. 分析影响样品 TOC 测量结果的因素。

实验 9 – 10 傅立叶变换红外光谱仪测试技术

一、实验目的与要求

1. 了解傅立叶变换红外光谱仪的工作原理;

2. 掌握傅立叶变换红外光谱仪分析测试方法;

3. 通过测定已知和未知样品的红外光谱,初步掌握获得谱图的一般操作程序与技术。

二、基本原理

红外及拉曼光谱都是分子振动光谱。用一定频率的红外线聚焦照射分析的样品,分子中某个基团的振动频率与照射红外线相同则会产生共振,这个基团就吸收该频率的红外线,由于每种化合物均有其特有的红外吸收光谱,因此红外光谱法能够推测化合物的类型和结构。

IRAffinity – 1 采用的光学系统光路图如图 9 – 10 – 1 所示,光源发出的光通过分束器分为两束光,分别射向定镜和动镜,定镜和动镜将光反射回分束器,反射的光束再次被反射和透射并复合相互干涉射向样品。

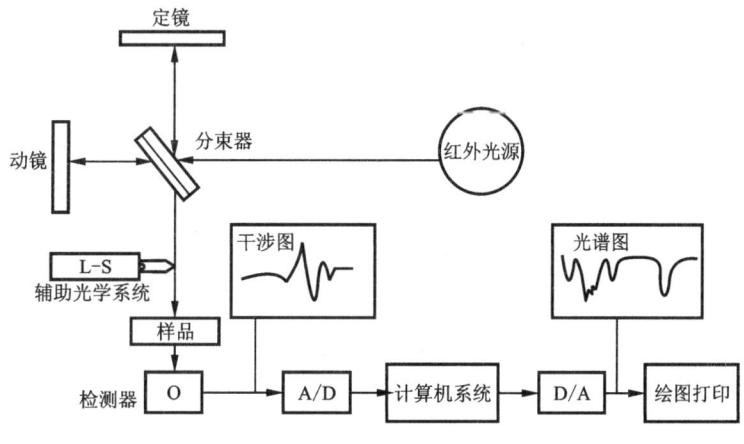

图 9 – 10 – 1 傅立叶变换红外光谱仪光路图

三、仪器设备与材料

1. 仪器设备:岛津 IRAffinity – 1 型傅立叶变换红外光谱仪,DF – 4 油压机;

2. 材料:样品(用玛瑙研钵磨至 2 μm 以下),KBr(光谱纯)。

四、实验步骤

1. 样品制备

(1)透射法压片制备。称取一定量的溴化钾在玛瑙研钵里充分研磨,再在真空干燥箱中烘干 2 h,脱除水分。称取 100 mg 干燥过的溴化钾,装入模具内,用油压机加压,使油压达到

15 MPa，保压 1 min，制成红外背景透明薄片。称取 1 mg 干燥样品，并与 100 mg 干燥过的溴化钾放入玛瑙研钵研磨混均匀，再装入模具内，用油压机加压，使油压达到 15 MPa，保压 1 min，制成红外样品透明薄片。

(2)漫反射法样品制备。称取 20 mg 左右干燥样品，装入样品小槽中，用药勺将小槽表面样品抹平。

2.仪器准备

(1)安装附件。使用透射法测量红外光谱时，需要安装装样品片的附件。使用漫反射法测量红外光谱时，需要安装 FTIR - 8400S 附件。

(2)开机。打开 IRAffinity - 1 的电源开关，打开计算机，进入 Windows 运行 IRsolution 软件。

3.测试

(1)启动软件。点击桌面的 IRsolution 进入软件，仪器进行自检，自检结束后进入软件界面(见图 9 - 10 - 2)。数据文件设置保存数据的路径，勾选自动增加，则每次测量后，系统会自动在文件名后增加一位数，按顺序将数据文件保存。

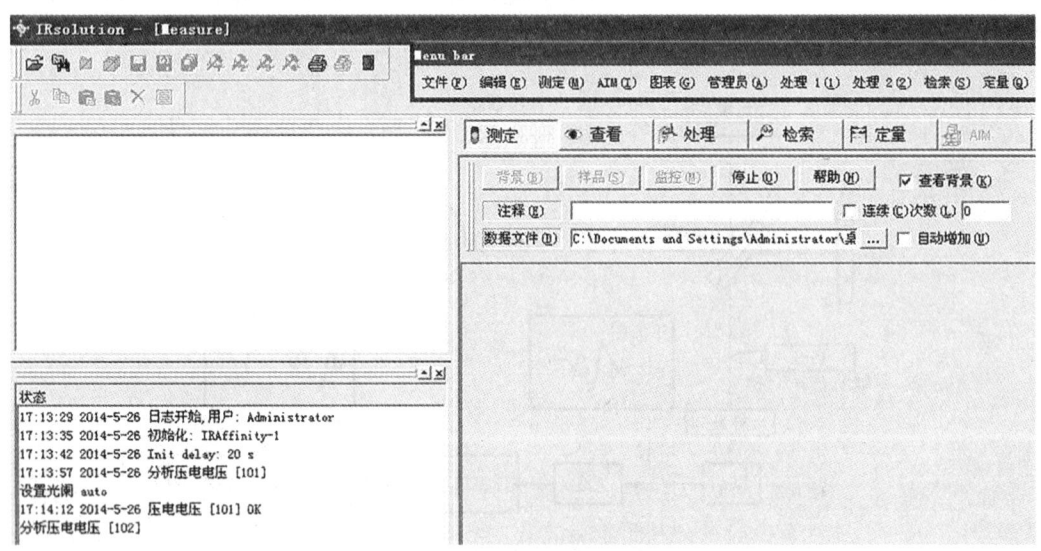

图 9 - 10 - 2 IRsolution 软件界面

(2)背景测量。在单光束光学系统中，将背景透明薄片放入样品室，首先进行背景扫描，点击"背景"按钮，然后出现对话框显示信息"确认参比扫描的光束是空的"。确认样品室中没有样品，然后点击"确定"按钮。启动背景测量，在屏幕的左下角状态栏显示测量的进程，当前时间窗口实时显示能量光谱。在测量过程中，除了"停止"以外所有的条目都突出显示。测量完成后，活动状态恢复，测量结果如图 9 - 10 - 3 所示。

(3)样品测量。背景测量完成后，放置样品。点击"样品"按钮，开始样品测量，像背景测定一样，测量过程将在屏幕左下角的状态栏显示，所有的项目除了"停止"以外都突出显示。在实时窗口，光谱将会以透射率($T\%$)模式显示。测量完成后，活动状态恢复，测量结果如图 9 - 10 - 4 所示。

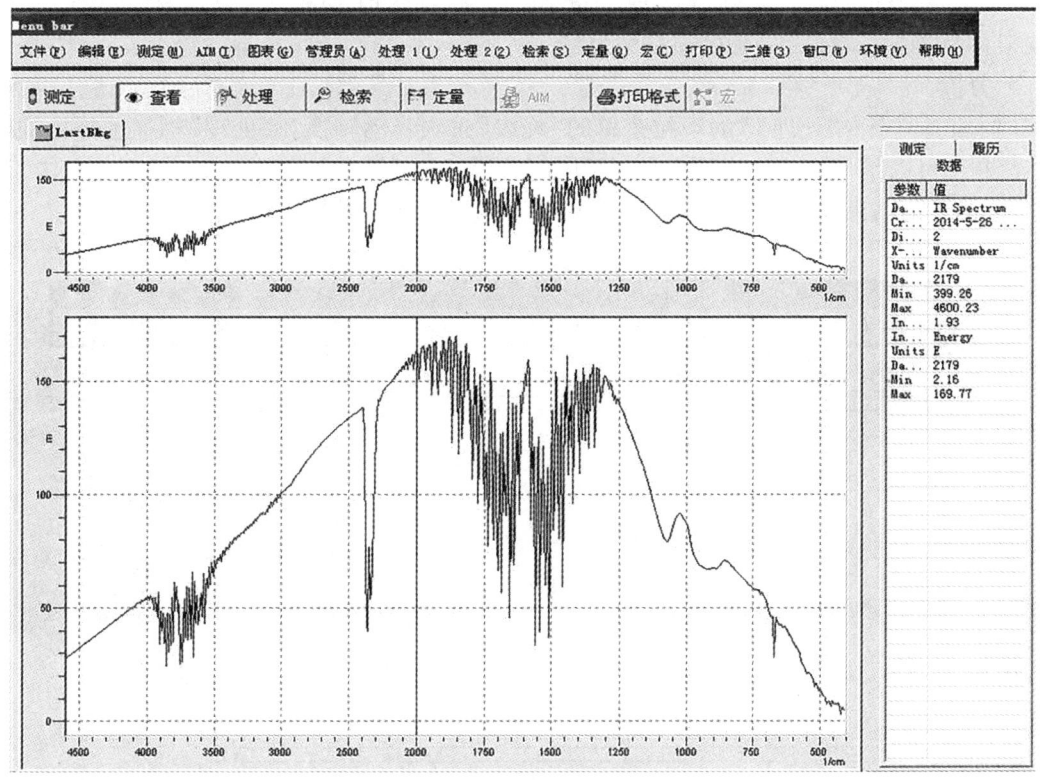

图 9 - 10 - 3 背景测量

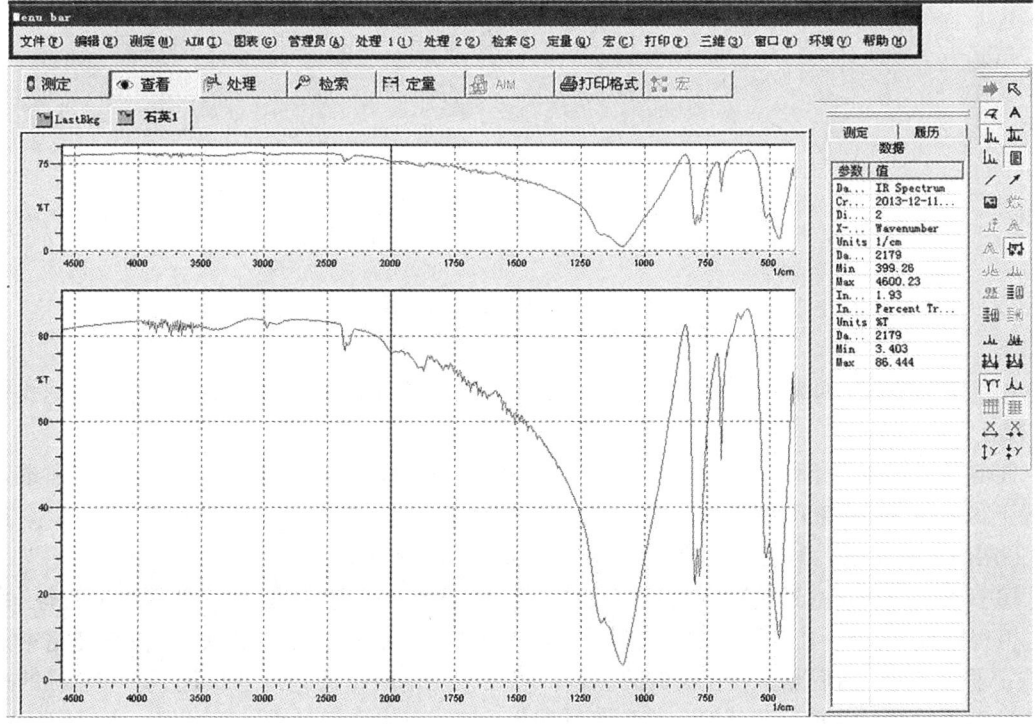

图 9 - 10 - 4 样品测量结果

(4)查看光谱。点击"查看"栏显示测量结果。在窗口的上面和下面显示测量光谱。上面的窗口称为"综述"窗口，下面的窗口称为"放大"窗口。

4.分析

(1)峰表。点击"处理1"的下拉菜单的"峰表"选项自动转换到"处理"栏显示峰检测屏幕。峰检测可以用"噪声"、"阈值"和"最小面积"设置，对每一个参数输入一个数值点击"计算"显示峰检测结果。增加或者减少检测峰，可改变每个参数的输入数值。

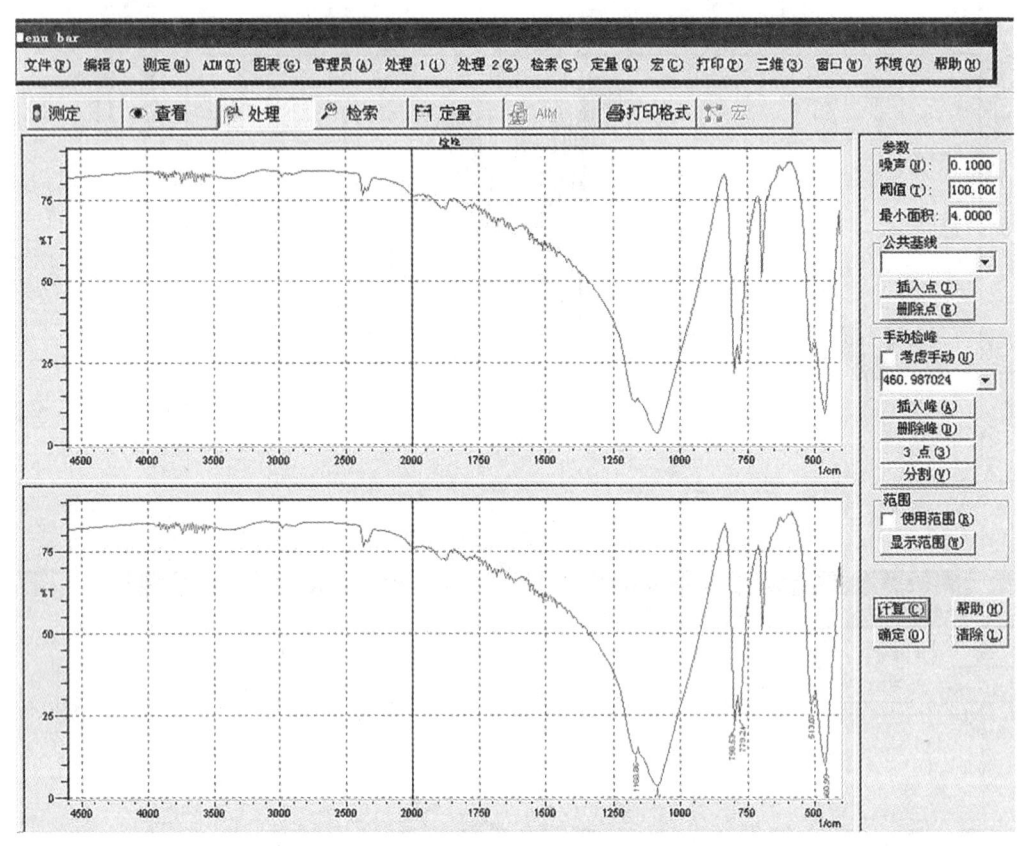

图 9 - 10 - 5 峰检测结果屏幕

(2)基线校正。如果测量光谱的基线由于光散射发生下降或者弯曲，可以使用[基线校正]校正弯曲的基线。

①零基线校正。不改变光谱的形状，校正基线使得光谱的最小值变为"abs = 0"(在透射模式下最大值为100%T)。在"基线校正"中选择"零"。选择"环境"–"处理参数选择"，检查"停用朗伯–比尔"。点击"计算"按钮显示校正结果，见图9–10–6。

②多点基线校正。选择"基线校正"中的"多点"命令。选择"环境"–"处理参数选择"命令，检查"停用朗伯–比尔"。指定"多点"中的"冲浪"。接着，点击"插入"按钮在光谱中显示校正前的光标，然后点击校正的波数位置。然后在光谱点击波数位置出现"X"和"X"的连线。这条连线就是校正过的基线。当校正基线生成后，点击右键完成光标操作。点击[计算]按钮显示校正结果。确认连线结果后，可以通过再次点击[增加]按钮增加校正点或者点击

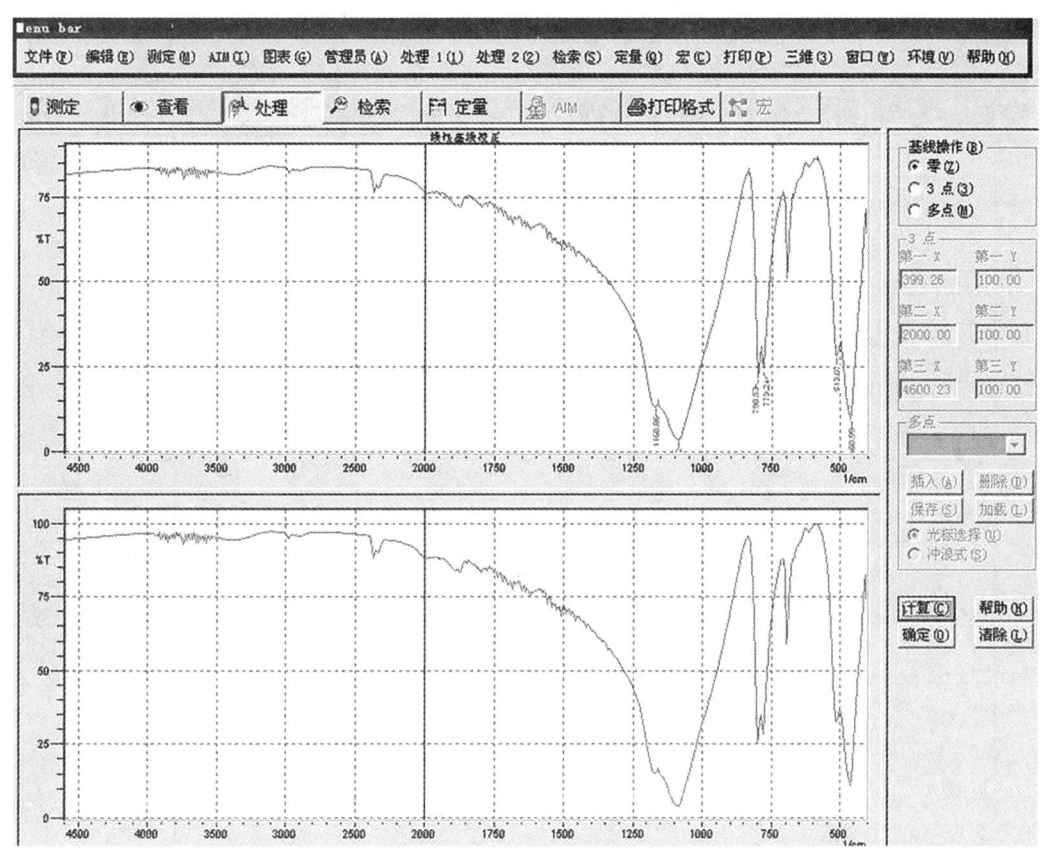

图 9 - 10 - 6　零点基线校正

"删除"按钮删除不必要的校正点。要删除的话,点击"▼"打开校正点列表,选择不需要的校正点,然后点击"删除"按钮,见图 9 - 10 - 7。

5.关机

(1)确认所有必要的 IRsolution 数据已经保存。

(2)通过"文件"-"退出"命令退出 IRsolution。

(3)关闭 IRaffinity - 1 前面右侧的电源开关。此时,电源指示灯熄灭。

(4)保持 IRaffinity - 1 的电源供应以便除湿器运行。

五、思考题

1.用压片法制样时,为什么要求研磨到颗粒粒度在 $2\mu m$ 左右? 溴化钾不在真空干燥箱中烘干,谱图上会出现什么情况?

2.分析透射法和漫反射法的优缺点以及适用的测量对象。

3.掌握一些基本基团吸收峰所在波数位置。

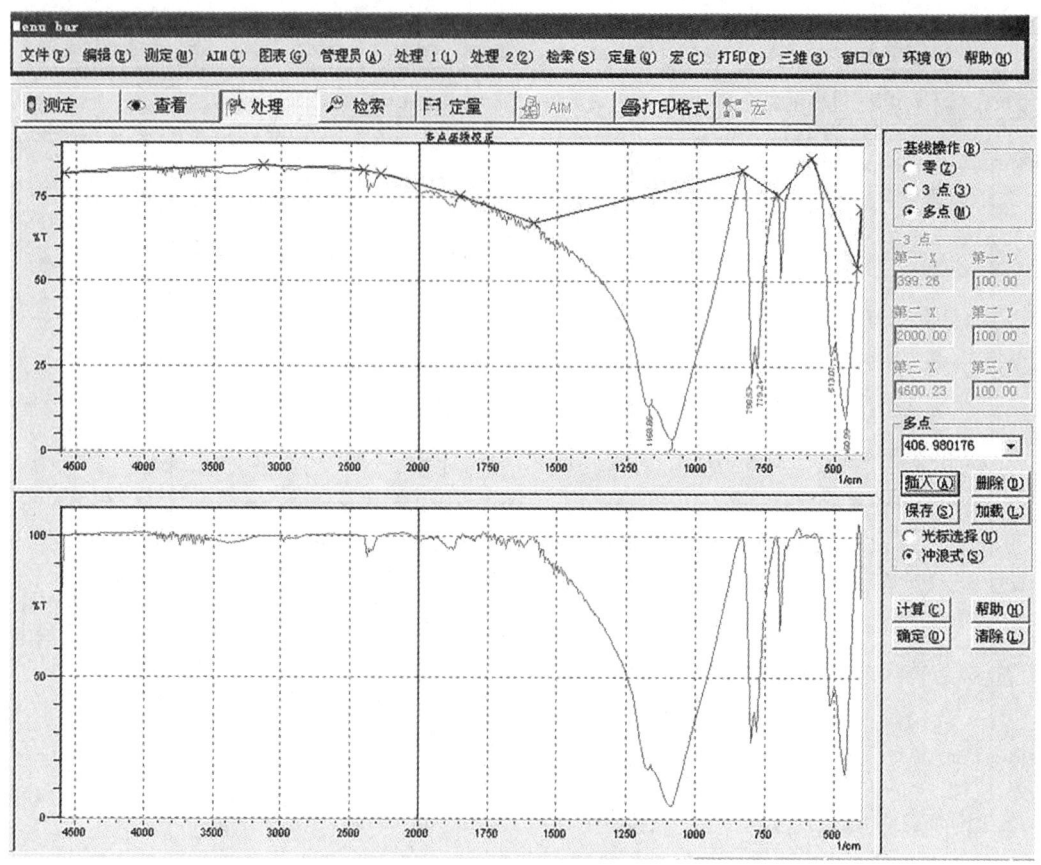

图 9 - 10 - 7　多点基线校正

实验9－11 同步热分析仪测试技术

一、实验目的与要求

1. 了解同步热分析仪的基本原理及仪器装置构造；
2. 学习使用同步热分析仪对物质进行定性、定量分析。

二、基本原理

差示扫描量热/热重同步热分析是指能在完全相同的条件下同时测定物质在升温或降温过程中发生的热效应及质量变化。将样品池和参比池同时置于传感器上，放入炉子内按一定的程序升温或降温，在升温或降温过程中，控制样品池和参比池的温度始终相同，当样品在一定的温度下发生吸放热的物理化学变化或质量变化时，通过传感器就可以探测出样品热流量的变化量、质量的变化量以及物质发生物理化学变化时所对应的温度。

三、仪器设备与材料

1. 德国耐驰公司（NETZSCH）生产的STA449C同步热分析仪（DSC/TG）；
2. 试样：高岭土。

四、实验步骤

1. 预先检查仪器恒温水浴的水位，打开其上下两个电源开关，在面板上启动运行。
2. 恒温水浴仪运行，依次打开电源开关、显示器、电脑主机、仪器测量单元、控制器。
3. 确定实验用的气体，调节低压输出压力为0.05～0.1 MPa（不能大于0.5 MPa），在仪器测量单元上手动测试气路的通畅，并调节好相应的流量。
4. 确定样品在高、低温下无强氧化性、还原性，（如：有单质砷As，硫S，硅Si，碳C等挥发物的物品不能测试），选择适用的坩埚，在电脑上打开对应的测量软件，待自检通过后，检查仪器设置，确认支架类型，坩埚的类型；打开炉盖，确保支架应在炉体中央不会碰壁后，将炉子升起，放入空坩埚，升降炉子，观察与支架的相对位置有无异常；按照工艺要求，新建一个基线文件（此时不用称重）编程运行；待程序正常结束冷却后，打开炉子取出坩埚（同样要注意支架的中心位置），将样品（高岭土）平整放入后（以不超过1/3容积约10 mg为好）称重，然后打开基线文件，选择基线加样品的测量模式，编程运行，注意在温度段中仅能更改原程序的结束温度值，即倒数第二步，小于或等于原值；若原有的基线文件适用，可直接将其打开，选择样品加基线模式编程运行。
5. 程序正常结束后会自动存储，打开分析软件包（或在测试中运行实时分析）对结果进行数据处理，处理完后可保存为另一种类型的文件。
6. 待样品温度降至100℃以下时打开炉盖，拿出两个坩埚，将炉子关闭。
7. 不使用仪器时正常关机顺序依次为：关闭软件、退出操作系统、关电脑主机、显示器、仪器控制器、测量单元。

五、数据分析

图 9 – 11 –1 为高岭石 DSC/TG 热分析图谱。曲线 1 为 DSC，向上为放热方向；曲线 2 为 TG；曲线 3 为 DTG。横坐标可以是温度也可以是时间。图谱下方的长框内表明了测试的条件。DSC 曲线上 84.56℃、501.76℃、991.31℃ 三个明显的热效应峰分别对应高岭石吸附水的失去、层间水的脱去以及莫来石的生成。TG 曲线上两个失重台阶处表明的失重分别为样品含吸附水的量及层间水的量。莫来石反应峰对应温度范围内的 TG 曲线为一水平线，表明生成莫来石的反应不产生气体和水分。DSC 曲线上还标明了脱去层间水的吸热量及生成莫来石的放热量，需要注意的是此处的吸放热量一般小于理论值，其原因是由于样品在测试过程中，炉体内通入流动气体，气体的流动会带走一部分热量。

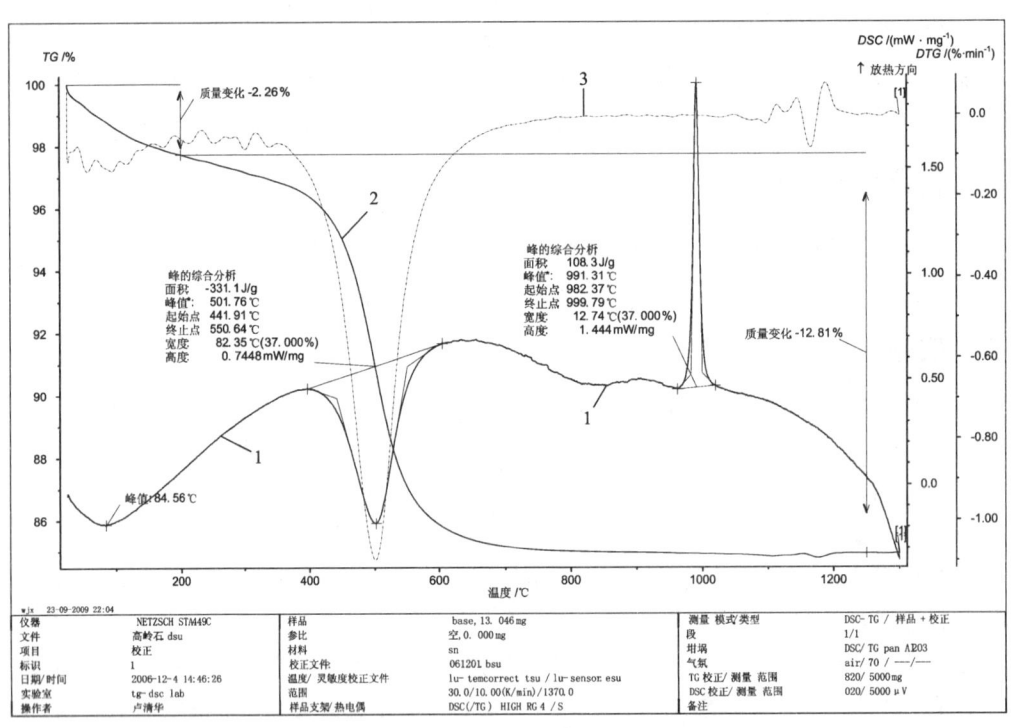

图 9 – 11 –1 高岭石 DSC/TG 热分析图谱

六、思考题

1. 如何尽量做到热分析数据的准确性？

2. 一般来说，TG 曲线上有失重台阶，与其对应的 DSC 曲线上一定有热效应峰。而在某些样品的热分析图谱中，TG 曲线有失重台阶，而相对应的 DSC 曲线上却未显示吸放热峰，这是为什么？

实验9-12   原子力显微镜测试与实验技术

一、实验目的与要求

1. 了解原子力显微镜的基本原理；
2. 熟悉使用原子力显微镜的基本技术并能根据测试目的选择合适的测试条件；
3. 掌握使用原子力显微镜检测样品形貌的方法。

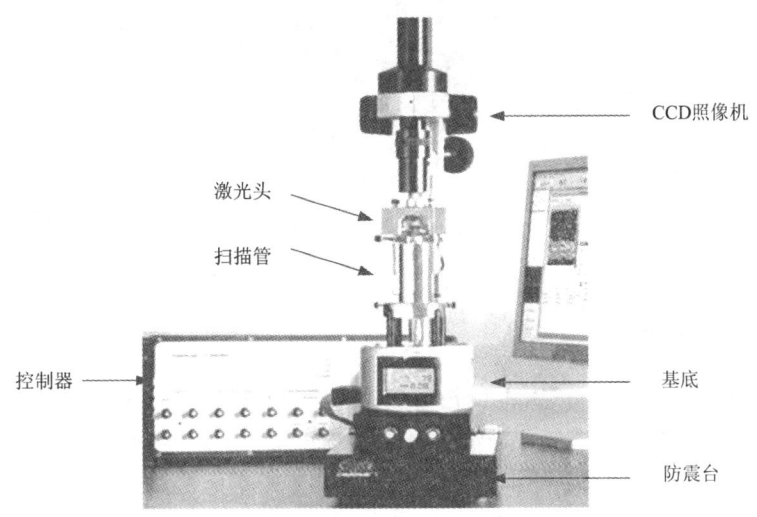

图9-12-1   DI MultiMode V 扫描探针显微镜结构图

二、基本原理

原子力显微镜(见图9-12-1)是通过探针与被测样品之间微弱的相互作用力(原子力)进行样品测量的。其工作原理是利用一个带有极其尖锐的微小针尖的弹性微悬臂作探针，当探针针尖与样品表面接近至原子级间距时，针尖尖端原子与样品表面原子之间存在微弱的作用力，探针与样品相互作用受到作用力时，微悬臂发生弹性形变，通过激光检测微悬臂的形变，可获得探针针尖与样品之间的作用力。从激光器发出的激光聚焦在微悬臂背面，在光滑的微悬臂表面反射。当扫描样品时，样品表面的性质将通过探针与样品之间的相互作用力使微悬臂弯曲，这一弯曲使从微悬臂反射的激光束角度发生偏移。反射光束的偏移可用一个对位置灵敏的四象限光电检测器检测出来，通过光学杠杆作用(见图9-12-2)，检测器能精确检测到反射激光光斑上下左右的移动。此信息经反馈系统转化为控制压电扫描器的电压信号，从而保持探针与样品表面间力或距离恒定，为此，负载样品的压电扫描器必须根据样品表面的形态而相应地起伏。样品表面每一点上压电扫描器的起伏信息被计算机记录，经信号转换处理后获得样品图像。

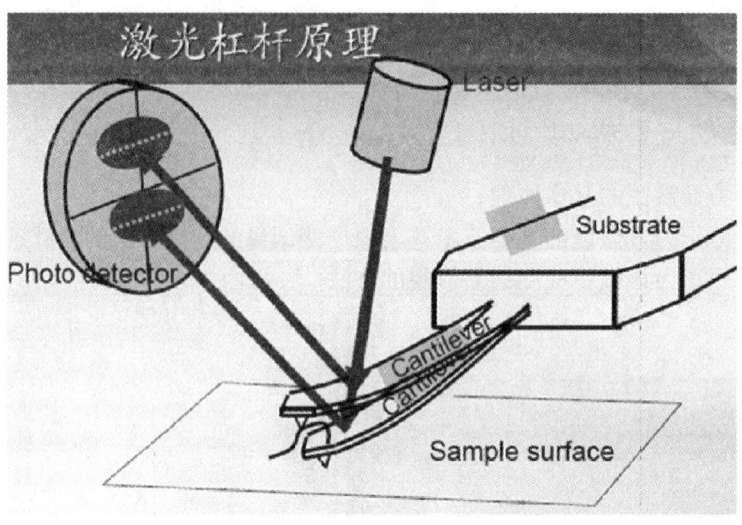

图 9 - 12 - 2　激光杠杆原理示意图

三、仪器设备与材料

1. 仪器与其他器材：DI MultiModeV 扫描探针显微镜（Veeco）、J 扫描管、探针、镊子等。

2. 菌种：氧化亚铁硫杆菌、氧化硫硫杆菌、大肠杆菌、枯草芽孢杆菌等在云母片上的烘干样。

四、实验步骤

1. 开机时必须先打开计算机，等计算机进入 Windows 系统运行正常后，再打开扫描探针显微镜的控制器开关。

2. 将实验用的接触（轻敲）模式探针用镊子轻轻夹起，安装在探针架（holder）弹片下，将制备好的样品先用双面胶黏在圆形铁片上，然后放在扫描管上。

3. 调整样品高度，为确保样品不碰到探针，要使扫描管上的螺丝帽高于样品表面。

4. 将装有探针的"holder"放入激光头中，用激光头后面的锁紧螺丝把"holder"锁紧。

5. 调节 CCD 照像机的粗调螺丝，上下移动 CCD 照像机，在监视器上找到样品的表面和探针，这时样品在探针的下面。

6. 调节 CCD 照像机的粗调螺丝，先在监视器上将探针调清晰，再将 CCD 照像机的粗调螺丝向下调，探针变模糊后，顺时针调节扫描管下方的螺丝，并扳动基底上的"Down"扳手将探针慢慢下降，直到在监视器上看到清晰的探针。如此重复操作，直至监视器上能同时看到样品表面和探针。如果样品是透明的，在监视器上将看不到样品的表面，探针将会在样品表面形成模糊的图像，这时以监视器上探针与探针的像将近重合为标准，来确定探针在样品正上方的高度。

7. 调整激光点到探针尖端的背面。

8. 调整激光头后面的反射镜调整螺丝，使得基底部椭圆区域的 SUM 值达到最大，对于接触模式的氮化硅(轻敲模式的单晶硅)探针,一般为 5 ~ 9(1.5 ~ 3)。

9. 调整光检测器水平和垂直旋钮,使得基底底部的 HOR 值接近 0,VERT 值接近 0,如果采用接触模式实验,VERT 值调到 - 1 ~ - 2 V。

10. 从软件菜单中选择显微镜(图 9 - 12 - 3),Tools/select microscope,从对话框中选择 MultiMode V,点"OK"。

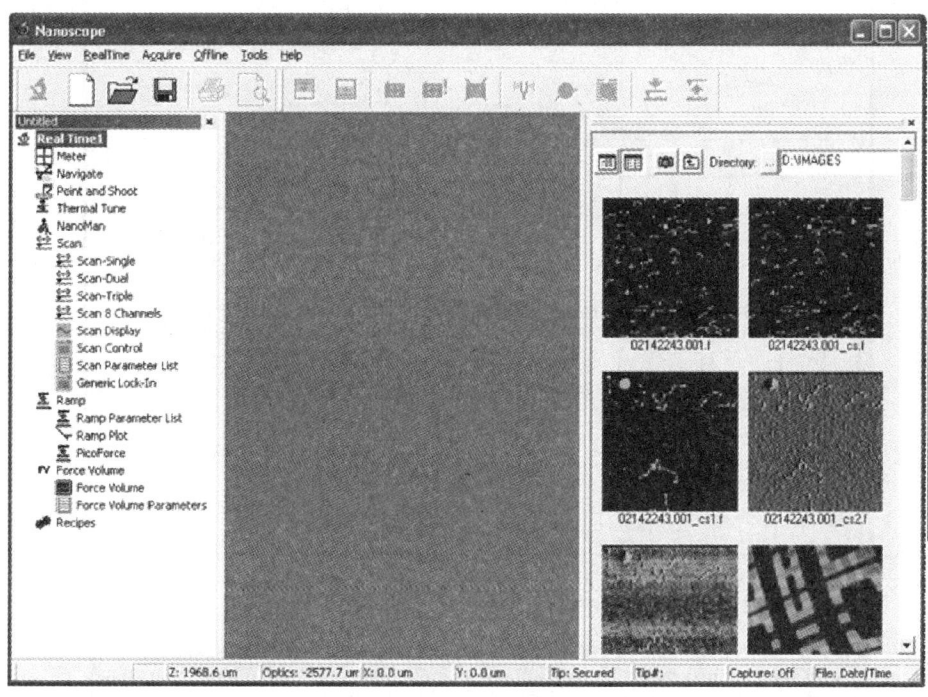

图 9 - 12 - 3 NanoScope 界面示意图

11. 从"Tools/select scanner"对话框中选择所用的扫描管类型,点 OK。

12. 从"file"中选择"open workspace",选择"contact mode"(tapping mode)。

13. 根据需要设置"Scan size"。

14. 轻敲模式要先点击"tune"按钮,进入"cantilever tune"界面(图 9 - 12 - 4),点击"auto tune"按钮,计算机自动找寻探针的共振频率,对于普通的"Rtesp"探针,此频率在 200 与 400 kHz 之间,当"tune"完成后,点击"zero phase",然后点击"Exit",返回"real time"模式。接触模式不执行此操作。

15. 然后点击"engage"按钮,计算机开始自动下针,当探针接触到样品并且弯曲量达到预先设置的"setpoint"值时,扫描管开始扫描。

16. 观察"trace"、"retrace"曲线重合性,如果这两条曲线不重合,可通过调整如图 9 - 12 - 5 中的参数,"integral gain","proportional gain","setpoint"和"scan rate"来使两条线尽量重合。调整"integral gain"和"proportional gain"的原则是,先尽量把"integral gain"调大,直到在曲线上出现噪音,然后逐渐减小"integral gain"值,直到噪音消失。"proportional gain"比"integral gain"大 20% 左右。

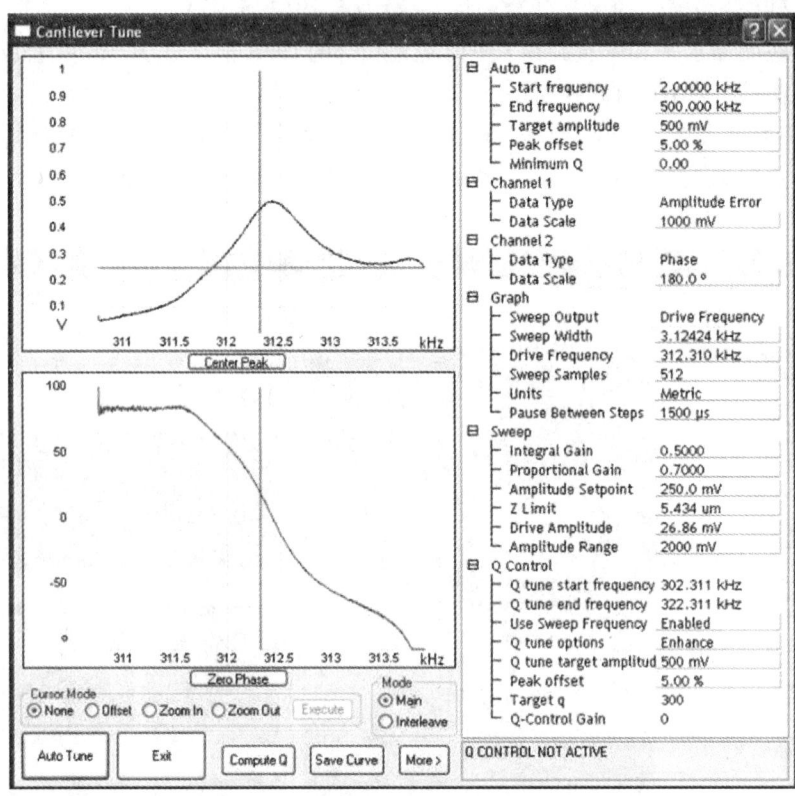

图 9 – 12 – 4 Cantilever tune 界面示意图

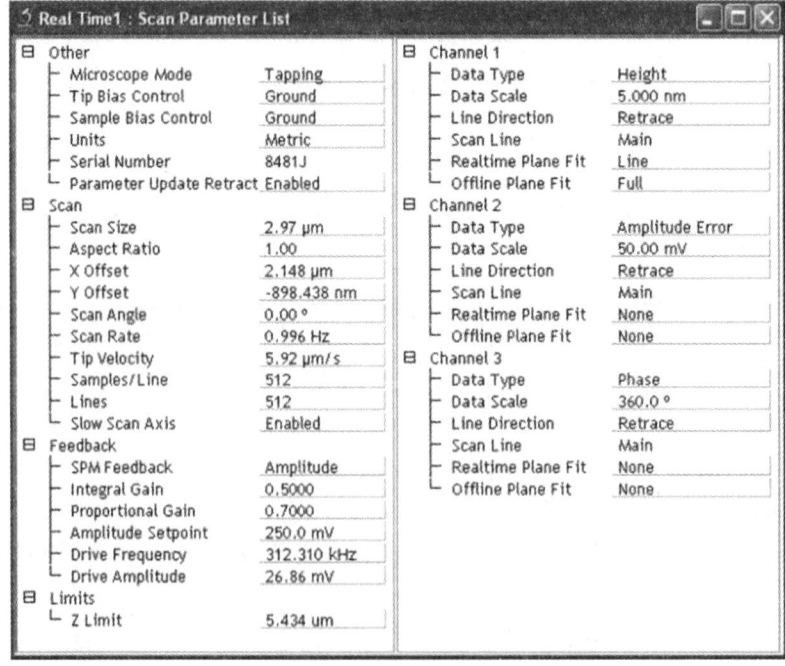

图 9 – 12 – 5 扫描参数设置界面

"setpoint"值越大，探针对样品的作用力越大，探针跟踪样品越好，这两条曲线重合得也越好，但需要注意，探针对样品的作用力越大，越容易损伤样品。

"scan rate"越小，探针跟踪样品越好，"trace"、"retrace"重合得越好。一般来说，当扫描尺寸为 10 nm 时，"scan rate"可设置为 2 Hz(1.5 Hz)，随着扫描尺寸增大，"scan rate"也要随之减小。当然扫描尺寸较少时，"scan rate"可稍微增大。

17. 调整"date scale"，使得此两条曲线大约充满"scope trace"图框。

18. 当参数优化后，就可以点击"capture"按钮，开始抓取图像。

19. 测试结束后，先抬针，调节基底上的"Up"扳手把探针慢慢往上升，逆时针调节扫描管下方的螺丝，让探针离开样品一定距离后，取下"holder"，将探针取下放回探针盒，拿下样品，关控制器开关，再关计算机。

五、思考题

1. 实验操作过程中需要注意哪些问题？

2. 总结扫描过程中参数设置规律，怎么样才能达到最佳扫描效果？

3. 比较两种模式下的扫描图像有何区别？

实验 9 –13 电化学综合测试仪测试与实验技术

一、实验目的与要求

1. 了解电化学综合测试仪的基本原理及仪器装置；
2. 熟悉使用电化学综合测试仪的基本技术并能根据测试目的选择合适的测试条件；
3. 掌握电化学综合测试仪检测结果的分析方法。

二、基本原理

电化学是研究化学能与电能相互转化的一门科学。在溶液中，物质发生氧化还原反应时，会有电子的传递和能量的变化。原电池是将氧化还原反应化学能转化为电能的装置，也就是把氧化还原反应的半反应分别在两个电极上分别完成，将化学能直接转化为电能的装置。不同的电极产生的电势不同，将两个不同的电极组成原电池，电子将从低电势负极流向高电势正极，从而产生电流。原电池的电动势就是两电极之间的电势差。

电池由两个电极和电极之间的电解质构成，因而电化学的研究内容应包括两个方面：一是电解质的研究，其中包括电解质的导电性质、离子的传输性质、参与反应的物质的平衡性质等；另一方面是电极的研究，其中包括电极的平衡性质和通电后的极化性质，也就是电极和电解质界面上的电化学行为。二者都会涉及到化学热力学、化学动力学和物质结构。

电化学工作站的三电极体系分别是工作电极、辅助电极和参比电极(一般用饱和甘汞电极)(参见图 9 – 13 – 1)。工作电极是要考察的电极，辅助电极是为了和工作电极形成回路，因为参比电极的电势一定，所以只要测出工作电极和参比电极之间的电势差，也就知道了工作电极的电势；另一方面工作电极和辅助电极之间的电流可以测定，所以就能作出描述工作电极性质的伏安曲线。

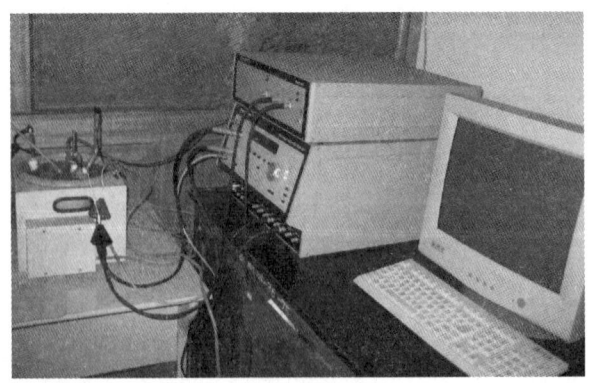

图 9 – 13 – 1 电解池与工作站的连接

常用的电化学研究方法有：循环伏安法，线性扫描伏安法，视差脉冲伏安法，恒电流技术，电位阶跃技术及交流阻抗测试法。

极化曲线上分别记录了氧化峰、还原峰，以及峰电流、电位等信息，直接反映电极反应的可逆性、电活性物质的含量以及在溶液中的扩散行为。

电化学的应用有定量分析，电极过程动力学的研究(n, D, C, E_0, k_s)，吸附现象，复杂电极反应的过程研究，化学生物学等。

三、仪器设备与材料

1. 仪器与其他用具：恒电压/电流 K(Princeton Galvanostat models)仪，电解池，电解液，矿物电极，参比电极，对电极，溶氧仪等；

2. 气体：氮气，氧气；

3. 菌种：氧化亚铁硫杆菌，氧化硫硫杆菌，大肠杆菌，枯草芽孢杆菌等。

四、操作步骤

1. 实验前的准备：包括电解液的准备(研究阳极反应需要用氮气排氧，研究阴极过程要充氧等)，电极的准备，研究细菌的影响需要菌种的准备。

2. 开机：打开计算机，开启电化学工作站电源开关。

3. 电解池与电化学工作站对接：注意各个电极的正确连接。

4. 选定电化学实验方法：例如：选取线性极化扫描、循环伏安法、交流阻抗等。

5. 设定参数：选好实验方法后，点击进入系统界面，设置好参数，如扫描速率，电位范围，起、止电位，采样间隔等。

6. 开始运行：实验方法及其相应的参数选定后，可以开始运行。点击"运行"或点击"run"，工作站即开始按选定的方法和参数运行。运行过程中，主页面实时显示 $i-E$ 曲线(或 $i-t$ 曲线)的进程，若曲线不正常(如电流溢出)，可点击停止键，人为中止运行。扫描结束，主页面将自动显示最完整的曲线图形。

7. 文件存取

(1)点击"文件"，菜单展开。

(2)新建：运行后系统自动建立一个电化学曲线文件，以便运行，电化学曲线文件将以.dat 为扩展名保存。

(3)保存：保存位置，例如"D：\实验名称\测试溶液名称\测试日期\"，例如：完整路径为"E：\菌种的影响\硫杆菌\20110312\"

(4)打开：在相应的研究方法界面下，打开一个已经保存过的电化学曲线文件，即以.dat 为扩展名的文件，主页面将显示曲线图形。点击"打开"，文件列表窗口弹出，选择所需文件，即可打开。

(5)数据的获取：在相应的存取文件夹下进行拷贝。

8. 数据及图形处理

扫描结束后，可以进行数据处理和图形处理，包括菜单中的曲线浏览、数据处理和图形测量。

曲线浏览包括：叠加曲线、缩小图形、放大图形、显示原始曲线等。

叠加曲线：为了比较多次实验所得曲线的差别，可将已保存过的曲线图形叠加在当前窗口中，也可以将不同条件下的曲线进行叠加，进行规律性的研究。

五、实验结果与分析

根据扫描的曲线,结合热力学及动力学理论知识对电极过程反应进行分析。

六、思考题

1. 实验操作过程中需要注意哪些问题?

2. 如何根据峰电流、峰电位及峰电位差和扫描速度之间的函数关系来判断电极反应可逆性?

3. 电化学阻抗谱和等效电路之间的对应关系如何?

实验 9 – 14　透反两用偏光显微镜测试与实验技术

一、实验目的与要求

1. 熟悉 leica 偏光显微镜的原理、构造、附件和用途；
2. 掌握透明矿物的显微镜鉴定基本原理和方法；
3. 掌握不透明矿物的显微镜鉴定基本原理和方法。

二、基本原理

显微镜是进行矿石学研究的重要工具，虽然现在有了很多新方法、新仪器被用于矿石研究中，但作为最基本的工具，显微镜的作用无可替代。矿石显微镜鉴定法，根据矿石性质的不同，分为反光法和透光法。

反光法显微镜鉴定基本原理：不透明矿物鉴定主要根据矿物的反射率、反射色、双反射及反射多色性、内反射色。矿物的反射率是鉴定矿物的重要参数，矿物的反射率大，显微镜下表现为视域明亮；反射率低，视域亮度暗。矿物的反射色是指矿物磨光面在反光显微镜下垂直入射光照射所显示的颜色。双反射和反射多色性是非等轴晶系矿物特有的性质，对一部分非等轴晶系的金属矿物，双反射及反射多色性具有重要的鉴定意义。

透光法显微镜鉴定是将矿物或岩石制成一定厚度（一般以 0.03 mm 作为标准厚度）的薄片置于显微镜下，进行单偏光镜下、正交偏光镜下或锥光下观察。矿物的折射率值和矿物的晶体结构是鉴定透明矿物的重要依据。根据矿物在光学显微镜下的晶形、颜色、突起、糙面、解理、干涉色和消光类型等来鉴定。

三、实验仪器设备与材料

1. Leica DM RE 电动聚焦正置式透反两用偏光显微镜，DFC480 彩色数码摄像头，QWIN 图像分析软件，计算机一台（见图 9 – 14 – 1）；附件：两个 10 倍平场消色差目镜，5 倍平场半复消色差偏光物镜，10 倍平场半复消色差偏光物镜，20 倍平场半复消色差偏光物镜，50 倍平场半复消色差偏光物镜，100 倍平场半复消色差偏光物镜。偏光载物台及 $X – Y$ 轴向调节钮，聚光镜，勃氏镜；可调式样品压平器，石英楔，云母插片，石膏插片；

2. 岩石薄片与岩石光片。

四、操作步骤

1. 打开计算机电源开关，进入莱卡 Qwin 图像分析软件。

2. 打开显微镜电源开关，显微镜显示屏将显示"set?"，透反光转换按钮可将光源调为透射光或反射光。

3. 调光强：用左手将左边有一灯泡标志的旋钮推到底，显微镜显示屏将显示开机时的电压值为 2.5 V，同时，用右手顺时针旋转白色微调手轮，电压值将增大，一般情况下将电压值调为 10.0 V。当光源强度调好后，然后松开左手，显示屏恢复"set?"；

4. 准焦：将光（薄）片置于载物台，准焦时先用 10 倍物镜调焦，按载物台向上粗调按钮使

图 9 – 14 – 1　透反两用偏光显微镜系统

载物台上移，让样品比较接近目镜，然后从显微镜内（或电脑显示屏）观察样品图像，同时点按载物台向下粗调按钮，下移载物台，当可看到样品的模糊图像时改用微调，旋转白色微调手轮，直至图像清晰。如需放大倍数，转动物镜转换器，依次使用更大倍数目镜（换物镜时，注意不要转目镜，而要转物镜转换器），并分别调节白色微调手轮进行微调，使图像清晰。最大放大倍率为 1000 倍，放大倍数为目镜放大倍数乘以物镜放大倍数。

　　5. 需要使用正交偏光时，将上偏光镜轻轻推进，反之，将上偏光镜拉出。

　　6. 使用锥光透光条件下，需将载物台下的聚光镜置于光路中，拉出 1.6 倍镜，推入勃氏镜，同时锥光只有在高倍物镜（50 倍或 100 倍物镜）下才能观察到（透光使用）。

　　7. 摄像：显微镜的图像通过 CCD 摄像机与计算机连接，进入 Leica Qwin 图像系统，界面如图 9 – 14 – 2 所示。右击工具栏的"载物台"，显示为活动图像，如图像不清晰，调节显微镜的微调使图像清晰。如图像太亮或太暗，右击工具栏的"设定"，进入摄像机设置界面，移动"exposure time"滑条，可将图像调暗或调亮。图像调整好后，左击工具栏的"摄取"，将图像照下来。

　　8. 加标尺：点击菜单栏的"外围设备/镜头"，选择放大倍数和显微镜放大倍数一致的镜头，点击图 9 – 14 – 2 下部的显示菜单的"微米栏"，照片上将显示标尺，如图 9 – 14 – 2 中的左上角的标尺。点击图 9 – 14 – 2 下部的显示菜单的"注解合并"，标尺和图像合并，然后点击"文件/另存为"，可以将照片以图像文件的格式保存下来。

　　9. 显微镜使用完毕后，将载物台放到最低位置，样品从载物台拿开，关闭显微镜电源。

　　10. 退出图像软件，关闭计算机。

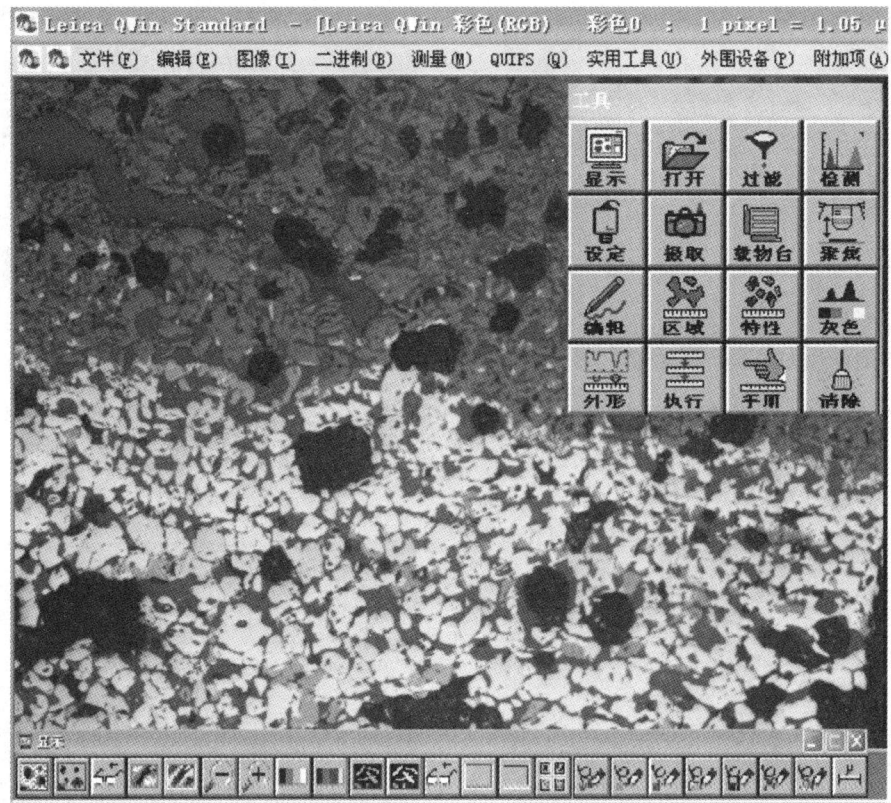

图9－14－2　Leica Qwin 图像分析软件界面

五、结果分析

对于不透明矿物显微镜的鉴定，矿物的反射率是一个重要的参数。一般采用的方法为比较法，在显微镜下同一视域，比较两种矿物的反射光强度，反射率高的矿物在显微镜下就亮。如图9－14－3和图9－14－4中的金（Au）、黄铁矿（Py）和黄铜矿（Cha），它们的反射率分别为72、51和45，在显微镜下观察金要比黄铁矿亮，黄铁矿比黄铜矿亮。然后再根据这三种矿物在显微镜下的颜色差别和均质性可作进一步的分析。金、黄铁矿和黄铜矿三种矿物在显微镜下的颜色分别为金黄色、淡黄色和黄色。金在正交偏光下不完全消光而呈现出典型的黄绿色调，黄铁矿为均质性矿物，正交偏光下为黑色，黄铜矿显微弱的非均质性，正交偏光下可见黄带绿的灰色。根据以上性质的对比，在显微镜下可基本区分这三种矿物。同时矿物的磨光性也是鉴定矿物的重要性质。如黄铁矿难磨光，在显微镜下观察表面不平整，而黄铜矿易磨光，在显微镜下观察时较平整。

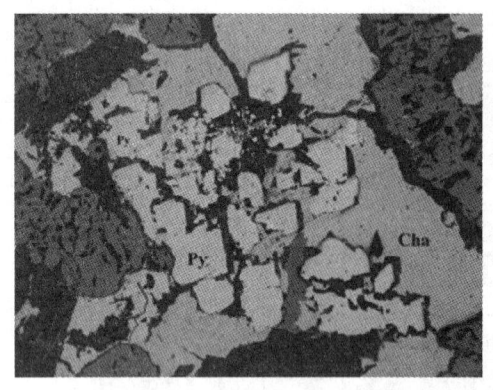

图9-14-3 反射光下的黄铁矿(Py)和黄铜矿(Cha)

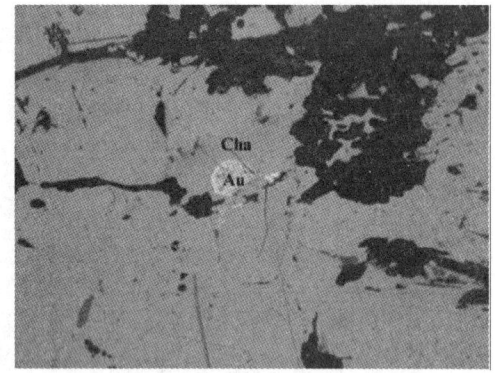

图9-14-4 反射光下的黄铁矿(Py)和黄铜矿(Cha)

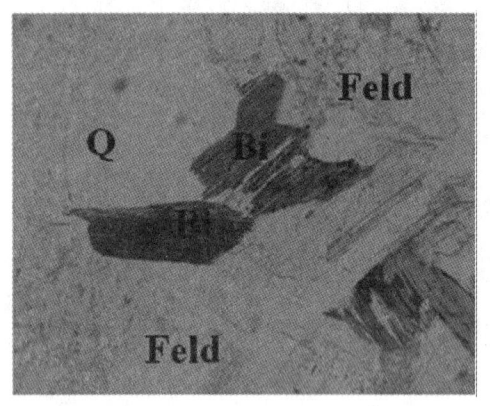

图9-14-5 透射单偏光石英(Q),
长石(Feld),黑云母(Bi)

图9-14-6 透射正交偏光

对于透明矿物显微镜的鉴定,矿物的折射率是一个重要的参数。透明矿物的鉴定,一般是将矿物磨成薄片,置于透射光下观察。在单偏光下,可观察矿物的颜色和多色性、形态和解理,由图9-14-5可见,石英(Q)和长石(Feld)为无色透明矿物,黑云母(Bi)呈现深褐色,如旋转载物台,可见黑云母的颜色发生变化,为黑云母的多色性。对透明矿物的鉴定也要用比较法,一般将矿物的折射率与将矿物粘在玻璃片上的树胶的折射率相比,当矿物的折射率与树胶(折射率$N=1.54$)差别小时,矿物在显微镜下观察感觉比较平,如图9-14-5中的石英;当矿物的折射率与树胶的折射率差别大时,感觉矿物向上突出,如图9-14-5中的黑云母,称为矿物的突起。在正交偏光下,主要观察矿物的干涉色、消光类型等,图9-14-6是图9-14-6的矿物在正交偏光下的情况,可见矿物的干涉色,如石英可见其最高干涉色 I级黄白色,黑云母的 II级和 III级干涉色,长石的 I级灰白干涉色。透明矿物的系统鉴定,需要掌握矿物结晶学和晶体光学基本原理,根据矿物的光学性质进行仔细的观察与分析。

六、思考题

1. 什么样的矿物需用透光法鉴定？什么样的矿物需用反光法鉴定？

2. 用显微镜进行矿物鉴定时，对样品有什么要求？

3. 进行矿物鉴定时需要具备哪些基础知识？

实验 9 – 15　MLA 矿物参数自动定量测试技术

一、实验目的与要求

1. 了解 MLA 矿物参数自动定量分析系统的基本原理及仪器装置；
2. 掌握 MLA 矿物参数自动定量分析系统对矿物样品进行测量的方法；
3. 掌握 MLA 矿物参数自动定量分析系统对测量结果进行数据处理和图表输出。

二、基本原理

　　MLA 矿物参数自动定量分析系统由美国 FEI 公司生产的 MLA 650，Quanta 650 电子扫描电镜、能谱仪及 MLA 软件组成(图 9 – 15 – 1)。测试分析过程见图 9 – 15 – 2。分析系统首先采用 Quanta 650 电子扫描电镜对样品进行图像扫描，获取背散色图，背散色图去除背景后，得到背散色图的矿物颗粒列，再对矿物颗粒逐一进行相分离得到组成矿物颗粒的矿物相列(或称为单体矿物颗粒列)。分析系统中的 X – Ray 能谱仪再对矿物相逐一进行能谱分析，获得矿物相的 X – Ray 能谱图，并与软件中标准矿物的 X – Ray 能谱图进行对比分析，以确定矿物相的矿物成分并对矿物进行分类。矿物分类的结果是含矿物物质成分信息的矿物样品图，每一矿物相都赋予矿物的特定代表色。在含矿物物质成分信息的矿物样品图中，相同颜色的矿物相是同一种矿物。矿物样品图可用数据转换工具转换成样品测量数据，最后由 MLA 数据软件(MLA DataView)对样品测量数据进行计算显示、输出样品测量的结果图表。最终可获得样品的矿物组成、化学成分、不同矿物嵌布关系和粒级分布以及矿物解离度等信息。

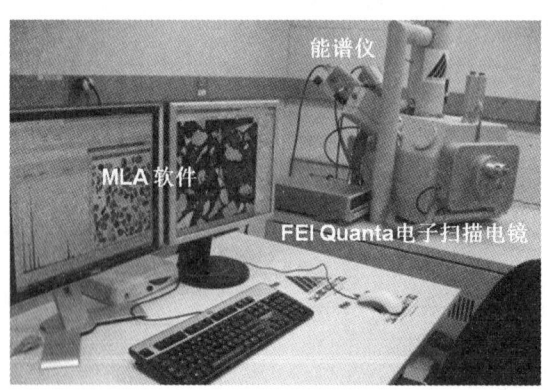

图 9 – 15 – 1　MLA 矿物参数自动定量分析系统

三、仪器设备与材料

1. 仪器：MLA 矿物参数自动定量分析系统，磨片机，制样模具；
2. 试剂：环氧树脂胶，固化剂，凡士林等润滑剂；
3. 试样：不同粒级的矿样。

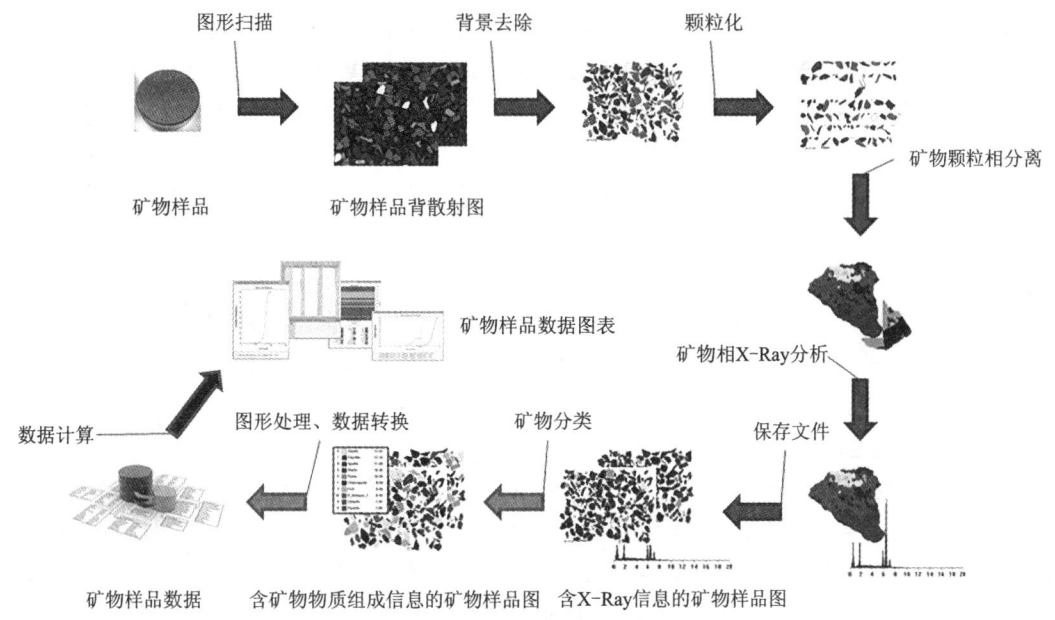

图 9 – 15 – 2   MLA 系统测试分析过程

四、实验步骤

1. 样品制备

先将制样模具内表面涂一层凡士林润滑剂,再将矿物样品与环氧树脂胶和固化剂混合均匀装入模具中固化。将固化成型的样品从模具上取下,装在磨片机上磨成光片。磨好的片再进行喷碳处理,使样品表面具有一定的导电性。

2. 样品安装

将测量样品安置于样品台1号位,打开扫描电镜门,安置样品台,在固定样品台时要保证样品台水平,固定螺丝的松紧度要适中。关闭扫描电镜门,抽真空,要将系统的真空度抽到一定值后再上高压,上高压后系统需数十分钟左右的稳定时间。

3. 扫描电镜测量工作条件设定

扫描电镜处于正确的工作条件,是 MLA 样品测量准确的保证,设定扫描电镜的测量工作条件有六个关键步骤:

(1)设定扫描电镜的工作距离,MLA 要求扫描电镜的工作距离设定为 10 mm 左右。打开样品室视频,将样品台升至离背散色探头 11 mm 左右,锁住 Z 移动开关,将扫描电镜移动至MLA 样品处,对样品进行聚焦,按 Z 与工作距离连接按钮,打开 Z 移动开关,移动 Z 至10 mm,对黄金标样进行聚焦,锁住 Z 移动开关,扫描电镜工作距离设定至 10 mm。

(2)设置扫描电镜加速电压

加速电压是根据样品颗粒的大小和样品的矿物种类设置的,MLA 选择加速电压(kV)的规则为:25 kV 用于大颗粒矿物样品(>0.038 mm),15 kV 用于小颗粒矿物样品(<0.038 mm)。

（3）调整扫描电镜电子发射源

调整电子发射源的目的是使电子发射源工作在理想状态。将扫描电镜移动至黄金标样，将黄金标样设置于屏幕中心，将扫描电镜的扫描模式设置为线扫描，扫描线位于样品中心，启动"视频范围"，启动扫描电镜电子束设置，关闭灯丝电压限制开关，灯丝电压降低至一定值，上调灯丝电压直至扫描线不再上升，向下调整灯丝电压一格，此时的灯丝电压应为灯丝饱和电压，从 X 和 Y 方向分别调整枪的倾斜电子角以保证电子束视频处于最高值，然后保存设置。

（4）设定能谱仪"amp"时间

在一定的"amp"时间下，能谱仪每秒计数率（CPS）越高、死时间（DT）越小则能谱仪的性能越好。MLA 要求将死时间控制在 30% 以内。对于 Bruker – SDD 能谱仪，"amp"时间应设定为 275 kcps/20 keV。

（5）调整扫描电镜扫描束斑点大小

MLA 通常用石英上的每秒计数率作为扫描束斑点为标准进行调整。将扫描电镜定移到 MLA 石英标样上，将扫描电镜的扫描模式设置于点扫描（图 9 – 15 – 3），调整扫描点大小，以得到合适的计数率（CPS），并使扫描束斑点不超过 7.2，死时间不超过 30%。能谱仪计数率的大小与扫描束斑点大小有直接联系，扫描束斑点越大计数率越高，死时间（DT）越大。扫描束斑点过大会影响背散色图的清晰度，在放大倍数较大的情况下尤为明显。

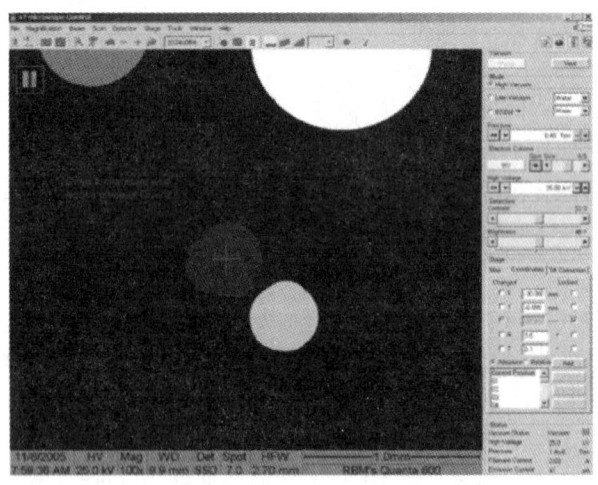

图 9 – 15 – 3 调整扫描电镜扫描束斑点大小

（6）调整扫描电镜对比度和亮度

MLA 是利用矿物样品的背散色帧图进行测量的，调整扫描电镜对比度和亮度使得所有被测矿物的灰度都在一定的区域内是保证测量准确的必要保证。将扫描电镜定位于 MLA 标样的黄金上，将扫描电镜的扫描模式设置为线扫描，置扫描线于标样的黄金中心，启动"视频范围"显示，调整对比度和亮度，使视频上线略高于 255 标线，视频下线略低于 0 标线（图 9 – 15 – 4）。

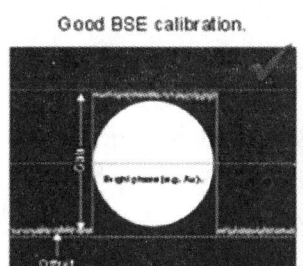
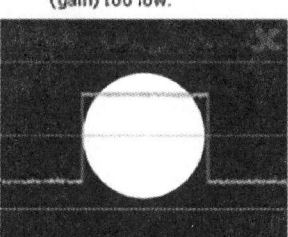
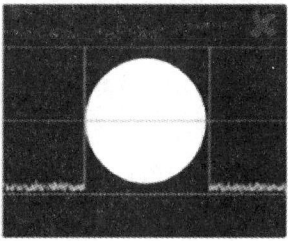

图 9 - 15 - 4　亮度和对比度调整

4. 创建测量工程项目

MLA 软件的数据管理系统是以工程项目为核心的数据管理系统，一个工程项目可以有若干个矿物样品，每一个矿物样品可以有若干个样品测量。每一个样品测量可以输出一组数据图、表。可以利用 MLA 样品测量软件的工程项目树控件来建立、比较、管理工程项目、矿物样品及样品测量。

（1）启动 MLA 样品测量软件，按"Project"工具组的"New Project"工具打开建立新的工程项目对话窗，在"Look in"中选择新工程项目的文件夹，"Name"中输入新工程项目的名字，按"OK"，新的工程项目将会出现在工程项目树控件上。

（2）点右键，在建立的工程项目下引出工程项目树控件下拉菜单，选择"Add Sample"菜单，打开增加新样品对话窗，在"Name"中输入新样品的名字，按"OK"，新的样品将会出现工程项目中。

（3）点右键按工程项目中的样品引出工程项目树控件下拉菜单，为样品选择一个合适的测量模式（XBSE），新的样品测量（XBSE）会出现在样品上。

（4）利用工程项目树控件的拖拉功能，将工程项目中的样品加入到样品台的 1 号位上。

5. 为样品测量设定基本参数

（1）设定测量帧数或测量矿物颗粒数或测量时间三个参数来确定样品测量是否完成、终止。

（2）设定图形扫描参数，用于控制图形扫描。

（3）设定背景去除参数，用来控制除背景及无用颗粒清除功能。

（4）设定颗粒分离参数，用来控制颗粒分离功能。

（5）设定 X - Ray 分析参数，用来控制 X - Ray 采集方式。

6. 为样品测量设定扫描电镜相关参数

点击工程项目树控件的样品测量，进入扫描电镜参数设定窗口，为该样品测量的电镜参数设定窗口，点击设定窗口的"Move to"，将扫描电镜移动到测量样品，然后根据样品测量的要求调整扫描电镜参数，包括调整放大倍数、聚焦，设置完后点击设定窗口的"Get SEM Data"按钮为样品测量记录扫描电镜的工作条件。

7. 执行样品测量

按运行样品测量工具执行样品测量。当样品测量运行完成后，会出现一个测量运行对话窗，显示样品测量运行的结果。

8. 引入矿物分类标准

（1）启动矿物参数标准编辑程序

用样品测量程序工程项目树控件工程项目的"Mineral Reference Editor"下拉菜单，启动矿物参数标准编辑程序。

（2）输入矿物参数标准

用矿物参数标准编辑程序的"Import – From Project"引入矿物参数标准输入窗口，利用矿物参数标准输入窗口输入 FEI MLA 系统检验工程项目中矿物参数标准至当前的工程项目中。

9. 图形处理、数据转换

图形处理、数据转换由 MLA 图形处理软件完成（如图 9 – 15 – 5）。它的任务是将样品测量的结果含 X – Ray 信息的矿物样品图转换成样品测量数据，包括矿物分类、颗粒图形编辑、数据转换。

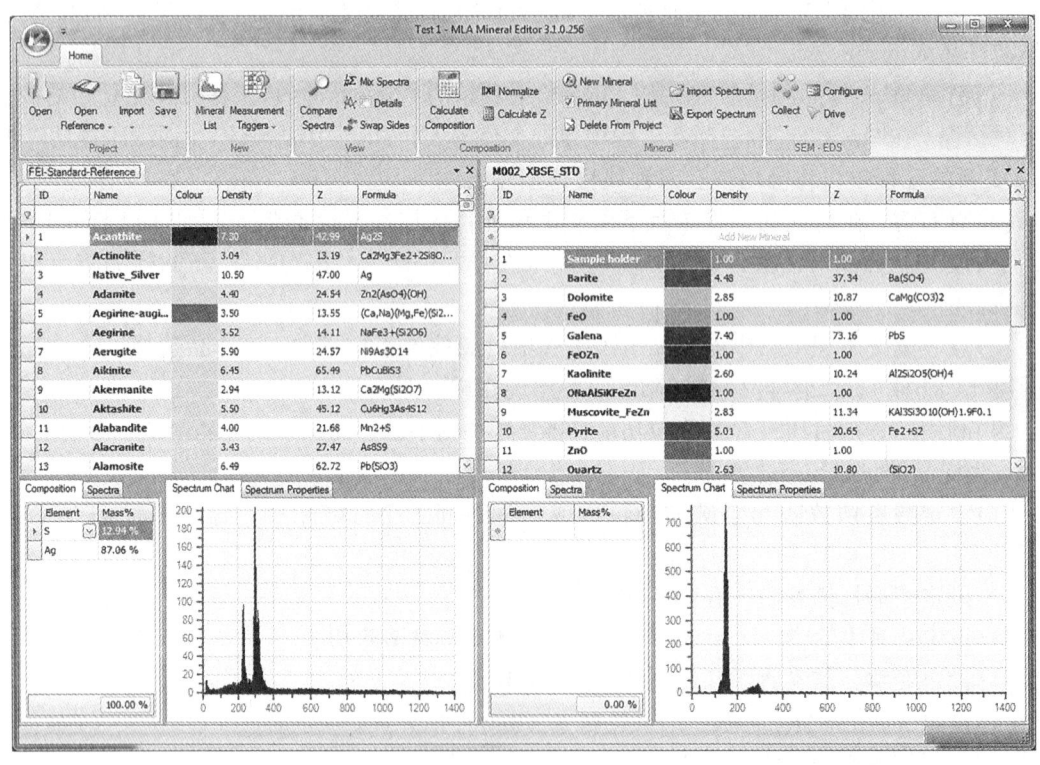

图 9 – 15 – 5

（1）启动图形处理软件

用样品测量程序工程项目树控件工程项目的"Image Processing"下拉菜单启动图形处理软件。图形处理软件将自动打开相关的工程项目。

（2）进行矿物分类

矿物分类的原理是将矿物相的 X – Ray 与矿物参数标准表中矿物标准的 X – Ray 一一比对，找到最接近的矿物标准，如比对的结果符合分类的精度要求，这一矿物相则被定为该矿物标准所对应的矿物。可利用矿物分类工具和批处理工具两种方法进行矿物分类。

①利用矿物分类工具进行矿物分类

用图形处理软件的工程项目树控件选择要进行矿物分类样品测量的 X – Ray 图。按矿物分类（Classify）工具引出样品测量选择对话窗口，利用样品测量选择对话窗口选择样品测量，按选择样品测量窗口的"OK"按钮引出矿物分类窗口，设定矿物分类窗口中的矿物分类参数，按矿物分类窗口的"OK"按钮。

②利用批处理工具进行矿物分类

按创建新批处理工具（New Script）或用"Scripts"树控件创建新批处理工具（New Script），下拉菜单引出批处理工具编辑窗口，为新建批处理工具命名并按"OK"按钮，引出批处理工具编辑窗口，按批处理工具编辑窗口的矿物分类工具，加入矿物分类批处理工具，为分类批处理工具设定矿物分类参数，关闭批处理工具编辑窗口，按执行批处理工具，引出执行批处理工具窗口。将建立的矿物分类批处理工具拖拉到要进行矿物分类的样品测量上，按执行批处理工具窗口的"OK"按钮或在批处理工具（Scripts）树控件选择建立的矿物分类批处理工具，选择执行批处理（Run Script）下拉菜单引出样品测量选择对话窗口在对话窗中选择要进行矿物分类的样品测量，按对话窗的"OK"按钮。

10. 数据转换

数据转换的目的是将测量图形数据转换成测量数字数据。MLA 数据显示软件只能显示经数据转换的样品测量的数据。数据转换可包含 3 种信息，矿物颗粒信息、单体矿物颗粒信息、单体矿物颗粒图形信息，数据转换包含的信息越多，数据转换所需的时间越长。利用批处理工具进行数据转换是常用的手段：

按创建新批处理工具（New Script）或用"Scripts"树控件创建新批处理工具（New Script）下拉菜单引出批处理工具编辑窗口，为新建批处理工具命名并按"OK"按钮引出批处理工具编辑窗口，按批处理工具编辑窗口的数据转换工具（Create Datasource）加入数据转换批处理工具，为数据转换批处理工具设定矿物转换包含的数据，关闭批处理工具编辑窗口，按执行批处理工具（Batch Process），引出执行批处理工具窗口，将建立的数据转换批处理工具拖拉到要进行数据转换的样品测量上，按执行批处理工具窗口的"OK"按钮或在批处理工具（Scripts）树控件选择建立的数据转换批处理工具，选择执行批处理（Run Script）下拉菜单引出样品测量选择对话窗口，在对话窗中选择要进行数据转换的样品测量，按对话窗的"OK"按钮。

11. 数据计算

数据计算是样品测量数据通过计算显示、输出样品测量的结果图表，由 MLA 数据显示软件（MLA Data View）完成的（如图 9 – 15 – 6）。

12. 为相关的程序工程项目启动数据显示软件

用图形处理软件的打开数据显示程序工具，启动数据显示程序。数据显示程序图形处理软件将自动打开相关的工程项目。工程项目中每一个经图形处理软件进行过数据转换的样品测量，都在工程项目简单数据源树控件中。

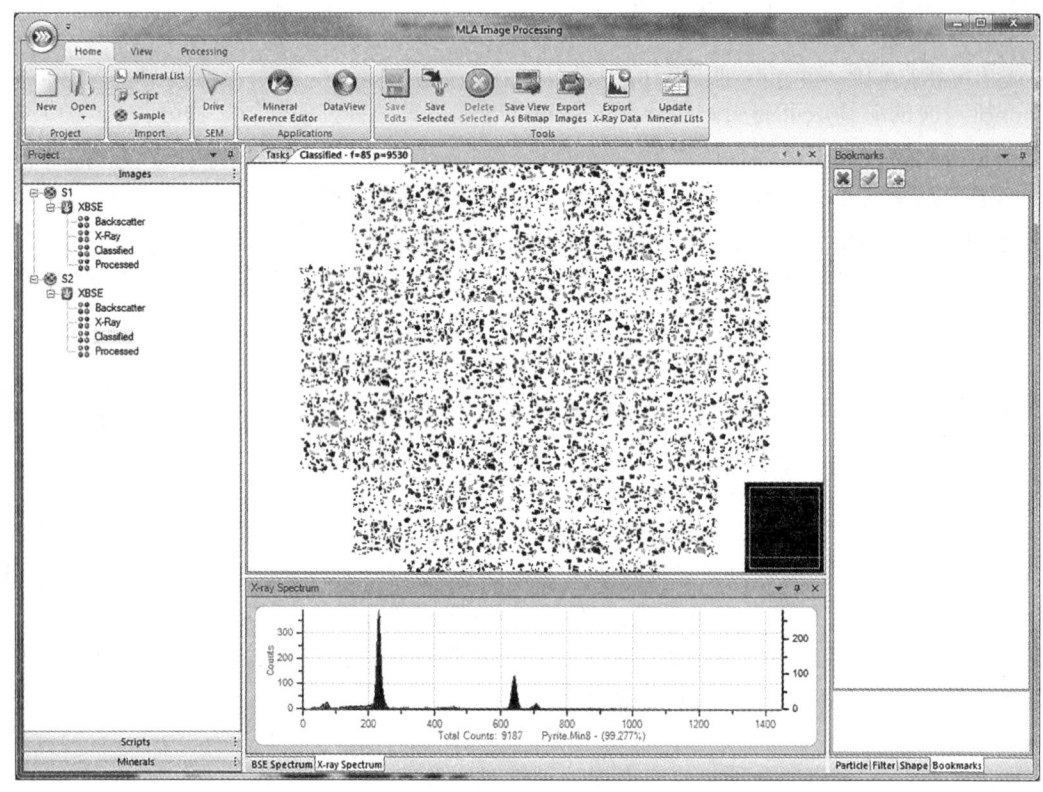

图 9 – 15 – 6

13.显示样品测量计算数据图

选择一数据源，按图表选择窗口的数据图工具，选择一计算数据图。如需计算矿物或矿物元素可通过矿物选择对话窗或矿物元素选择对话窗进行计算。

五、数据处理

根据实验数据分析矿石中的主要化学成分及矿石中组成矿物性质。

六、思考题

1. MLA 矿物参数自动定量分析系统测试对样品的要求是什么？

2. MLA 矿物参数自动定量分析系统测试结果对矿石的分选具有哪些指导意义？

附　录

附录1　常见矿物化学成分和主要物理性质

矿物名称	化学成分		比重	莫氏硬度	比磁化系数/$(10^{-6}m^3 \cdot kg^{-1})$	
	分子式	主元素或氧化物/%			CGSM 制	SI 制
铁	Fe	100Fe	7.87	4.5		
磁铁矿	Fe_3O_4	72.4Fe	4.9~5.2	5.5~6.5	50~80	0.6~1
赤铁矿	Fe_2O_3	70Fe	4.8~5.3	5.5~6.5	48(60,101,172)	0.6(0.75,1.27,2.16)
褐铁矿	$2Fe_2O_3 \cdot 3H_2O$	57.1Fe	3.4~4.4	1~5.5	25~32	0.31~0.4
菱铁矿	$FeCO_3$	48.2Fe	3.8~3.9	3.5~4.5	56(80~120)	0.7(1~1.5)
镜铁矿	Fe_2O_3	70Fe	4.8~5.3	5.5~6.5	292	3.7
针铁矿	$Fe_2O_3 \cdot H_2O$	63Fe				
假象赤铁矿	$\gamma - Fe_2O_3$	70Fe			520	6.5
黄铁矿	FeS_2	53.4S;46.6Fe	4.95~5.1	6~6.5	0(7.5)	0(0.0942)
磁黄铁矿	$Fe_5S_6 \sim Fe_{16}S_{17}$	40S;60Fe	4.85~4.65	3.5~4.5	11.53~26.71	0.144~0.334
锰	Mn	100Mn	7.44	6		
软锰矿	MnO_2	63.2Mn	4.7~4.8	1~2.5	27	0.34
硬锰矿	$mMnO_2 \cdot MnO \cdot nH_2O$	49~62Mn	3.7~4.7	5~6	24(19)	0.3(0.62)
水锰矿	$Mn_2O_3 \cdot H_2O$	62.5Mn	4.2~4.4	3.5~4	28	0.35
菱锰矿	$MnCO_3$	47.8Mn	3.3~3.6	3.5~4.5	104(135)	1.31(1.69)
褐锰矿	$3Mn_2O_3 \cdot MnSiO_3$	63.6Mn	4.75~4.82	6~6.5	120	1.5
黑锰矿	Mn_3O_4	72Mn	4.7~4.9	5~5.5		
铬	Cr	100Cr	7.14	9		
铬铁矿	$FeO \cdot Cr_2O_3$	68Cr_2O_3	4.3~4.6	5.5~7.5	50~70	0.63~0.81
铬酸铅矿	$PbCrO_4$	31.1Cr_2O_3	5.9~6.1	2.5~3		
钛	Ti	100Ti	4.5	4		
金红石	TiO_2	60Ti	4.1~5.2	4~6.5	14	0.18
钛铁矿	$FeTiO_3$	31.6Ti	4.5~5.5	5~6	27(113,399)	0.34(1.42,5.0)
铝	Al	100Al	2.7	2.9		

续表

矿物名称	化学成分		比重	莫氏硬度	比磁化系数/($10^{-6}m^3 \cdot kg^{-1}$)	
	分子式	主元素或氧化物/%			CGSM 制	SI 制
刚玉	Al_2O_3	52.9Al	3.95~4.1	9		
铝土矿	$Al_2O_3 \cdot 2H_2O$	73.9Al_2O_3	2.4~2.6	1~3		
一水硬铝石	$Al_2O_3 \cdot H_2O$	85Al_2O_3	3.3~3.5	6.5~7		
一水软铝石	$Al_2O_3 \cdot H_2O$	85Al_2O_3	3.0~3.1			
三水铝石	$Al_2O_3 \cdot 3H_2O$	65.4Al_2O_3	2.3~2.4	2.5~3.5		
尖晶石	$MgO \cdot Al_2O_3$	71.8Al_2O_3	3.5~4.5	7.5~8		
红柱石	$Al_2O_3 \cdot SiO_2$	63.2Al_2O_3	3.6	4~7		
自然铜	Cu	100Cu	8.8~8.9	2.5~3		
黄铜矿	$CuFeS_2$	34.5Cu	4.1~4.3	3.5~4	0.03~0.172	
辉铜矿	Cu_2S	79.8Cu	5.5~5.8	2.5~3	0(8.5)	0(0.107)
斑铜矿	Cu_5FeS_4	63.3Cu	4.9~5.4	3	5(14)	0.0628 (0.1759)
铜蓝	CuS	66.4Cu	4.6~6	1.5~2		
赤铜矿	Cu_2O	88.8Cu	5.8~6.2	3.5~4		
黑铜矿	CuO	79.85Cu	5.82~6.25	3~4		
孔雀石	$CuCO_3 \cdot Cu(OH)_2$	57.5Cu	3.7~4.1	3.5~4	15	0.19
硅孔雀石	$CuSiO_3 \cdot 2H_2O$	36.2Cu	2~2.2	2~4		
氯铜矿	$CuCl_2 \cdot 3Cu(OH)_2$	59.5Cu	3.75~3.77	3~3.5		
胆矾	$CuSO_4 \cdot 5H_2O$	31.8Cu	2.1~2.3	2.5		
水胆矾	$CuSO_4 \cdot 3Cu(OH)_2$	56.2Cu	3.8~3.9	3.5~4		
铅	Pb	100Pb	11.3	1.5		
方铅矿	PbS	86.6Pb	7.4~7.6	2.5~2.75		
白铅矿	$PbCO_3$	77.5Pb	6.4~6.6	3~3.5		
铅矾	$PbSO_4$	68.3Pb	6.1~6.4	2.7~3		
水白铅矿	$2PbCO_3 \cdot Pb(OH)_2$	80.5Pb	6.14	1~2		
青铅矿	$PbCuSO_4(OH)_2$	5.1Pb	5.3~5.5	2.5		
锌	Zn	100Zn	7.1	2.5		

续表

矿物名称	化学成分		比重	莫氏硬度	比磁化系数/(10^{-6}m³·kg^{-1})	
	分子式	主元素或氧化物/%			CGSM 制	SI 制
闪锌矿	ZnS	67Zn	3.9~4.1	3.5~4		
菱锌矿	ZnCO$_3$	52Zn	4.1~4.5	5		
红锌矿	ZnO	80.3Zn	5.4~5.7	4~4.5		
异极矿	H$_2$Zn$_2$SiO$_5$	54Zn	3.3~3.6	4.5~5		
水锌矿	ZnCO$_3$·2Zn(OH)$_2$	59.5Zn	3.5~3.8	2~2.5		
硅锌矿	Zn$_2$SiO$_4$	58.5Zn	3.9~4.1	5.5		
钨	W	100W	19.3	7.5		
钨锰铁矿	(Fe、Mn)O$_4$	76.5WO$_3$	7.3	5~5.5		
钨酸钙矿	CaWO$_4$	80.6WO$_3$	5.9~6.2	4.5~5		
钨铁矿	FeWO$_4$	76.3WO$_3$	7.5	5		
钨锰矿	MnWO$_4$	76.6WO$_3$	7.2	4~4.5		
钨华	WO$_3$	79.3W	2.09~2.06	1~2		
钨铜矿	CuWO$_4$	59.04W	3~3.5	4.5~5		
钨酸铅矿	PbWO$_4$	51WO$_3$	7.87~8.13	2.7~3		
砷	As	100As	5.73			
毒砂	FeAsS	46As	5.9~6.2	5.5~6		
雌黄	As$_2$S$_3$	61As	3.4~3.5	1.5~2		
雄黄	AsS	70.1As	3.4~3.6	1.5~2		
斜方砷铁矿	FeAs$_2$	72.82As	7~7.4	5~5.5		
砷华	As$_2$O$_3$	75.8As	3.7	1.5		
铝硅矿物						
电气石	(Na、Ca)(Mg、Fe、Li)Al(Mn)Al$_6$(Si$_6$O$_{18}$)(BO$_3$)$_3$(O、OH、F)$_4$		3~3.2	7~7.5	345	4.34
斧石	HCa$_2$(Fe、Mn)Al$_2$(SiO$_4$)$_5$		3.3	6.5~7		

续表

矿物名称	化学成分		比重	莫氏硬度	比磁化系数/(10^{-6}m³·kg⁻¹)	
	分子式	主元素或氧化物/%			CGSM 制	SI 制
绿帘石	$Ca_2(Al、Fe)Al_2$ $(Si_3O_{12})(OH)$		3.25 ~ 3.45	6 ~ 7		
符山石	$Ca_6[Al(OH、F)]$ $Al_2(SiO_4)_5$		3.3 ~ 3.5	6.5		
石榴石	$(Ca、Mg、Fe、Mn)_3(Al、$ $Fe、Mn、Cr、Ti)_2(SiO_4)_3$		3.4 ~ 4.3	6.5 ~ 7	63(160)	0.79(2.0)
辉石	$(Ca、Mg、Fe_2、Fe_3、$ $Ti、Al)_2(Si、Al)_2O_6$		3.2 ~ 3.6	5 ~ 6	65	0.82
角闪石	$Ca_2(Mg、Fe)_4Al$ $(Si_7AlO_{22})(OH)_2$		2.9 ~ 3.4	5 ~ 6	30(230)	0.38(2.89)
黑云母	$(H、K)_2(Mg、Fe)_2$ $Al_3(SiO_4)_3$		2.7 ~ 3.1	2 ~ 2.5	40(52)	0.5(0.65)
白云母	$H_2KAl_2(SiO_4)_3$		2.76 ~ 3.1	2 ~ 2.5		
绿泥石	$H_4Mg_3SiO_9 +$ $H_4Mg_4Al_2SiO_9$		2.65 ~ 2.97	2 ~ 3	30 ~ 90	0.38 ~ 1.13
高岭土	$H_4Al_2Si_2O_9$	$39.5Al_2O_3$	2.2 ~ 2.6	2 ~ 2.5		
叶腊石	$H_2Al_2(SiO_3)_4$	$28.3Al_2O_3$	2.8 ~ 2.9	1 ~ 2		
十字石	$HFeAl_5Si_2O_{18}$		3.65 ~ 3.75	7 ~ 7.5		
霞石	$Na_6K_2Al_8Si_9O_{34}$		2.55 ~ 2.65	5 ~ 6		
白榴石	$KAl(SiO_3)_2$	$21.5K_2O,$ $23.5Al_2O_3$	2.5	5.5 ~ 6		
透闪石	$CaMg_3(SiO_3)_4$		2.9 ~ 3.4	5 ~ 7		
橄榄石	$(Mg、Fe)_2SiO_4$		3.3	6.5 ~ 7		
磷钙石	$Ca_3(PO_4)_2$	$32.1P_2O_5$	3.2	5		
方沸石	$NaAlSi_2O_6·2H_2O$	$23.2Al_2O_3$	2.2 ~ 2.3	5 ~ 5.5		
钙长石	$CaAl_2Si_2O_8$	$36.7Al_2O_3$	2.7 ~ 2.8	6 ~ 6.1		
绿柱石	$3BeO·Al_2O_3·SiO_2$	$14BeO,$ $38.5Al_2O_3$	2.6 ~ 2.8	7.5 ~ 8		
锂辉石	$LiAl(SiO_3)_2$	$8.4Li_2O$	3.1 ~ 3.2	6 ~ 7		
明矾石	$K_2O·3Al_2O_3·4SiO_2·6H_2O$	$37Al_2O_3;$ $11.4K_2O$	2.6 ~ 2.8	3.5 ~ 4		

续表

矿物名称	化学成分		比重	莫氏硬度	比磁化系数/($10^{-6}m^3 \cdot kg^{-1}$)	
	分子式	主元素或氧化物/%			CGSM 制	SI 制
石英	SiO_2	46.7Si	2.65	7	0.2(10)	0.0025 ~ 0.1257
硅灰石	$CaSiO_3$	48.3CaO;51.7SiO_2	2.8 ~ 2.9	4 ~ 5		
直闪石	$(Mg、Fe)SiO_3$		3 ~ 3.2	5		
锡石	SnO_2	78.6Sn	6.8 ~ 7.1	6 ~ 7	2 ~ 8	0.0251 ~ 0.1005
辉钼矿	MoS_2	60Mo	4.7 ~ 5	1 ~ 1.5		
钼华	MoO_3	66.7Mo	4.5	1 ~ 2		
蛇纹石	$H_4Mg_3Si_2O_9$	43Mg	2.5 ~ 2.8	4	500 ~ 1000	6.28 ~ 12.57
辉铋矿	Bi_2S_3	81.2Bi	6.4 ~ 6.5	2 ~ 2.5		
滑石	$H_2Mg_3(SiO_3)_4$	19.2Mg;29.6Si	2.5 ~ 2.8	1 ~ 1.5	28	0.35
磷灰石	$Ca_5(PO_4)_3(F、Cl、OH)$	56.4P_2O_3	3.2	5	4	0.050
辰砂	HgS	86.2Hg	8 ~ 8.2	2 ~ 2.5		
重晶石	$BaSO_4$	65.7BaO	4.3 ~ 4.7	2.5 ~ 3.5		
芒硝	$NaSO_4 \cdot 10H_2O$		1.5	1.52		
硼砂	$Na_2B_4O_7 \cdot 10H_2O$	36.6B_2O_3	1.7	2 ~ 2.5		
锆石	$ZrSiO_4$	67.2ZrO_2	4.4 ~ 4.8	7 ~ 8		
萤石	CaF_2	48.9F,51.1Ca	3 ~ 3.25	4	4.8	0.0603
方解石	$CaCO_3$	56Ca	2.7	3	0.3	0.0038
白云石	$(Ca,Mg)CO_3$	30.4CaO;21.7MgO	2.8 ~ 2.9	3.5 ~ 4	2.7	0.34
石膏	$CaSO_4 \cdot 2H_2O$	32.5CaO;46.6SO_3	2.2 ~ 2.4	1.5 ~ 2	4.3	0.054
硬石膏	$CaSO_4$		2.7 ~ 3	3 ~ 3.5		

注:本表转引自《矿石可选性研究》(许时,第二版)。

附录2 计量单位换算表

质量单位	吨	公斤	克	毫克	常磅	市担	市斤	市两
	1	1000	10^6	10^9	2205	20	2000	20000
体积单位	升	毫升	m^3	尺^3	英寸^3	英尺^3	美加仑	英加仑
	1000	10^6	1	27	61023.7	35.315	264.18	219.98
长度单位	米	毫米	微米	公里	市尺	海里	英尺	英寸
	1	10^3	10^6	0.001	3	0.00054	3.2808	39.37

附录3 市售常用试剂的浓度和密度

试剂名称	20℃时的密度 /(g·cm^{-3})	浓度	
		质量分数/%	浓度/(mol·L^{-1})
盐酸	1.179~1.185	36.0~38.0	11.65~12.38
硫酸	1.83~1.84	95.0~98.0	17.8~18.5
硝酸	1.391~1.405	65.0~68.0	14.36~15.16
冰醋酸	≤1.0503	≥99.8	≥17.45
冰醋酸	≤1.0549	≥98	≥17.21
氢溴酸	1.49	47	8.6
氢碘酸	1.50~1.55	45.3~45.8	5.31~5.55
氢氟酸	≥1.128	≥40	≥22.55
磷酸	≥1.68	≥85	≥14.6
过氯酸	1.206~1.220	30.0~31.61	3.60~3.84
过氯酸	≥1.68	70~72	≥11.70~12
浓氨水	0.900~0.907	25.0~28.0	13.32~14.44

附录4　球磨机钢球的数据换算

球的直径 /mm	球的体积 （cm³/个）	球的表面积 （cm²/个）	一个球的质量 /kg	一吨球的个数 /个	一吨球的表面积/m²	一立方球的质量/t
20	4.2	12.5	0.033	30303	37.8	
30	14.1	28.3	0.111	9000	25.4	4.85
35	22.4	38.5	0.176	5682	21.9	4.85
40	33.5	50.3	0.263	3800	19.1	4.76
50	65.5	78.5	0.514	1945	15.3	4.76
60	113	113	0.887	1127	12.7	4.66
70	180	154	1.413	708	10.9	
75	220.8	176.6	1.733	577	10.19	4.60
80	268	201	2.10	476	9.57	4.60
90	382	254	3.00	333	8.46	
100	524	314	4.13	243	7.63	4.56
110	697	380	5.47	183	6.95	
120	905	452	7.104	141	6.37	
125	1022	491	8.02	125	6.14	4.52
140	1436	616	11.273	89	5.48	

注：1. 钢球的密度按 $7.85 \times 10^3 \, kg/m^3$ 计。

2. 本表转自《选矿厂生产技术检验》(冶金工业出版社，1985)。

附录5　常用矿物的零电点（PZC）

氧化物矿物		离子型矿物	
矿物	零电点(pH)	矿物	零电点(pM)
石英	1.8、2.2	重晶石($BaSO_4$)	pBa 3.9 ~ 7.0
赤铁矿	8.0,6、7.8,4	萤石(CaF_2)	pCa 2.6 ~ 7.7
磁铁矿	6.5	白钨矿($CaWO_4$)	pCa 4.0 ~ 4.8
针铁矿	7.4,6.7	角银矿($AgCl$)	pAg 4.1 ~ 4.6
钛铁矿	8.5	碘银矿(AgI)	pAg 5.1 ~ 6.2
铬铁矿	7.2,5.6	辉银矿(Ag_2S)	pAg 10.2
锡石	6.6,4.5		
金红石	6.0,6.2		
刚玉	7.4,6.7		
锆石	5.8		

注：1. 不同的数据是不同的研究者用不同的样品、不同制备及测试方法所得的结果。

附录6　常见筛制

泰勒标准筛		日本 T15	美国标准筛	国际标准筛	前苏联筛	英 NMM 筛系标准筛		德国标准筛 DIN－1171		上海标准筛	
网目孔/in	孔径/mm	孔径/mm	孔径/mm	孔径/mm	孔径/mm	网目孔/in	孔径 mm	网目孔/in	孔径/mm	网目孔/in	孔径/mm
		9.52									
2.5	7.925	7.93	8	8							
3	6.68	6.73	6.73	6.3							
3.5	5.691	5.66	5.66								
4	4.699	4.76	4.76	5						4	5
5	3.962	4	4	4						5	4
6	3.327	3.36	3.36	3.35						6	3.52
7	2.794	2.83	2.83	2.8		5	2.54				
8	2.262	2.38	2.38	2.3	8					8	2.616
9	1.981	2	2	2	2					10	1.98
					1.7						
10	1.651	1.68	1.68	1.6	1.6	8	1.57	4	1.5	12	1.66
12	1.397	1.41	1.41	1.4	1.4			5	1.2	14	1.43
					1.25	10	1.27			16	1.27
14	1.168	1.19	1.19	1.18	1.18			6	1.02		
16	0.991	1	1	1	1	12	1.06			20	0.995
20	0.833	0.84	0.84	0.8	0.8	16	0.79			24	0.823
24	0.701	0.71	0.71	0.71	0.71			8	0.75		
					0.63	20	0.64	10	0.6	28	0.674
28	0.589	0.59	0.59	0.6	0.6.			11	0.54	32	0.56
32	0.495	0.5	0.5	0.5	0.5			12	0.49	34	0.533
					0.425					42	0.452
35	0.417	0.42	0.42	0.4	0.4	30	0.42	14	0.43		
42	0.351	0.35	0.35	0.355	0.355	40	0.32	16	0.385	48	0.376
					0.315						
48	0.295	0.297	0.297	0.30	0.3			20	0.3	60	0.25
60	0.246	0.25	0.25	0.25	0.25	50	0.25	24	0.25	70	0.251
					0.212						
65	0.208	0.21	0.21	0.2	0.2	60	0.21	30	0.2	80	0.2
80	0.175	0.177	0.177	0.18	0.18	70	0.18				
					0.16	80	0.16				
100	0.147	0.149	0.149	0.15	0.15	90	0.14	40	0.15	110	0.139
115	0.124	0.125	0.125	0.125	0.125	100	0.13	50	0.12	120	0.13
					0.106					160	0.097
150	0.104	0.105	0.105	0.1	0.1	120	0.11	60	0.1	180	0.09
170	0.088	0.088	0.088	0.09	0.09			70	0.088		
					0.08	150	0.08			200	0.077
200	0.074	0.074	0.074	0.075	0.075			80	0.075		
230	0.062	0.062	0.062	0.063	0.063	200	0.06	100	0.06	230	0.065
270	0.053	0.053	0.052	0.05	0.05					280	0.056
325	0.043	0.044	0.044	0.04	0.04					320	0.05
400	0.038										

附录7　主要矿物的可浮性

分类	浮选特点	可浮选的矿物
Ⅰ有色金属硫化矿	矿物表面润湿性小，易浮，用黄药类作捕收剂，用石灰、亚硫酸、硫酸、碳酸钠作介质调整剂	自然铜，金、银、铂等，黄铜矿、辉铜矿、铜蓝、斑铜矿、黝铜矿、斜方硫砷铜矿、砷黝铜矿、碲金矿、碲金银矿、方铅矿、闪锌矿、黄铁矿、磁黄铁矿、砷黄铁矿、白铁矿、针硫镍矿、镍黄铁矿、辉砷镍矿、红镍矿、砷镍矿、硫铜钴矿、辉锑矿、脆硫锑铅矿、硫锑银矿、车轮矿，辰砂、氯硫汞矿、辉铋矿、雄黄、雌黄、毒砂
Ⅱ有色金属氧化矿	矿物表面润湿性大，较难浮。 1. 硫化后用黄药类捕收剂或用阳离子捕收剂，有时尚需加温 2. 用脂肪酸(皂)类作捕收剂	孔雀石、石青、赤铜矿、硅孔雀石、蓝铜矿，白铅矿、铅矾、钼铅矿、砷铅矿、磷酸氯铅矿、钒铅矿、彩钼铅矿、菱锌矿、红锌矿、硅酸锌矿、硅锌矿、异极矿、菱钴矿、锑华、黄锑矿、红锑矿、黄锑华、铋华、泡铋矿、砷华、臭葱石
Ⅲ氧化物、硅酸盐、铝硅酸盐类矿物	矿物表面润湿性视矿物成因而变，共生矿物对能否分选起很大影响。用脂肪酸或阳离子捕收剂常可浮，但需很仔细地调整 pH、抑制剂，活性剂等	赤铁矿、磁铁矿、菱铁矿、钛铁矿、铬铁矿、褐铁矿、假象赤铁矿、软锰矿、菱锰矿、褐锰矿、钨铁矿、钨锰矿、钨锰铁矿、钼铁矿、铌铁矿、锆英石、绿柱石、独居石、金红石、锡石、锂辉石、石英、电气石、铁铝榴石、黄玉、橄榄石、绿帘石、透闪石、榍石、蔷薇石、辉石、钙长石、黑云母、白云母、钠长石、钠硼解石、霞石、正长石、霓石、蓝晶石、红柱石、高岭土，石棉
Ⅳ极性类矿物	矿物表面离子键能强，用脂肪酸类捕收剂能很好浮选，但需仔细调整 pH，并加入特效的抑制剂	白钨矿、萤石、方解石、磷灰石、磷块岩、重晶石，菱镁石、白云石
Ⅴ碱金属及其可溶性盐类矿物	在本身饱和溶液中可进行浮选，常用脂肪酸或阳离子捕收剂	石盐、钾盐、钾镁盐、矾、无水钾镁矾、杂卤石，硼砂、单斜方硼石、钾芒硝、芒硝、光卤石
Ⅵ非极性类矿物	矿物表面润湿性小，极易浮，用非极性捕收剂或仅用起泡剂可浮	辉钼矿、石墨、自然硫、煤、滑石、硼酸

附录8　磨矿细度的换算

磨矿粒度/mm	0.5	0.4	0.3	0.2	0.15	0.1	0.074
网　目	32	35	48	65	100	150	200
–200 目含量/%	35	35～45	45～55	55～65	70～80	80～90	95

附录9　常用选矿药剂分类

工艺类型			化学成分或结构特点	实例	主要用途
捕 收 剂	阴离子捕收剂	键合原子①为二价硫原子化合物	烃基二硫代碳酸(盐) R—O—C—SH(Na,K) ‖ S	乙黄药,异丙黄药,丁黄药等	硫化矿及有色金属氧化矿的捕收剂
			二烃基二硫代磷酸(盐) R—O ＼ P—SH(Na, K, NH₄) ／‖ R—O S	甲酚黑药,铵黑药等	同上
			二烃基二硫代氨基甲酸(盐) R ＼ N—C—SH(Na,K) ／‖ R S	硫氮9号	同上
			硫代二苯脲 C₆H₅—NH—C—NH—C₆H₅ ‖ S	白药,硫脲,N,N′-丙硫脲,二苯硫脲	同上
			其他带—SH基的化合物	硫基苯骈噻唑	同上
		键合原子为氧原子的化合物	羧酸(皂) R—C—OH(Na,K) ‖ O	油酸,油酸钠,米糠油脂酸,氧化石蜡皂,塔尔油,环烷酸	非硫化矿捕收剂
			黄酸(盐) O ‖ R—S—OH(Na,K) ‖ O	磺化石油,烷基苯基磺酸盐	非硫化矿捕收剂兼起泡剂
			烷基硫酸酯(盐) O ‖ R—O—S—OH(Na,K) ‖ O	16烷基硫酸酯(钠)	非硫化矿捕收剂
			烷基磷酸酯(盐) OH(Na,K) ／ R—O—P ‖＼ O OH(Na,K)	C₁₂~₁₆烷基磷酸酯(钠)	同上
			肿酸 OH ／ R—As ‖＼ O OH	甲苯肿酸,苄基肿酸	同上
			其他	烷基异羟肟酸钠,苯异羟肟酸	同上
	阳离子捕收剂	胺类	脂肪胺 R—NH₂	月桂胺,18胺,C₁₀~₂₀	同上
			委铵盐(四代铵盐) [R R″]⁺ ＼／ N ／＼ R′ R‴ Cl⁻(Br⁻)	三甲基十六烷基溴化铵	同上
		吡啶盐类	R—⬡—NHCl	盐酸烷基吡啶	同上

工艺类型			化学成分或结构特点	实例	主要用途
捕收剂	非离子型捕收剂	酯类	黄氰酯 $RO-\overset{\overset{S}{\|}}{C}$ $S(CH_2)_n CN$ R 为烷基	丁基黄原酸氰乙酯，乙基黄原酸氰乙酯	硫化矿物的捕收剂
			硫氮氰酯 $R_2 NCSS(CH_2)_n CN$	43 硫氮氰酯	硫化矿捕收剂兼起泡剂
			烷基硫代氨基甲酸酯 $R'-NH-\overset{\overset{S}{\|}}{C}-O-R$ R'，R 为烷基	烷基氨基硫逐甲酸酯	硫化矿物的捕收剂
		多硫化合物	二黄原酸 $RO-\overset{\overset{}{C}}{\underset{\underset{S}{\|}}{}}-S-S-\overset{}{\underset{\underset{S}{\|}}{C}}-OR$	复黄药	同上
	油类捕收剂	非极性的烃类油	主要成分烃类 RH	石油产品：煤油，柴油等 焦油产品：中油，重油等	非极性矿物：煤，石墨，硫，辉钼矿等的捕收剂，也可用作极性矿物的辅助捕收剂
起泡剂		羟基化合物	脂肪醇 ROH R 为脂肪烃	甲基戊醇，混合脂肪醇	起泡剂
			脂环醇	2 号浮选油，松节油	起泡剂，对滑石、硫磺、石墨、辉钼矿、辉铋矿、煤等有一定的捕收作用
			酚 ⬡—OH	甲酚，杂酚油	起泡剂
		醚类	脂肪醚 $R'(OR)_n$	4 号浮选油（3 乙氧基丁烷）	起泡剂
			醚醇 $R'(OR)_n OH$	三聚丙二醇丁醚	同上
			环醚	樟油、桉树油	同上
		吡啶类	吡啶 $C_5 H_5 N$；喹啉 $C_9 H_7 N$	重吡啶	同上
调整剂		无机物	硫酸、氢氟酸、亚硫酸、二氧化硫、碳酸、二氧化碳	pH 调整剂、活化剂、抑制剂	同上
			碱	氢氧化钠（钾、铵）、石灰	同上
			盐	碳酸钠	pH 调整剂
			阴离子调整剂	氰化钠（钾）及其他氰化物、亚硫酸盐、硫代硫酸盐、重铬酸钠（钾）氟化钠	硫化矿物的抑制剂

工艺类型	化学成分或结构特点			实例	主要用途
调整剂	无机物	盐	阴离子调整剂	水玻璃、六偏磷酸钠、偏磷酸钠、硅氟酸钠、磷酸三钠、磷酸钾、焦磷酸钠	非硫化矿物的抑制剂
				硫化钠	抑制剂，活化剂
			阳离子调整剂	硫酸钠、硝酸铅、氯化钙	硫化矿物的活化剂
				硫酸锌、硫酸亚铁、硫酸铁	硫化矿物的抑制剂
				氯化钙、氯化钡、三氯化铁、硝酸铝	非硫化矿物的调整剂，抑制剂
		其他		五硫化二磷	抑制剂
				活性炭	脱药剂
	有机物	淀粉类——多羟基化合物		淀粉，糊精	非硫化矿物的调整剂；石英、滑石、绢云母等矿物的抑制剂
		单宁类——多羟芳酸		栲胶、单宁、合成单宁	非硫化矿物的调整剂，方解石、白云石等矿物的抑制剂
		木质素类：松柏醇；芥子醇；p-香豆醇		木质素磺酸（盐），氯化木素	非硫化矿物的调整剂，硅酸盐矿物，稀土矿物，铁矿物的抑制剂
		纤维素类		1号纤维素，3号纤维素	钙、镁碳酸盐矿物的抑制剂
		腐植酸类		腐植酸、（钠），腐植酸铵等盐	钙、镁、铁等矿物的抑制剂
		聚丙烯酰胺类		3号絮凝剂	抑制剂
絮凝剂	无机电解质			硫酸、明矾	促进细泥沉降
	有机物			3号絮凝剂，及其磺化物、F691（石青粉）、F703（白胶粉）	同上
				1号纤维素、3号纤维素	同上
				腐植酸(钠)、腐植酸铵等	选择性絮凝剂
				淀粉、糊精	赤铁矿浮选的选择性絮絮凝剂

注：①极性基末端与金属结合的原子叫键合原子。

附录 10　常用浮选药剂性能表

序号	药剂名称	主要成分	制造原料	状态	加药方式或地点	磨矿	搅拌	浮选	一般用量 /(g·t⁻¹)	主要用途	备注
一、捕收剂											
1	乙基黄药	乙基黄原酸钠 $C_2H_5OCSSNa$	乙醇、烧碱、二硫化碳	固			√	√			
2	丁基黄药	丁基黄原酸钠 $C_4H_9OCSSNa$	丁醇、烧碱、二硫化碳	固	配成10%水溶液		√	√	23~200		捕收性强
3	戊基黄药	戊基黄原酸钠 $C_5H_{11}OCSSNa$	戊醇、烧碱、二硫化碳	固	水溶液		√	√		有色金属硫化矿、贵金属捕收剂	捕收性大于丁黄药
4	异丁基黄药	异丁基黄原酸钠 $(CH_3)_2CHCH_2OCSSNa$	异丁醇、烧碱、二硫化碳	固			√	√			
5	仲辛基黄药	仲辛基黄原酸钠 $C_8H_{17}OCSSNa$	仲辛醇、烧碱、二硫化碳	固	配成1%~5%水溶液		√	√	23~150		选择性差
6	杂醇黄药	杂醇黄原酸钠	$C_{4\sim6}$的杂醇、烧碱、二硫化碳	固	配成5%~10%水溶液		√	√	23~150	有色金属硫化矿、贵金属捕收剂	
7	15#黑药	二甲酚二硫代磷酸 $(CH_3C_6H_4O)_2PSSH$	15%五氧化二磷与甲酚作用生成	液		√	√				
8	25#黑药	二甲酚二硫代磷酸 $(CH_3C_6H_4O)_2PSSH$	25%五氧化二磷与甲酚作用生成	液		√	√	√	23~90	有色金属硫化矿,选择性较好,有起泡性	
9	31#黑药		在25#黑药中加入6%的白药制成	液		√	√				
10	丁基铵黑药	二丁基二硫代磷酸铵 $(C_4H_9O)_2PSSNH_4$	丁醇、氨、五硫化二磷	粉末	配成5%~10%水溶液	√	√	√	50~200	有色金属硫化矿捕收剂,选择性较好,有起泡性	捕收性较强
11	白药（硫代二苯脲）	二苯硫脲 $(C_6H_5NH)_2CS$	苯胺、二硫化磷	固	直接加入球磨机或溶于苯胺	√	√	√	50~100	多硫化矿优先浮选捕收剂可捕收非金属矿	对黄铁矿捕收性弱

续表

序号	药剂名称	主要成分	制造原料	状态	加药方式或地点	磨矿	搅拌	浮选	一般用量/(g·t⁻¹)	主要用途	备注
12	胺黑药	$(RNH)_2PSSH$	P_2S_5、相应的胺	白色粉末	用1%Na_2CO_3溶液配成0.5%溶液				200~240	对硫化铅矿物的捕收能力较强，选择性好，泡沫不粘	胺黑药对光和热的稳定性差
13	乙硫氮(SN-9#)	$(C_2H_5)_2NCSCSNa$	二乙胺、二硫化碳、氢氧化钠	白色粉剂	配制5%~10%的水溶液				5~50	与黄药性质相似作为铅铋锑矿的捕收剂，比黄药效果好	在酸性介质中容易分解
14	丙乙硫氨酯Z-200	$(CH_3)CHOCSNH\ C_2H_5$	异丙基黄药、一氯醋酸、乙胺	油状液体	原液加入可以与其他药剂混用	√	√		15~20	对黄铜矿、辉钼矿和活化的闪锌矿的捕收能力较强	不能浮选黄铁矿
15	噻唑硫醇	（结构式 C—SH）	苯胺、二硫化碳、硫磺	黄色粉末	不溶于水，可溶于乙醇、氢氧化钠或碳酸钠盐溶于水，叫（卡普耐司）	√	√	√		不经硫化可以浮选$PbCO_3$，对氧化铝矿物的捕收能力较强	对方铅矿的捕收能力最强，对闪锌矿较差，对黄铁矿最弱
16	咪唑硫醇	（结构式 C—SH，N—R）	硫醇的衍生物	白色粉末	难溶于水，苯和乙醚，易溶于热醋酸碱和热醋酸中	√	√	√		浮选氧化铜矿（主要是硅酸铜、碳酸铜）和难选硫化铜矿物	对金也有一定的捕收作用
17	脂肪酸、脂肪酸皂	不饱和脂肪酸、钠$(C_{17}H_{33}COOH,Na)$	动植物油脂如米糠油、棉籽油等、烧碱	液	酸：不稀释，加温乳化皂化：5%~10%溶液			√	90~900	可做非金属矿、金属氧化矿、可溶性盐等矿物的捕收剂	溶解性差，加温浮选。常用的脂肪酸或皂：油酸、塔尔油、氧化石蜡皂

续表

序号	药剂名称	主要成分	制造原料	状态	加药方式或地点				一般用量 /(g·t⁻¹)	主要用途	备注
						磨矿	搅拌	浮选			
18	烃基磺酸盐	$R-SO_3Na$（R 为烃基、烷基芳基或环烷基）	烃类油经浓硫酸磺化	液			√	√	230~1400	起泡性较好,捕收能力不强,选择性好耐低温性能好	常用于浮选弱磁性铁矿、萤石磷灰石
19	烃基硫酸盐	以十六烷基硫酸钠为例: $C_{16}H_{31}-OSO_3Na$	脂肪醇经硫酸酯化及与碱中和作用	白色结晶	0.5%~10% 易溶于水,有起泡性	√	√	√	20~30	可浮选黑钨矿、锡石、重晶石等	可浮选多金属硫化矿
20	羟肟酸钠	（R: 7~9个C原子）$R-\underset{\|}{C}=N-O-Na$（含OH）	$C_{7~9}$脂肪酸、亚硝酸钠、烧碱、甲醇	红棕色液体	配成1%~5%的水溶液				50~200	对赤铜矿、氧化铁铝土矿及某些稀土矿物具有良好的捕收性	
21	甲苯胂酸	$CH_3-C_6H_4-As(=O)(OH)(OH)$	对位甲苯胺、邻位甲苯胺、硫酸、纯碱	白色粉末	配成1%~5%的水溶液				50~200	锡石的有效捕收剂,还可作黑钨矿、稀土矿、钛铁矿的捕收剂	成本较高,污染环境,难以推广
22	苯乙烯膦酸	$C_6H_5CH=CHPO(OH)_2$	三氯化磷、苯乙烯、重蜡油、氯气等	白色片状结晶	配成1%~5%的水溶液				400~800	是锡石和钨矿的有效捕收剂	有机膦酸的有毒性不算高,是比肿酸优越之处
23	混合胺	脂肪胺 $C_nH_{2n+1}NH_2$ $n=10~20$	氧化石蜡、氨液、混合脂肪酸、硅胶等	膏状固体	配成盐酸盐或醋酸盐溶液		√		35~200	为阳离子捕收剂用于阳离子浮选石英、硅酸盐、铝硅酸盐等矿物	也可用于浮选选菱锌矿与硅酸钾盐

续表

序号	药剂名称	主要成分	制造原料	状态	加药方式或地点	磨矿	搅拌	浮选	一般用量/(g·t⁻¹)	主要用途	备注
24	醚胺	$ROR'NH_2$（R,R'为烷基）	丙烯腈,脂肪醇,金属钠,无水乙醇	固体	配成盐酸盐或醋酸盐溶液		√	√		为阳离子捕收剂用于浮选石英、硅酸盐、铝硅酸盐等矿物	
25	多胺	$RNHR'NH_2$（R,R'为烷基）	丙烯腈,脂肪胺,金属钠,无水乙醇	固体			√	√			
二、起泡剂											
26	松节油（松油）	烯和双戊烯	松脂,松根,松枝等		直接添加			√	30~100	工业上优良的溶剂；浮选起泡剂	
27	松醇油（2#油）	萜烯醇类 $C_{10}H_{17}OH$	松节油,硫酸		直接使用			√	10~100	广泛应用的起泡剂,起泡性强	
28	醇醚	乙醇聚丙醚	环氧丙烷,乙醇	油状液体	配成水溶液使用			√	10~100	可以代替2#油作起泡剂,有较好的选择性	
29	樟脑油	樟脑白油,红油	樟树油		直接使用			√		起泡剂	
30	桉树油（桉醇）	桉树醇类 $C_{10}H_{18}O$	桉叶		直接使用			√	50~200	起泡剂,选择性好,但用量偏高	
31	甲酚	$CH_3C_6H_4OH$	低温煤焦油产品		直接使用,也可配2%~10%的水乳浊液			√	25~150	浮选铜、铅、锌硫化矿的起泡剂	有一定捕收性能
32	重吡啶	吡啶类,喹啉类；芳香胺,苯胺	煤焦油产品,硫酸,氢氧化钠		直接使用			√	25~150	起泡剂,对硫化矿有一定捕收性。	可降低黄药用量
33	4#浮选油（TEB）	1,1,3-三乙氧基丁烷	巴豆醛,酒精,盐酸		原液添加或配成0.1%~1%水溶液			√	20~60	起泡性好,用量少,纯度高	

续表

序号	药剂名称	主要成分	制造原料	状态	加药方式	磨矿	搅拌	浮选	一般用量/$(g \cdot t^{-1})$	主要用途	备注
34	苯乙酯油（B633）	邻二苯甲酸二乙酯	茶、酒精	液体	直接添加		√	√	30~80	代替松醇油作起泡剂,其用量比2#油少	
三、调整剂											
35	硫化钠	Na$_2$S 或 Na$_2$S·9H$_2$O		紫红固体	配成5%~20%的水溶液	√		√	100~3000	硫化剂,用于活化铜、铝、锌氧化矿	也用于硫化矿的抑制剂
36	硫酸铜	CuSO$_4$·5H$_2$O		蓝色固体粉末	配成5%~20%的水溶液	√		√	100~1500	活化剂,常用于活化闪锌矿、黄铁矿、镍硫化矿	
37	水玻璃	Na$_2$SiO$_3$·9H$_2$O		无机胶体	配成5%~10%的水溶液	√		√	200~300	对石英、硅酸盐类等脉石有抑制作用	作氧化物的代用品
38	亚硫酸钠	Na$_2$SO$_3$·7H$_2$O		白色粉末	配成5%~20%的水溶液	√		√	500~2500	抑制闪锌矿、黄铁矿共用	
39	硫酸锌	Zn$_2$SO$_4$·7H$_2$O		白色结晶	配成5%~20%的水溶液	√		√	100~400	抑制闪锌矿,与氰化物共用	
40	氰化物	NaCN,KCN		白色块状	配成5%~10%的水溶液	√		√	5~500	抑制多种有色金属硫化矿	有剧毒
41	重铬酸钾	K$_2$Cr$_2$O$_7$		黄色结晶	配成5%~20%的水溶液	√		√	500~2500	方铅矿的典型抑制剂	
42	硫酸铝	Al$_2$(SO$_4$)$_3$·7H$_2$O		白色结晶	配成5%水溶液	√		√	50~100	闪锌矿和黄铁矿的抑制剂	
43	硫代硫酸钠	Na$_2$S$_2$O$_3$·5H$_2$O		无色结晶	配成5%~10%的水溶液	√		√	200~500	和硫酸锌共用,是多种有色金属硫化矿的抑制剂	可作氧化物的代用品

续表

序号	药剂名称	主要成分	制造原料	状态	加药方式或地点				一般用量/(g·t⁻¹)	主要用途	备注
						磨矿	搅拌	浮选			
44	硅氟酸钠	Na_2SiF_3		白色固体	配成5%~20%的水溶液	√	√	√	200~1500	可抑制长石、石英；与水玻璃共用抑制萤石、方解石	可活化被石灰抑制的黄铁矿
45	氯化钙	$CaCl_2·H_2O$		白色固体	配成5%~10%的水溶液	√		√	200~500	赤铁矿的抑制剂	
46	石灰	CaO		白色固体	加固体或配成乳浊液	√		√	400~4500	pH调整剂，对黄铁矿、磁黄铁矿等有抑制作用	可活化石英
47	栲胶（单宁）	单宁类 $C_{76}H_{52}O_{46}$		黑棕色膏状	配成5%~10%的水溶液	√		√	20~100	氧化矿浮选抑制脉石，如白云母、方解石等	也是钙、镁矿物的抑制剂
48	硫酸铵	$(NH_4)_2SO_4$		白色固体	配成5%~20%的水溶液	√		√	100~300	硫化钠硫化氧化铜矿的辅助调整剂	可作细泥团聚剂
49	苛性钠	氢氧化钠($NaOH$)		白色固体		√		√	200~1500	pH调整剂和分散剂	价格较贵
50	碳酸钠	Na_2CO_3		白色粉末		√	√	√	200~2500	pH调整剂，消除Ca^{2+}、Mg^{2+}离子对浮选的影响	活化被石灰抑制的黄铁矿
51	盐酸	HCl		无色液体	配成5%~20%的水溶液		√	√	视酸度而定	pH调整剂；白钨精矿浸磷剂	活化被石灰抑制的黄铁矿
52	硫酸	H_2SO_4		无色液体			√	√	200~1500	pH调整剂；活化被石灰抑制的黄铁矿；白钨精矿的浸磷剂	也可作絮凝剂

续表

序号	药剂名称	主要成分	制造原料	状态	加药方式或地点			一般用量/(g·t⁻¹)	主要用途	备注
						磨矿	搅拌	浮选			
53	3#絮凝剂	聚丙烯酰胺 $(C_2H_3CONH_2)_n$		无色透明胶体	配成 0.5%～1% 的水溶液				20～50	矿泥的有效絮凝剂	
54	羧基甲基纤维素(CMC)	$(C_6H_9O_5CH_2—COOH)_n$		淡黄色絮状物	配成 5%～10% 的水溶液				视矿石性质而定	矿泥絮凝剂及用作含镁矿物如蛇纹石、绿泥石的抑制剂	
55	羧基乙基纤维素(CEH)	$CH_2O\cdot CH_2CH_2OH$ $HOH_2CH_2C\cdot OH_2C$		纤维状物质	配成 5%～10% 的水溶液或碱溶液				视矿石性质而定	能有效抑制绿泥石及云母类型的脉石矿物	也是含钙、镁碱性脉石矿物的抑制剂
56	淀粉	糖淀粉与胶淀粉混合物		白色粉末	与少量苛性碱一起加热水解后使用		√	√	50～500	赤铁矿反浮选的抑制剂,铜钼分离抑制钼矿	也可作细粒赤铁矿的选择性絮凝剂
57	糊精	淀粉加热 200℃ 的分解产物		胶状物质	与少量苛性碱一起加热水解后使用		√	√	50～500	用于石英、滑石、绢云母的抑制剂	
58	木质素类	纸浆废液、制糖的甘蔗渣等提取的产物		棕褐色固体	一般磺化、氯化以及碱处理后配成水溶液					抑制硅酸盐矿物、稀土矿物	

附录 11　角度和倾斜度换算

（所谓倾斜度或称坡度，即倾角的正切值）

倾斜度/%	角度	倾斜度/%	角度	角度	倾斜度/%	角度	倾斜度/%
0.5	0°17′	10.0	5°43′	1°0′	1.70	10°30′	18.5
1.0	0°34′	10.5	6°0′	1°30′	2.60	11°	19.4
1.5	0°52′	11.0	6°17′	2°	3.5	11°30′	20.3
2.0	1°9′	11.5	6°34′	2°30′	4.4	12°	21.2
2.5	1°26′	12.0	6°51′	3°	5.2	12°30′	22.2
3.0	1°43′	12.5	7°8′	3°30′	6.1	13°	23.1
3.5	2°0′	13.0	7°24′	4°	7.0	13°30′	24.0
4.0	2°17′	13.5	7°41′	4°30′	7.9	14°	24.9
4.5	2°35′	14.0	7°58′	5°	8.7	14°30′	25.9
5.0	2°52′	14.5	8°15′	5°30′	9.6	15°	26.8
5.5	3°9′	15.0	8°32′	6°	10.5	15°30′	27.7
6.0	3°26′	15.5	8°49′	6°30′	11.4	16°	28.7
6.5	3°43′	16.0	9°5′	7°	12.3	16°30′	29.6
7.0	4°0′	16.5	9°22′	7°30′	13.2	17°	30.6
7.5	4°17′	17.0	9°39′	8°	14.1	17°30′	31.5
8.0	4°34′	17.5	9°56′	8°30′	14.9	18°	32.5
8.5	4°52′	18.0	10°12′	9°	15.8	18°30′	33.5
9.0	5°9′	18.5	10°29′	9°30′	16.7	19°	34.4
9.5	5°26′	19.0	10°45′	10°	17.6	19°30′	35.4

附录12 矿物加工常用符号表

符号		单位	符号		单位
A	吸水量	/	Q_F	风量	m^3/s
a	活度	/	q_0	球磨机起始负荷	/
a_p	选别作业数	/	q	滤液量	mL
B	磁感应强度	T	R	比阻	m^3/kg
b	厚度	m	R_H	霍尔常数	/
C	浓度	mol/L	R_P	液固比	/
D	切变速率	m/s	R_B	固液比	/
d	直径	cm	r	半径	mm
d_{80}	筛下产品中80%物料通过的粒度尺寸	%	$\%$	测量值相对误差	/
E	效率	%	s	横切面面积	m^2
Er	相对误差	%	S_v	容积密度	/
F	比磁力	N	S	面积	m^2
F_P	平衡力	N	S_S	比表面积	cm^2/g
F_B	洛仑兹力	N	SI	选择性指数	/
F_E	电场力	N	T	温度	℃
$f_H(L/B)$	元件的形状系数	/	t	时间	s
G_{bp}	球磨机每运转一转新产生的实验筛孔以下粒级物料的质量	%	u	电泳淌度	$cm^2/(V \cdot s)$
g	重力加速度	m/s^2	U	电势	mV
H	磁场梯度	A/m	v_0	表观速度	m/s
h	高度	m	v_a	干涉沉降速度	cm/s
I	电流强度	A	V	体积	mL
K	常数	/	V_H	霍耳电势	V
K_H	元件灵敏度	/	W	物料水分	%
L	长度	m	$W_分$	最大分子水	%
M	仪表量程	/	$W_毛$	最大毛细水	%
m	质量	g	W_c	破碎功指数	$kW \cdot h/t$
n	转速	r/min	W_{ib}	邦德球磨功指数	$kW \cdot h/t$
N_p	原始指标数	/	W_{SL}	润湿功	J
n_p	选别产物数	/	W_{SG}	黏着功	J

续表

符号		单位	符号		单位
P	压强	Pa	X	比磁化系数	m^3/kg
Q	电量	C	Z	元素的原子序数	/
α	原矿中小于筛孔尺寸的粒级含量	%	ζ	矿物表面动电位	mV
β	品位	%	λ	电导率	s/m
ε	回收率	%	τ	切应力	N
γ	产率	%	γ_{LG}	水－气界面自由能	J/m^2
δ	固体密度	g/cm^3	θ	角度	(°)
ρ	液体密度	g/cm^3	Ψ	转速率	r/min
μ_0	真空磁导率	H/m	Φ	充填率	%
Γ	吸附浓度	M/cm^2	$J.P.U$	透气性指数	/
μ	液体黏度	Pa·s	σ	液体表面张力	N/m
φ	电极电位	V	κ	黏滞系数	/
φ_B	体积分数	%			

参考文献

[1] 王淀佐, 邱冠周, 胡岳华. 矿物加工学[M]. 北京: 科学出版社, 2005

[2] 胡岳华, 冯其明. 矿物资源加工技术与设备[M]. 北京: 科学出版社, 2005

[3] 许时. 矿石可选性研究[M]. 北京: 冶金工业出版社, 2007

[4] 矿物加工实验指导书[M]. 长沙: 中南大学教材科, 2004

[5] 于福家, 印万忠, 刘杰, 赵礼兵. 矿物加工实验方法[M]. 北京: 冶金工业出版社, 2010

[6] 邱冠周, 胡岳华, 王淀佐. 颗粒间相互作用与细粒浮选[M]. 长沙: 中南工业大学出版社, 1993

[7] 王淀佐, 胡岳华. 浮选溶液化学[M]. 长沙: 湖南科学技术出版社, 1988

[8] 白世斌. 选矿专题实验指导书[M]. 长沙: 中南大学教材科, 2004

[9] 傅菊英, 姜涛, 朱德庆. 烧结球团学[M]. 长沙: 中南大学出版社, 2006

[10] 傅菊英, 朱德庆. 铁矿氧化球团基本原理、工艺设备[M]. 长沙: 中南大学出版社, 2005

[11] 唐涌濂, 张雪洪, 胡洪波. 生物工程单元操作实验[M]. 上海: 上海交通大学出版社, 2004

[12] 李五一. 高等学校实验室安全概论[M]. 杭州: 浙江摄影出版社, 2006

[13] 北京大学化学学院物理化学教研组. 物理化学实验[M]. 北京: 北京大学出版社, 2003

[14] 清华大学化学系物理化学实验组. 物理化学实验[M]. 北京: 清华大学出版社, 1991

[15] 古凤才, 肖衍繁, 张明杰. 基础化学实验教程[M]. 北京: 科学出版社, 2005

[16] 王苹. 矿石学教程[M]. 武汉: 中国地质大学出版社, 2008

[17] 傅菊英, 姜涛, 朱德庆. 烧结球团学[M]. 长沙: 中南大学出版社, 2006

[18] 傅菊英, 朱德庆. 铁矿氧化球团基本原理、工艺及设备[M]. 长沙: 中南大学出版社, 2005

[19] 邱冠周, 姜涛, 徐经沧, 蔡汝卓. 冷固球团直接还原[M]. 长沙: 中南大学出版社, 2001

[20] 烧结球团专题实验指导书[M]. 长沙: 中南大学教材科, 2004

[21] Cabrera G, Gómez J M, Cantero D. Kinetic study of ferrous sulphate oxidation of Acidithiobacillus ferrooxidans in the presence of heavy metal ions[J]. Enzyme and Microbial Technology, 2005, 36, 301－306

[22] Mahmoud K K, Leduc L G, Ferroni G D. Detection of Acidithiobacillus ferrooxidans in acid mine drainage environments using fluorescent in situ hybridization (FISH)[J]. Journal of Microbiological Methods, 2005, 61, 33－45

[23] Lizama H M, Suzuki I. Bacterial leaching of a sulphideore by Thiobacillus ferrooxidans and Thiobacillus thiooxidans: Shake flask studies[J]. Biotechnol Bioeng, 1988, 32: 110－116

[24] Hai－na Cheng, Yue－hua Hu, Ma Heng. Bioleaching of covellite using pure and mixed culture of Acidithiobacillus ferrooxidans and Acidithiobacillus caldus[J]. 现代生物医学进展, 2007, 7(6), 805－807

[25] 裴世红, 谢瑞丽, 金猛, 高枫, 秦栋. 湿法炼铜常用的铜萃取剂[J]. 当代化工, 2009, 38(1): 78－82

[26] 陈爱良, 邱冠周, 赵中伟, 余润兰. 从含铜铁的生物浸出液中选择性萃取铜的试验研究[J]. 矿冶工程, 2008, 28(3): 76－80

[27] 熊英, 胡建平, 林滨兰, 柏全金, 郑存江. 硫化铜矿微生物浸出—溶剂萃取—结晶硫酸铜[J]. 湿法冶金, 2002, 21(1): 29－32

[28] 刘厚明, 吴国振, 许素敏, 魏德洲. 白银含铜废石生化浸出—萃取—电积试验研究[J]. 矿产综合利用, 2009, 2, 3－7

［29］路殿坤，蒋开喜，王春，刘大星. 辉铜矿和铜蓝的浸出机理研究［J］. 2002，54（3）：31－34

［30］Hai－na Cheng. Yue－hua Hu. Bioleaching of anilite using pure and mixed culture of Acidithiobacillus ferrooxidans and Acidithiobacillus caldus［J］. Minerals Engineering，2007，20（12）：1187－1190

［31］石绍渊，方兆珩. 氧化亚铁硫杆菌与中度嗜热铁氧化菌浸出铁闪锌矿的比较［J］. 过程工程学报，2005，5（4）：384－388

［32］李雅芹，何正国. 一株中度嗜热嗜酸铁氧化细菌特性研究［J］. 微生物学通报，2001，28（6）：45－47

［33］Bo Fu，Hongbo Zhou，Rubing Zhang，Guanzhou Qiu. Bioleaching of chalcopyrite by pure and mixed cultures of Acidithiobacillus spp. and Leptospirillum ferriphilum［J］. International Biodeterioration & Biodegradation，2008，62：109－115

［34］刘清，赵由才，招国栋，等. EDTA 络合滴定与酸碱滴定联合测定含锌碱性溶液中游离碱、锌和碳酸钠［J］. 冶金分析，2006，26（6）：10－13

［35］邓勃，何化焜. 原子吸收光谱分析［M］. 北京：化学工业出版社，2004

［36］Walsh A. The application of atomic absorption spectra to chemical analysis［J］. Spectrochim. Acta，1955，7（2）：107－108

［37］黄本立. 原子吸收光谱在分析化学上的应用［J］. 科学仪器，1963，1（1）：1－7

［38］张展霞. 原子吸收光谱分析［J］. 化学通报，1963，（7）：52－54

［39］吴廷照，严慰章，高英奇. 原子光谱分析三十年［J］. 分析化学，1979，7（5）：378－399

［40］吴廷照，高英奇. 原子吸收光谱分析和原子荧光光谱分析［J］. 分析试验室，1987，6（5/6）：118－130

［41］李雯，杜秀月. 原子吸收光谱法及其应用［J］. 盐湖研究，2003，11（4）：67－72

［42］魏继中，王文琴，等. 原子吸收光谱分析——理论与实践［M］. 天津：南开大学出版社，1993

［43］陈甫华，陈伟琪，张建辉，等. 氢化物发生－冷阱捕获－色谱分离－原子吸收法测定天然水中砷的形态［J］. 分析化学，1996，24（1）：69－73

［44］郭小伟，郭旭明. 断续流动氢化物发生法在 AAS/AFS 中的应用［J］. 光谱学与光谱分析，1995，15（3）：97－101

［45］童开源，郭小伟. 连续流动氢化物发生－原子吸收光谱法测定地质样品中痕量硒［J］. 分析试验室，1997，16（2）：51－54

［46］钱丽燕，郭淑春，郭立泉. 金属砷对人类健康的威胁与检测［J］. 吉林粮食高等专科学校学报，1995，10（2）：21－23

［47］赵丽琴，王恒根. 氢化物发生－原子荧光光谱法测定小麦粉中的砷［J］. 光谱实验室，2008，25（5）：943－946

［48］刘红波，李勋，薛磊，饶美香. 氢化物发生－原子吸收光谱法测定钨精矿中的痕量砷［J］. 中国钨业，2007，22（4）：39－41

［49］张志，莫晓玲，梁柏林，谢复青. 连续流动氢化物发生－原子吸收光谱法测定果酒中砷含量［J］. 酿酒科技，2008，9：101－107

［50］刘信文. 氢化物发生－电热石英管－塞曼原子吸收光谱法测定钢铁中痕量砷锑锡［J］. 理化检验（化学分册），2000，36（4）：183－184

［51］陈诵英. 吸附与催化［M］. 北京：化学工业出版社，2003